科学与工程计算技术丛书

何德峰　俞立 / 编著

现代控制系统分析与设计

基于MATLAB的仿真与实现

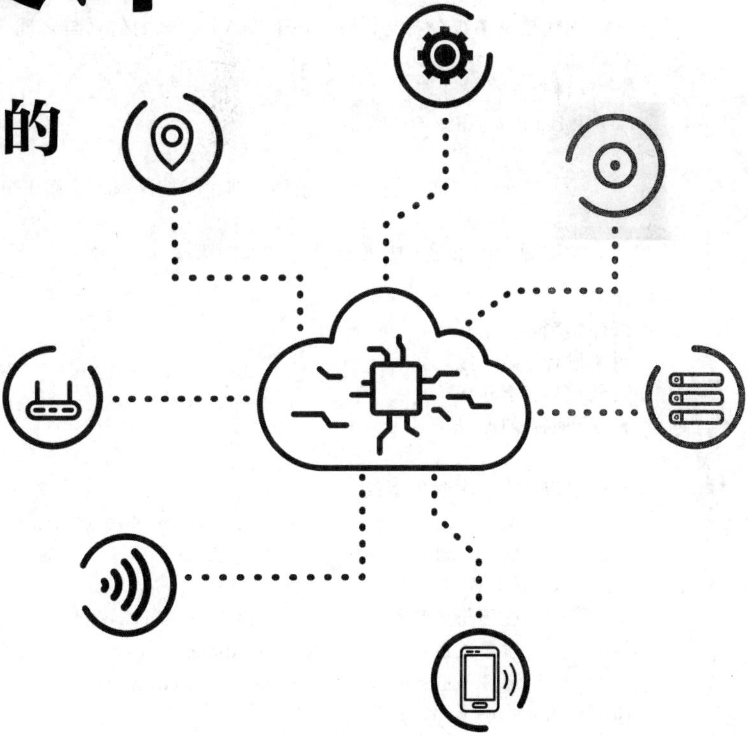

清华大学出版社
北京

内容简介

本书是国家级精品资源共享课程的配套教材，在讲述现代控制理论的基本概念、原理和方法的基础上，详细介绍基于MATLAB仿真的现代控制系统分析与设计方法。全书内容涵盖MATLAB/Simulink应用基础、基于MATLAB的现代控制系统模型、基于MATLAB的现代控制系统分析、基于MATLAB的现代控制系统设计、现代控制系统分析与设计实例（如打印机驱动控制、硬盘磁头定位控制、果实采摘机器人控制、磁悬浮控制、车辆半主动悬架控制、网联汽车自动巡航控制等系统分析与设计）。实例中详细给出了程序命令、注释说明和运行结果，图文并茂，使抽象的现代控制理论变得生动形象。

本书适合作为高等学校自动化及其相关专业本科生的教材，也适合控制科学与工程及其相关专业的研究生以及从事相关工作的科研人员和工程技术人员阅读，还可作为现代控制理论的开放实验教材。

图书在版编目(CIP)数据

现代控制系统分析与设计：基于MATLAB的仿真与实现/何德峰，俞立编著.—北京：清华大学出版社，2022.2
(科学与工程计算技术丛书)
ISBN 978-7-302-60018-3

Ⅰ.①现… Ⅱ.①何… ②俞… Ⅲ.①控制系统—系统分析 ②控制系统—系统设计 Ⅳ.①TP271

中国版本图书馆CIP数据核字(2022)第020309号

责任编辑：盛东亮
封面设计：吴　刚
责任校对：李建庄
责任印制：刘海龙

出版发行：清华大学出版社
网　　址：http://www.tup.com.cn，http://www.wqbook.com
地　　址：北京清华大学学研大厦A座　　**邮　　编**：100084
社 总 机：010-83470000　　**邮　　购**：010-83470235
投稿与读者服务：010-62776969，c-service@tup.tsinghua.edu.cn
质量反馈：010-62772015，zhiliang@tup.tsinghua.edu.cn
课件下载：http://www.tup.com.cn，010-83470236
印 装 者：北京国马印刷厂
经　　销：全国新华书店
开　　本：186mm×240mm　　**印　张**：13　　**字　　数**：293千字
版　　次：2022年3月第1版　　**印　　次**：2022年3月第1次印刷
印　　数：1～1500
定　　价：49.00元

产品编号：090195-01

前言

MATLAB 软件已成为控制领域最流行的控制系统分析与设计的计算机辅助工具。本书将 MATLAB 编程与现代控制理论教学融合，既可以作为现代控制系统仿真课程的教材，也可以作为现代控制理论课程的开放实验教材。本书实例化写作风格也使它适合作为从事控制科学与工程领域工作的科研人员和工程技术人员的自学教材。

本书是俞立教授编写的《现代控制理论》教材的姊妹篇，共分 10 章，其内容概括如下：第 1 章介绍 MATLAB/Simulink 应用基础；第 2 章介绍现代控制系统的 MATLAB 模型，包括状态空间模型的 MATLAB 实现、利用 MATLAB 进行模型间的相互转换和离散化；第 3 章介绍现代控制系统的 MATLAB 分析方法，包括状态空间模型的典型信号响应分析、能控性与能观性分析和稳定性分析；第 4 章详细介绍现代控制系统的 MATLAB 设计方法，包括稳定状态反馈控制器、极点配置状态反馈控制器、跟踪控制器、线性二次型最优控制器和基于状态观测器的输出反馈控制器的 MATLAB 设计方法。在此基础上，第 5～10 章分别以打印机驱动控制系统、硬盘磁头定位控制系统、果实采摘机器人控制系统、磁悬浮控制系统、车辆半主动悬架控制系统、网联汽车自动巡航控制系统为实例，详细介绍现代控制系统分析与设计的 MATLAB 实现。

虽然"现代控制理论"课程数学公式多、概念抽象、理论性强，但学生在简单掌握 MATLAB 应用的基础上，就能提出直观分析、设计和仿真现代控制理论问题的解决方案。本书选择 6 个现代控制系统典型实例，详细讲述如何利用 MATLAB 开展现代控制系统的分析与设计实现；举一反三，读者能很快掌握利用 MATLAB 解决现代控制理论问题的技术。因此，通过本书的学习，学生不仅能够掌握利用 MATLAB 进行现代控制系统分析与设计的技能，还能提高分析问题和解决问题的能力，加深对现代控制理论基本概念的理解。

本书是作者结合自己长期从事现代控制理论教学与科研的经验，参阅并吸取了国内外优秀教材的相关内容的基础上完成的。本书出版前的讲义已在学校自动化相关专业的现代控制理论课程中使用十年，并不断得到修改和完善。在本书的准备过程中，研究生彭彬彬、崔靖龙、韩平、李海平、林迪、李壮、俞芳慧等承担了书稿和实例程序的校对工作，同时本书的写作得到了浙江工业大学重点教材建设计划的支持，在此深表谢意。

限于作者水平，书中仍会有一些不妥之处，恳请广大读者和专家给予批评指正。

作　者

2021 年 12 月于杭州

目录

目录

目录

目录

第1章 MATLAB/Simulink应用基础

MATLAB(Matrix Laboratory,矩阵实验室)是美国 MathWorks 公司开发的大型数学计算软件,它具有强大的矩阵处理、绘图和高效计算等功能,已广泛应用于科学研究和工程技术的各个领域。MATLAB 将高性能的数值计算、可视化及编程集成在一个易用的开放式环境中,支持以矩阵计算为基础的交互式程序语言,指令表达式与数学、工程中常用的形式十分相似,用户可以按照符合其思维习惯的方式和熟悉的数学表达式来书写程序,这使得编程和调试效率大大提高。MATLAB 的典型应用包括数值分析和计算、系统建模与仿真、数字图像处理和算法开发等。得益于其编程优点和强大的应用功能,如今 MATLAB 已成为数学类、工程和科学类初等及高等课程的标准指导工具,并逐渐成为科学研究中最常用且必不可少的计算工具。

Simulink 是基于 MATLAB 的可视化设计环境,可以用来对各种系统进行建模、分析和仿真。它的建模范围广泛,可以针对任何能够用数学描述的系统进行建模,例如航空航天动力系统、卫星控制系统、通信系统、船舶及汽车动力系统等。Simulink 提供了利用鼠标拖动的方法建立系统框图模型的图形界面,而且 Simulink 还提供了丰富的功能块以及不同专业模块集合。用户可以在几乎不编写代码的条件下完成整个动态系统的建模、设计、仿真和调试工作。

1.1 MATLAB 应用简介

MathWorks 公司每年会发布两个版本的 MATLAB,一般在 3 月份发布 a 版,9 月份左右发布 b 版。两个版本功能并无差异,但相对来说,b 版更为稳定,因此推荐安装 b 版。下面以 MATLAB 2018b 版本为例对其进行介绍,方便读者初步认识 MATLAB 的主要窗口区功能并掌握其基本操作。

1.1.1 操作界面介绍

用户首次使用 MATLAB,系统将展示其默认设置的工作界面,如图 1.1.1 所示。默认工作界面形式简洁,主要由标题栏、功能区及工具栏、当前工作目录(Current Folder)窗口、命令行窗口(Command Window)、工作区(Workspace)窗口和历史命令记录(Command History)窗口组成,用户可以通过"主页"功能区的"布局"选项对当前工作界面进行调整,如调换各窗口的位置、隐藏或显示某个窗口等。下面对各组件选项进行详细说明。

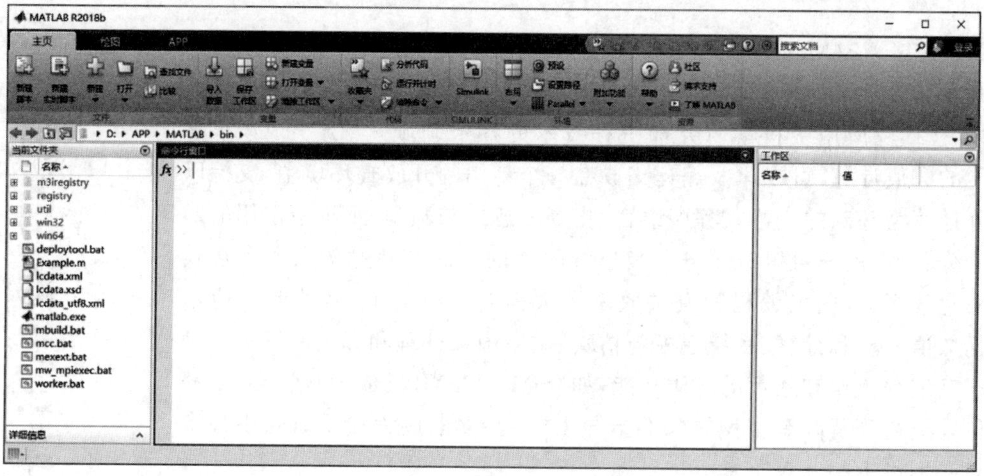

图 1.1.1 MATLAB 2018b 工作界面

(1) 标题栏。标题栏显示 MATLAB 图标和当前使用版本号,以及最小化、最大化和关闭工作界面按钮。

(2) 功能区及工具栏。功能区及工具栏主要分为"主页""绘图"和 APP。

① "主页"功能区如图 1.1.2 所示,主要包括"新建""打开"、Simulink 和"布局"等常用命令。用户可以通过"新建"命令创建程序脚本、自定义函数、自定义 Simulink 模型和 Simulink 工程;"打开"命令用于打开脚本文件和项目目录;单击 Simulink 命令可以进入 Simulink 工具箱;"布局"命令可以对当前工作界面重新布局。

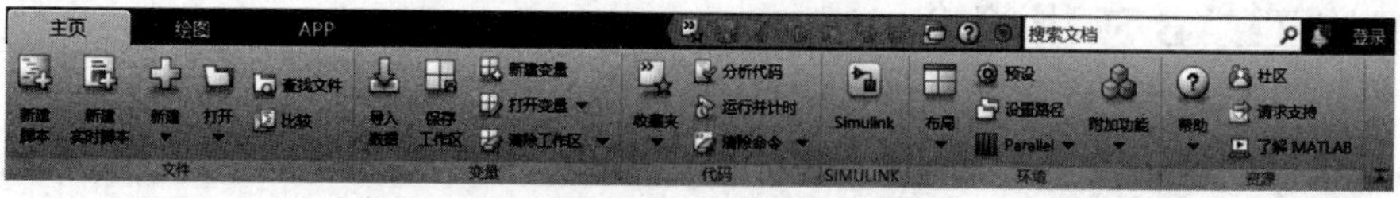

图 1.1.2 "主页"功能区界面

② "绘图"功能区如图 1.1.3 所示,选择变量后可以通过给定的图形样例绘制不同的图形,也可以新建出给定之外的图形。

③ APP 功能区如图 1.1.4 所示,此功能区提供 MATLAB 与其他应用程序进行交互的各种功能。

图 1.1.3 “绘图”功能区界面

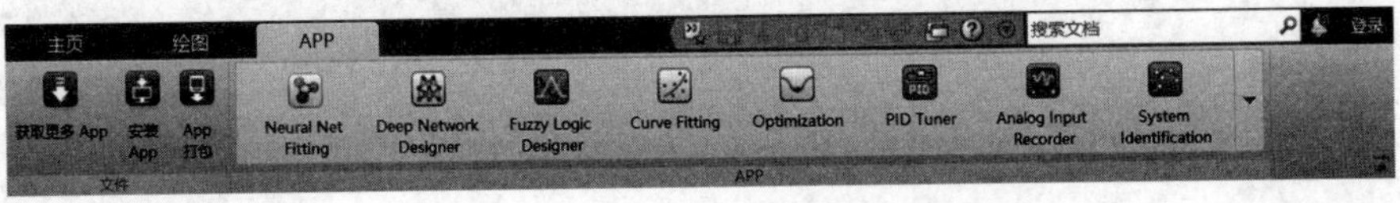

图 1.1.4 APP 功能区界面

(3) 当前工作目录窗口如图 1.1.5 所示，每次系统默认的当前工作目录是 MATLAB 安装文件夹下的 bin 目录，用户也可以更改到自己创建的项目或脚本文件的保存目录。

(4) 命令行窗口如图 1.1.6 所示，命令行窗口指令操作是最基本的，也是 MATLAB 入门时要掌握的，可以在命令行窗口直接输入矩阵计算指令和绘图指令。

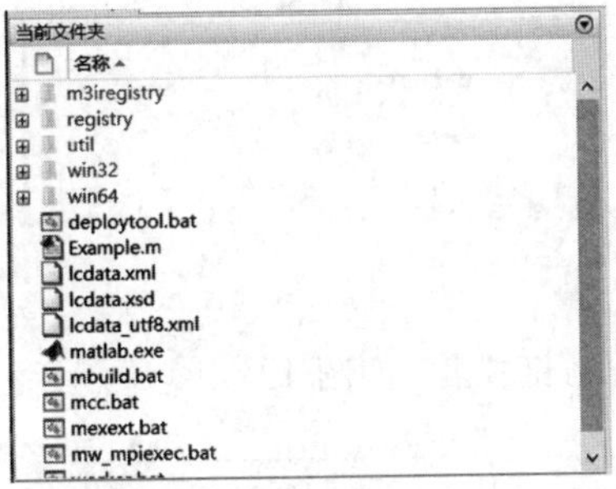

图 1.1.5 当前工作目录窗口

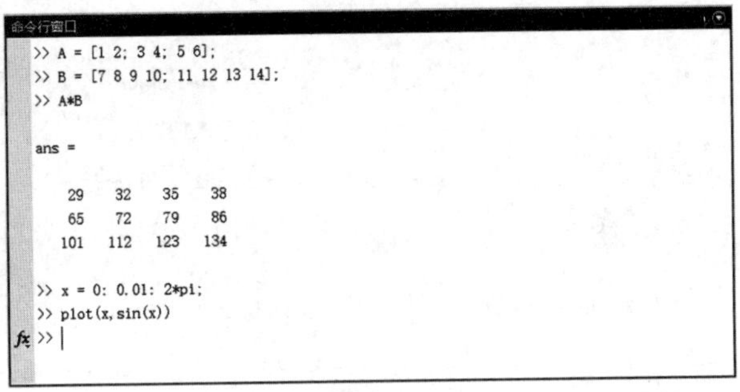

图 1.1.6 命令行窗口

(5) 工作区窗口如图 1.1.7 所示，工作区窗口显示代码执行之后的各种变量值，可以双击对应变量名查看具体值。

(6) 历史命令记录窗口如图 1.1.8 所示，此窗口记录所有执行过的历史命令。

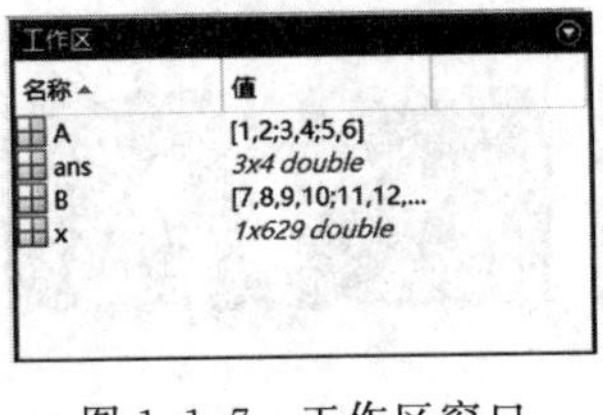

图 1.1.7 工作区窗口

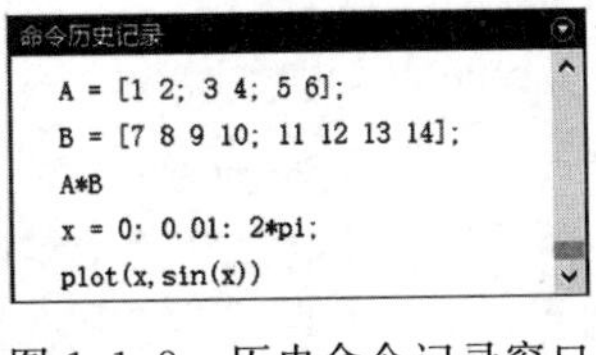

图 1.1.8 历史命令记录窗口

1.1.2 帮助系统

MATLAB 软件对初学者较友好，提供了适合初学者学习的帮助文档和范例。下面简要介绍几种查看帮助系统的常用命令和方法。

(1) 通过“主页”功能区及工具栏上的“帮助”选项(快捷键 F1),查看帮助文档,如图 1.1.9 所示。

图 1.1.9　用工具栏“帮助”选项查看帮助系统

(2) 在命令行窗口输入 doc、demo 和 demos 命令查看帮助文档,如图 1.1.10 所示。

图 1.1.10　用 doc、demo 和 demos 命令查看帮助系统

(3) 在命令行窗口输入 help name 命令，如图 1.1.11 所示。显示 name 指定的功能的帮助文档，其中 name 可以是函数名、方法名、类名、工具箱或变量名，这也是初学者最应该掌握的帮助命令。

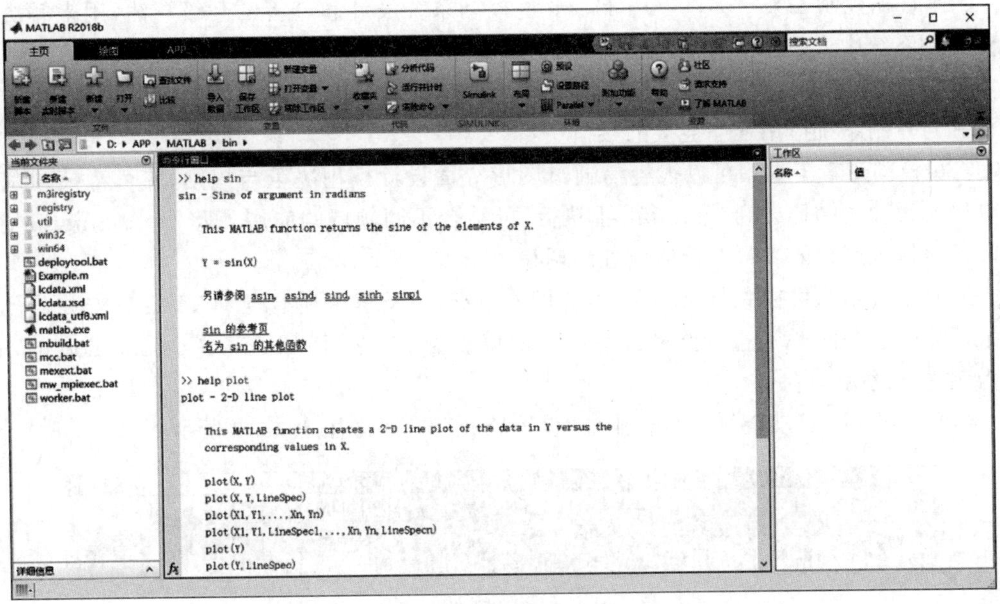

图 1.1.11 用 help 命令查看帮助文档

1.1.3 工具箱

MATLAB 拥有一个专用的产品系列，用于解决不同领域的问题，称为工具箱(Toolbox)。MATLAB 中与控制相关的基础工具箱主要有 6 个，即控制系统工具箱(Control System Toolbox)、系统辨识工具箱(System Identification Toolbox)、模型预测控制工具箱(Model Predictive Control Toolbox)、鲁棒控制工具箱(Robust Control Toolbox)、神经网络工具箱(Neural Network Toolbox)和模糊逻辑工具箱(Fuzzy Logic Toolbox)。下面介绍 6 个工具箱的功能。

(1) 控制系统工具箱可用于前馈和反馈控制系统的建模、分析和设计，可以提供经典和现代的控制系统设计方法，包括根轨迹、极点配置、LQR(Linear Quadratic Regulator，线性二次型调节器)设计等。同时，工具箱提供的图形用户界面还可以帮助用户简化控制设计的过程。

(2) 系统辨识工具箱提供了基于预先得到的输入/输出数据，建立动态系统数学模型的工具。工具箱采用灵活的图形用户界面，帮助管理数据和模型。从测量系统的输入/输出开始，利用系统辨识工具箱，可以得到描述系统动态行为的参数化数学模型。

(3) 模型预测控制工具箱是使用模型预测控制策略的完整工具集，这些技术主要用来解决大规模、多变量过程控制问题，在这种过程控制中对运算量及受控变量有一定约束。模型预测控制工具箱根据 MATLAB 函数描述的被控系统模型或 Simulink 描述的被控系统模型来设计、分析与仿真模型预测控制器。

(4) 鲁棒控制工具箱提供了用于多变量控制系统设计和分析的高级算法，用来解决多变量控制系统中未建模非线性动态环节、建模误差等引起的不确定性。

(5) 神经网络工具箱提供了神经网络设计和模拟的工具，包括对网络体系、Simulink 的支持和与控制系统应用程序连接的接口。

(6) 模糊逻辑工具箱可以很容易通过图形界面设计模糊决策与规则，并可将模糊逻辑工具箱所设计的结构放到 Simulink 上执行，可结合不同领域的应用。此外，在 Simulink 模拟时可对模糊逻辑的参数进行适应性的调整。

所有工具箱均可在 MathWorks 官方网站下载，下载解压到本地 MATLAB 安装路径下的 toolbox 目录下，然后进行路径设置。下面以设置 Model Predictive Control Toolbox 路径为例进行说明。

(1) 单击“主页”功能区工具栏中的“设置路径”选项，如图 1.1.12 所示。

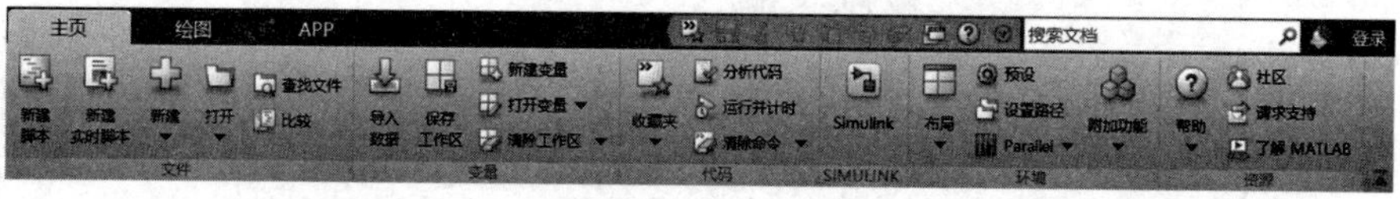

图 1.1.12　设置路径

(2) 选中 Model Predictive Control Toolbox 所在目录，然后依次单击“添加文件夹”和“保存”按钮即可，如图 1.1.13 所示。安装完成后可通过 help 命令查看是否成功。

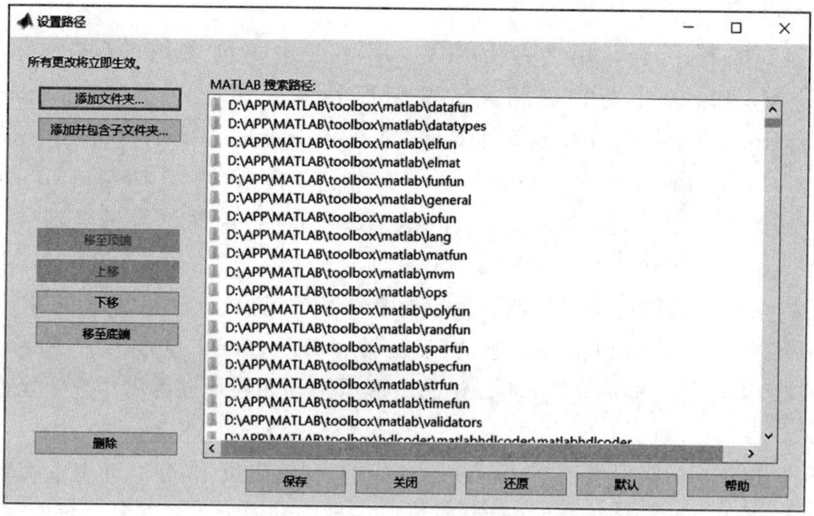

图 1.1.13　工具箱添加路径

1.1.4 数值运算

数值运算是 MATLAB 最基本的功能，MATLAB 支持不同类型的数值运算，主要包括数值型、向量型和矩阵型运算。下面，首先介绍 MATLAB 支持的三种运算符：算术运算符、关系运算符和逻辑运算符。常见的运算符及释义见表 1.1.1～表 1.1.3。

常见的算术运算符见表 1.1.1。特别说明：点运算指元素点对点的运算，常用于向量或者矩阵间的运算。左除和右除也有所不同，对于数值型运算 $a/b=a\div b$，$a\backslash b=b\div a$；对于矩阵型运算 $\boldsymbol{A}/\boldsymbol{B}=\boldsymbol{A}*\boldsymbol{B}^{-1}$，相当于线性方程 $\boldsymbol{X}*\boldsymbol{A}=\boldsymbol{B}$ 的解。$\boldsymbol{A}\backslash\boldsymbol{B}=\boldsymbol{A}^{-1}*\boldsymbol{B}$，相当于线性方程 $\boldsymbol{A}*\boldsymbol{X}=\boldsymbol{B}$ 的解。下面给出一些运算实例。

表 1.1.1 常见的算术运算符

运算符	定义	运算符	定义
+	算术加	−	算术减
*	算数乘	.*	点乘
\	算术左除	.\	点左除
/	算术右除	./	点右除
^	算术乘方	.^	点乘方

【例 1.1.1】 试用 MATLAB 进行如下四则运算：

$$(11+22\times 33-44)\times 5\div 2^3$$

解：在命令行窗口输入如下指令：

```
>> [11 + 22 * 33 - 44] * 5/2^3                % 数值型四则运算
```

输入完成，按 Enter 键即可得到如下结果：

```
ans =
          433.1250
```

【例 1.1.2】 试用 MATLAB 进行矩阵间的算术运算。

解：在命令行窗口输入如下指令：

```
>> A = [1 2;3 4];
>> B = [5 6;7 8];
>> A + B                                       % 算术加
ans =
           6      8
          10     12
>> A - B                                       % 算术减
ans =
          - 4     - 4
          - 4     - 4
```

```
>> A * B                                     % 算术乘
ans =
       19     22
       43     50
>> A. * B                                    % 点乘
ans =
        5     12
       21     32
>> A.^B                                      % 算术乘方
ans =
          1     64
       2187  65536
>> A/B                                       % 算术右除
ans =
    3.0000   -2.0000
    2.0000   -1.0000
>> A./B                                      % 点右除
ans =
    0.2000    0.3333
    0.4286    0.5000
>> A\B                                       % 算术左除
ans =
    -3     -4
     4      5
>> A.\B                                      % 点左除
ans =
    5.0000    3.0000
    2.3333    2.0000
```

关系运算符也是MATLAB中常用的运算符。它主要用于对象之间的比较，返回0、1逻辑数值或者逻辑矩阵。MATLAB常见的关系运算符如表1.1.2所示。

表1.1.2 常见的关系运算符

运算符	定义	运算符	定义
==	等于	~=	不等于
>	大于	<	小于
>=	大于或等于	<=	小于或等于

【例1.1.3】 试用MATLAB进行矩阵间的关系运算。

解：在命令行窗口输入如下指令：

```
>> 2~ = 3
ans =
  logical
   1
>> A = [1 2 3 4];
```

```
>> A <= 3
ans =
  1×4 logical 数组
   1   1   1   0
>> A = [5 6;7 8];
>> A ~= 6
ans =
  2×2 logical 数组
   1   0
   1   1
```

另外一个 MATLAB 中常见的运算符是逻辑运算符。在进行逻辑判断时，所有非零数值均为真，判断输出 1；而数值为零时判断为假，输出 0。常用的逻辑运算符有四种：与(&)、或(|)、非(~)和异或(xor)，对应的真值表见表 1.1.3。

表 1.1.3　常见的逻辑运算真值表

逻辑运算	$A=0,B=0$	$A=0,B=1$	$A=1,B=0$	$A=1,B=1$
$A\&B$	0	0	0	1
$A\mid B$	0	1	1	1
$\sim B$	1	1	0	0
xor(A,B)	0	1	1	0

【例 1.1.4】 试用 MATLAB 进行逻辑运算。

解：在命令行窗口输入如下指令：

```
>> 2&3                          % 逻辑与运算
ans =
  logical
   1
>> (2 > 3)&(1 < 2)              % 逻辑与运算
ans =
  logical
   0
>> (2 > 3)|(1 < 2)              % 逻辑或运算
ans =
  logical
   1
>> ~(2 > 4)                     % 逻辑非运算
ans =
  logical
   1
>> xor(2 > 3,1 < 2)             % 逻辑异或运算
ans =
  logical
   1
```

以上结合实例介绍了 MATLAB 三种主要的运算符。当三者同时出现时，要考虑彼此之间的优先级。结合例 1.1.5 可知，MATLAB 默认的运算符优先级为：算术运算符＞关系运算符＞逻辑运算符。

【例 1.1.5】 试用 MATLAB 进行运算符优先级判断。

解：在命令行窗口输入如下指令：

```
>> 1 + 2 > 4&5
ans =
  logical
   0
>> ((1 + 2)> 4)&5
ans =
  logical
   0
```

MATLAB 支持的数学运算除了简单的四则运算外，还包括复数运算、三角函数运算、矩阵运算等。下面将结合实例依次介绍。

复数运算除包括复数间的加、减、乘、除外，还包括取模和共轭。

【例 1.1.6】 试用 MATLAB 进行复数间四则运算。

解：在命令行窗口输入如下指令：

```
>> A = complex(1,3)          % complex(a,b)函数用于创建复数，参数 a 表示实部，参数 b 表示虚部
>> B = complex(4,5)
>> A - B                     % 复数相减
   ans =
     - 3.0000 - 2.0000i
>> A + B                     % 复数相加
   ans =
    5.0000 + 8.0000i
>> A * B                     % 复数相乘
   ans =
     - 11.0000 + 17.0000i
>> A/B                       % 复数相除
   ans =
     0.4634 + 0.1707i
>> angle1 = angle(A)         % 函数 angle(a)用于求解复数 a 的辐角
   angle1 =
      1.2490
>> abs1 = abs(A)             % 函数 abs(a)用于求解复数 a 的模
   abs1 =
     3.1623
>> conj1 = conj(A)           % 函数 conj(a)用于求解复数 a 的共轭复数
   conj1 =
      1.00 - 3.0000i
```

MATLAB里面的三角函数运算主要通过内置函数实现，常见的内置三角函数有正弦函数(sin)、余弦函数(cos)、正切函数(tan)、余切函数(cot)、正割函数(sec)、余割函数(csc)及反三角函数(asin、acos、atan)。注意，列举的三角函数均是以弧度作为输入/输出。若要以角度作为输入/输出，还应在各函数名后加 d，详见例 1.1.7。

【例 1.1.7】 试用 MATLAB 进行三角函数运算。

解：在命令行窗口输入如下指令：

```
>> A = [sin(pi/3) cos(pi/3) tan(pi/3);cot(pi/3) sec(pi/3) csc(pi/3)]
   A =
       0.8660     0.5000     1.7321
       0.5774     2.0000     1.1547
>> B = [sind(60) cosd(60) tand(60);cotd(60) secd(60) cscd(60)]
   B =
       0.8660     0.5000     1.7321
       0.5774     2.0000     1.1547
>> C = [asin(0.8660) acos(0.5000) atan(1.7321);asind(0.8660) acosd(0.5000) atand(1.7321)]
   C =
       1.0471     1.0472     1.0472
       59.9971    60.0000    60.0007
```

向量是矢量运算的基础，向量的四则运算与一般数值四则运算相同，区别在于将向量的各个元素分别进行四则运算。另外，向量运算还包括点积和叉积。

【例 1.1.8】 试用 MATLAB 进行向量运算。

解：在命令行窗口输入如下指令：

```
>> A = [1 2 3];
>> B = [4 5 6];
>> A + B                                      % 向量相加
   ans =
        5      7      9
>> A - B                                      % 向量相减
   ans =
       -3     -3     -3
>> A. * B                                     % 向量点乘
   ans =
        4     10     18
>> A * B'                                     % B'表示 B 的转置
   ans =
       32
>> A + 2 - 5                                  % 向量简单加减
   ans =
       -2     -1      0
>> dot(A,B)                                   % 向量的点积
   ans =
       32
```

```
>> cross(A,B)                                    % 三维向量的叉乘
  ans =
      -3     6    -3
```

矩阵是 MATLAB 运算中常见的运算对象，关于矩阵运算也是本节要重点介绍的内容。下面分别从矩阵创建、矩阵操作和矩阵运算等方面介绍。

用于创建初始矩阵的常用函数如下：

(1) zeros(m)，用于生成 m 阶的全 0 矩阵。

(2) zeros(m,n)，用于生成 m 行 n 列的全 0 矩阵。

(3) ones(m)，用于生成 m 阶的全 1 矩阵。

(4) ones(m,n)，用于生成 m 行 n 列的全 1 矩阵。

(5) rand(m)，用于生成元素取值范围在区间[0,1]的 m 阶均匀分布的随机矩阵。

(6) rand(m,n)，用于生成 m 行 n 列均匀分布的随机矩阵。

(7) randn(m)，用于生成元素取值范围在区间[0,1]的 m 阶正态分布的随机矩阵。

(8) randn(m,n)，用于生成 m 行 n 列正态分布的随机矩阵。

【例 1.1.9】 试用 MATLAB 内置函数创建矩阵。

解：在命令行窗口输入如下指令：

```
>> zeros(2)
  ans =
       0     0
       0     0
>> zeros(2,3)
  ans =
       0     0     0
       0     0     0
>> ones(2)
  ans =
       1     1
       1     1
>> ones(2,3)
  ans =
       1     1     1
       1     1     1
>> rand(2)
  ans =
     0.9649    0.9706
     0.1576    0.9572
>> rand(2,3)
  ans =
     0.4854    0.1419    0.9157
     0.8003    0.4218    0.7922
>> randn(2)
  ans =
```

```
    1.4172   -1.2075
    0.6715    0.7172
>> randn(2,3)
  ans =
    1.6302    1.0347   -0.3034
    0.4889    0.7269    0.2939
```

常用的矩阵操作有矩阵求逆、范数、秩、特征值、条件数等，具体操作函数如下：

(1) inv(A)用于求方阵 A 的逆矩阵。

(2) norm(A,1)、norm(A,2)、norm(A,inf)分别用于求矩阵 A 的 1-范数、2-范数和无穷范数。

(3) rank(A)用于求矩阵 A 的秩。

(4) eig(A)用于求方阵 A 的特征值；也可以通过 [x,y]=eig(A)来得到方阵 A 的特征向量和特征值，返回的 x 矩阵的每一列对应方阵 A 的一个特征向量，返回的 y 矩阵的对角元素即为特征值。

(5) cond(A,1)、cond(A,2)、cond(A,inf)分别用于求矩阵 A 在 1-范数、2-范数和无穷范数下的条件数。

【例 1.1.10】 试用 MATLAB 内置函数进行矩阵操作。

解：在命令行窗口输入如下指令：

```
>> A = [1 -1 2;0 1 6;2 3 4];
>> inv(A)                             % 求逆
   ans =
    0.4667   -0.3333    0.2667
   -0.4000    0         0.2000
    0.0667    0.1667   -0.0333
>> norm(A,1)                          % 求 1 - 范数
   ans =
    12
>> norm(A,2)                          % 求 2 - 范数
   ans =
    7.9503
>> norm(A,inf)                        % 求无穷范数
   ans =
    9
>> rank(A)                            % 求秩
   ans =
    3
>> eig(A)                             % 求特征值
   ans =
    7.2246
    1.5154
   -2.7401
>> [x,y] = eig(A)                     % 求特征值及特征向量
```

```
x =
   -0.1190   -0.8481   -0.4542
   -0.6891    0.5279   -0.7561
   -0.7149    0.0453    0.4713
y =
    7.2246    0         0
    0         1.5154    0
    0         0        -2.7401
>> cond(A,1)                                    % 求 1-范数下的条件数
  ans =
   11.2000
>> cond(A,2)                                    % 求 2-范数下的条件数
  ans =
    5.4341
>> cond(A,inf)                                  % 求无穷范数下的条件数
  ans =
    9.6000
```

1.1.5 符号运算

1.1.4 节对 MATLAB 中的数学运算进行了介绍，数学运算需要提供变量的具体值，然后才能参与运算。本节将介绍符号运算，所谓符号运算是指在运算时，无须事先对变量赋值，而将所得到的结果以标准的符号形式表示。例如，在符号变量运算过程中π用 pi 表示，而不是具体的近似数值 3.14 或 3.14159。使用符号变量进行运算能最大限度减少运算过程中因舍入造成的误差，符号变量也便于运算过程的演示。

参与符号运算的对象可以是符号变量、符号表达式或符号矩阵。符号变量要先定义，后引用。可以用 sym 函数、syms 函数将运算量定义为符号型数据。引用符号运算函数时，用户可以指定函数执行过程中的变量参数；若用户没有指定变量参数，则使用默认的变量作为函数的变量参数。

sym 函数的主要功能是创建符号变量，以便进行符号运算，也可以用于创建符号表达式或符号矩阵。用 sym 函数创建符号变量的一般格式为

```
y = sym('x');
```

sym 函数用于将 y 创建为符号变量，以 x 作为输出变量名。每次调用该函数，可以定义一个符号变量。

【例 1.1.11】 试用 MATLAB 求二次多项式 $f(x)=ax^2+bx+c$ 与 $g(x)=bx^2+ax+c$ 和的表达式。

解：在命令行窗口输入如下指令：

```
>> f = sym('a*x^2 + b*x + c');          % 创建符号表达式并将其赋给符号变量 f
   g = sym('b*x^2 + a*x + c');          % 创建符号表达式并将其赋给符号变量 g
```

```
h=f+g                              % 输出符号变量和运算结果 h
```

运行结果为

```
h =
2*c + a*x + b*x + a*x^2 + b*x^2
```

在数学表达式中，一般习惯于使用排在字母表中前面的字母作为变量的系数，而用排在后面的字母表示变量。例如：'a * x^2+b * x+c'表达式中的 a、b、c 通常被认为是常数，用作变量的系数，而将 x 看作自变量。

syms 函数的功能与 sym 函数类似，它可以在一个语句中同时定义多个符号变量，其一般格式为

```
syms arg1 arg2 … argN;
```

用于将 arg1，arg2，…，argN 等符号创建为符号型数据，一般常用于生成符号函数。

【例 1.1.12】 试用 MATLAB 定义一个符号函数 $f(x,y)=(ax^2+by^2)/c^2$，并分别求该函数对 x、y 的导数和对 x 的积分。

解：在命令行窗口输入如下指令：

```
>> syms a b c x y;                 % 定义符号变量
>> fxy = (a * x^2 + b * y^2)/c^2;  % 生成符号函数
>> diff(fxy,x)                     % 符号函数 fxy 对 x 求导数
>> diff(fxy,y)                     % 符号函数 fxy 对 y 求导数
>> int(fxy,x)                      % 符号函数 fxy 对 x 求积分
```

运行结果为

```
ans =
(2 * a * x)/c^2
ans =
(2 * b * y)/c^2
ans =
(x * (a * x^2 + 3 * b * y^2))/(3 * c^2)
```

1.1.6 图形表达功能

MATLAB 除了有强大的运算功能外，还有丰富的图形表达功能。MATLAB 可以根据用户给定的数据和图像绘制命令，绘制出用户想得到的图形，通过图形对科学计算的结果进行描述，这是 MATLAB 语言特色之一。下面将对 MATLAB 的一些常用绘图功能进行介绍。

首先要掌握 figure 命令的用法，它的作用是创建一个图形窗口。当绘制单个图形时，默认会生成一个图像窗口；当用户想在多个图形窗口中绘制不同的曲线时，要分别通过 figure(n)

命令生成多个图形窗口，其中 n 为图形窗口的编号，当不指定编号时，默认会在原有编号的基础上加 1，如图 1.1.14 所示。

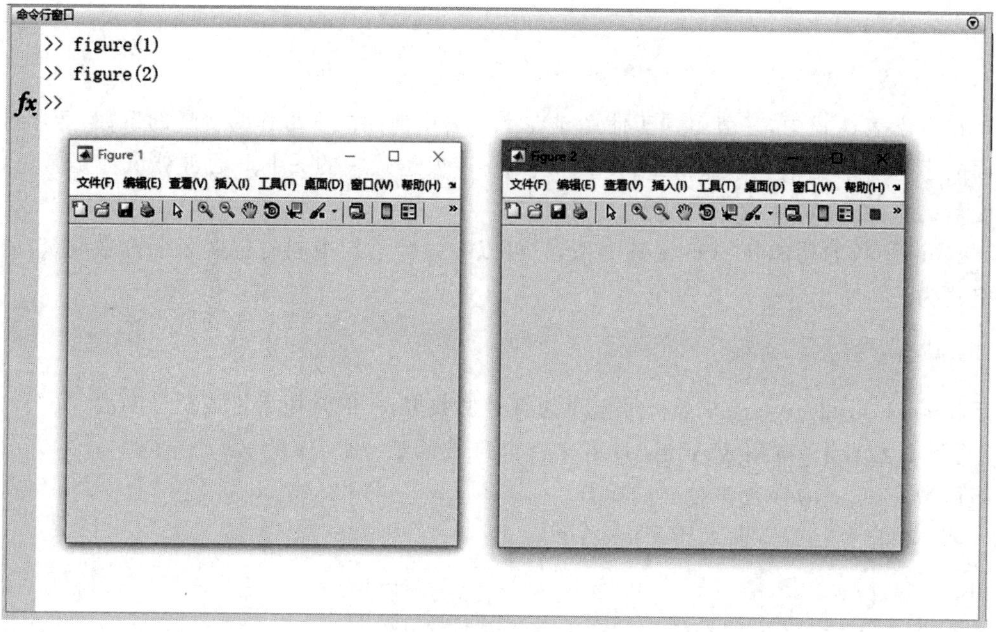

图 1.1.14 新建图形窗口

新建完图形窗口后接下来就是图形绘制，plot 命令是最基本也是最常用的绘图命令，它主要有以下几种格式。

(1) plot(x)/ plot(x,'s')，其中 x 是一个一维数组或向量，s 是一个用来指定绘制曲线的线型、粗细和颜色等属性的字符串。plot(x) 表示系统采用默认设置。此函数用于绘制以 x 的元素下标为横坐标，以 x 的元素值为纵坐标的二维曲线。

(2) plot(x,y)/plot(x,y,'s')，其中 x 和 y 是具有相同维度的数组或向量。此函数用于绘制以 x 为横坐标，以 y 为纵坐标的二维曲线。

(3) plot(x1,y1,x2,y2,…)/plot(x1,y1,'s1',x2,y2,'s2',…)，其中 xi 和 yi 是具有相同维度的数组或向量，且必须成对出现。此函数用于在同一个图形窗口绘制多条曲线。

【例 1.1.13】 分别使用上述三种 plot 命令绘制图形。

解：在命令行窗口输入如下指令：

```
>> figure(1)
>> y0 = rand(1,10);                    % 生成长度为 10、元素取值在[0,1]区间的随机数组 y0
>> plot(y0)                            % 显示图 1.1.15 中的 Figure 1
>> figure(2)
>> t = 0:0.01:2 * pi;                  % 生成[0,2 * pi]区间内以 0.01 为间隔的时间数组 t
>> y1 = sin(t);                        % 以 t 为自变量生成因变量 y1
>> plot(t,y1)                          % 显示图 1.1.15 中的 Figure 2
```

```
>> figure(3)
>> y2 = cos(t);                         % 以 t 为自变量生成因变量 y2
>> plot(t,y1,t,y2)                      % 显示图 1.1.15 中的 Figure 3
>> figure(4)
>> y3 = sin(t/2);
>> plot(t,y3,'-- ')                     % 设置线型(虚线),显示图 1.1.15 中的 Figure 4
```

运行结果如图 1.1.15 所示。

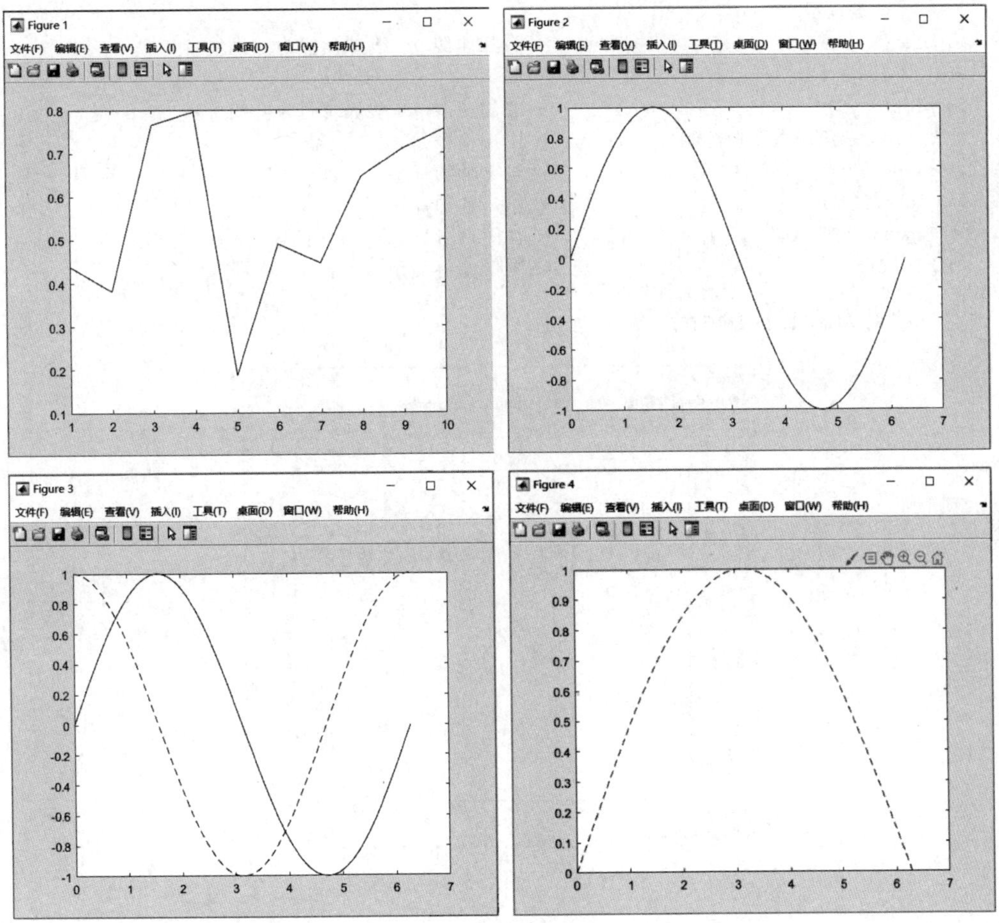

图 1.1.15　用 plot 命令作图

一般情况下,绘图命令每执行一次就刷新当前图形窗口,图形窗口将不再显示旧的图形。用户若要在旧的图形上叠加新的图形,就要用到 hold on/off 命令,控制原有图形的保持与不保持。另外通常需要用 title 命令给绘制的图形对象加上标题、xlabel/ylabel 命令给坐标轴加标注、legend 命令给不同曲线加图例说明。下面以在图 1.1.15 中的 Figure 4 图上继续叠加新的图形为例进行说明。

【例 1.1.14】 在例 1.1.13 中 Figure 4 图的基础上进行图形叠加,并给图形加标题、坐标轴标注和图例。

解：在命令行窗口输入如下指令：

```
>> figure(4)
>> t = 0:0.01:2 * pi;                 % 时间 t 范围是[0,2π],采样间隔为 0.01
>> y3 = sin(t/2);
>> plot(t,y3,'-- ')                   % 绘制 y3 曲线,线型设置为虚线
>> hold on                            % 图形保持
>> y4 = cos(t/2);
>> plot(t,y4,'-.')                    % 叠加曲线 y4,线型设置为点画线
>> y5 = cos(t * 2);
>> plot(t,y5)                         % 叠加曲线 y5,默认线型为实线
>> title('三角函数图形绘制')          % 图形命令
>> xlabel('t')                        % 给 x 轴加标注
>> ylabel('y')                        % 给 y 轴加标注
>> legend('y3','y4','y5')             % 加图例,以区分不同曲线
>> hold off                           % 图形保持关闭
```

运行结果如图 1.1.16 所示。

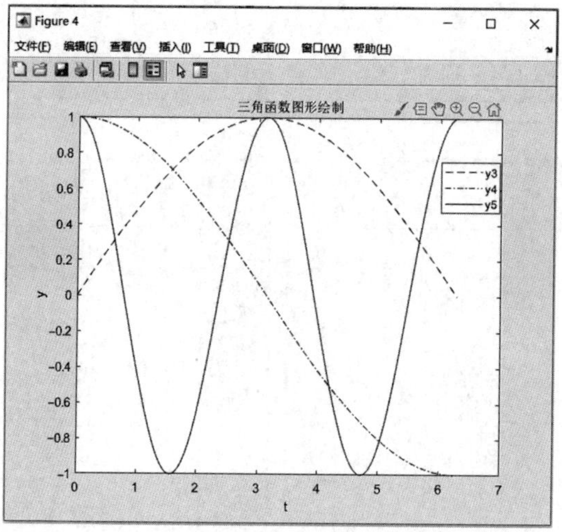

图 1.1.16　图形叠加与标注

上面介绍了一些绘图常用的方法,在一个图形窗口只能绘制一幅图形,但有时需要在同一个窗口显示多幅图形,这时就要用到 subplot 命令,它可将一个图形窗口分割为几个子窗口,在每个子窗口均可绘制图形。subplot 命令常用格式为 subplot(m,n,p),含义是将一个窗口分割成 m 行 n 列,共计 m×n 个子窗口,p 为当前子窗口的编号,编号顺序默认先从左到右,再从上到下。

【例 1.1.15】 将图 1.1.15 的 Figure 1～Figure 4 以 2 行 2 列的排列方式显示在一个窗口中。

解：在命令行窗口输入如下指令：

```
>> subplot(2,2,1)                         % 指定子窗口 1,显示 Figure 1
>> y0 = rand(1,10);
>> plot(y0)
>>  subplot(2,2,2)                        % 指定子窗口 2,显示 Figure 2
>> t = 0:0.01:2 * pi;
>> y1 = sin(t);
>> plot(t,y1)
>> subplot(2,2,3)                         % 指定子窗口 3,显示 Figure 3
>> y2 = cos(t);
>> plot(t,y1,t,y2)
>> subplot(2,2,4)                         % 指定子窗口 4,显示 Figure 4
>> y3 = sin(t/2);
>> plot(t,y3,'--')
```

运行结果如图 1.1.17 所示。

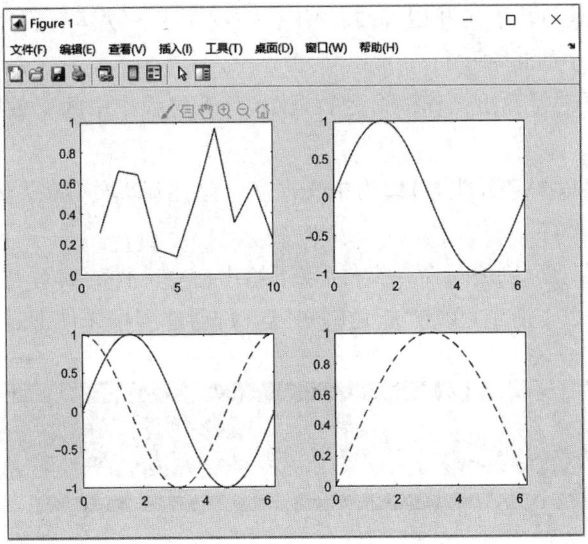

图 1.1.17　图形窗口分割显示

1.2　MATLAB 程序设计基础

前面介绍的命令均是在命令行窗口输入和执行，这种方法编写的程序命令可读性差、效率低，难以处理复杂的问题。因此 MATLAB 提供另一种编程模式，即程序文件模式，该模式下用户可以将命令代码编制成可存储的程序文件，再让 MATLAB 执行该程序文件。这种工作模式在很大程度上提高了用户的编程效率，也让程序易于保存和调试。

1.2.1 M文件

使用MATLAB语言编写的程序文件称为M文件,因其扩展名为.m而得名。M文件是标准的文本文件,可以通过任何文本编辑器进行读取、编辑、修改和存储,通常使用MATLAB的默认编辑器。M文件的语法比一般的高级语言简单,且程序易于调试,交互性强。

M文件分两种:一种是命令文件(即脚本文件),是用户为解决特定问题而编写的程序文件;另一种是函数文件,它不能独立运行,必须由其他M文件进行调用,函数文件具有一定的通用性,并且支持递归调用。MATLAB内置了许多函数文件,可供用户直接调用,用户也可以根据需要自己编写函数文件。下面分别介绍命令文件和函数文件。

M文件编辑器可以通过三种方式进入:一是通过在命令行窗口输入edit命令进入;二是通过单击MATLAB主界面上的"主页"功能区的"新建脚本"或"新建"选项进入;三是直接通过按Ctrl+N快捷键进入。命令文件程序的语法格式有如下特征。

(1) 以clear,close all语句开始,清除掉工作空间中上一次运行程序保存的变量或者图形,避免影响当前程序的正常运行。

(2) 对于不需要进行输出操作的命令行,比如计算过程中中间变量的定义语句,可以以英文符号";"结尾。

(3) 程序的注释以"%"开头,可以为中文汉字。除注释以外,如果要在语句中使用汉字必须用单引号括起。

进入文件编辑器就可以编写命令文件,以下给出命令文件的编写实例和步骤。

步骤1:如图1.2.1所示,单击"新建脚本"选项,创建脚本文件Example.m。

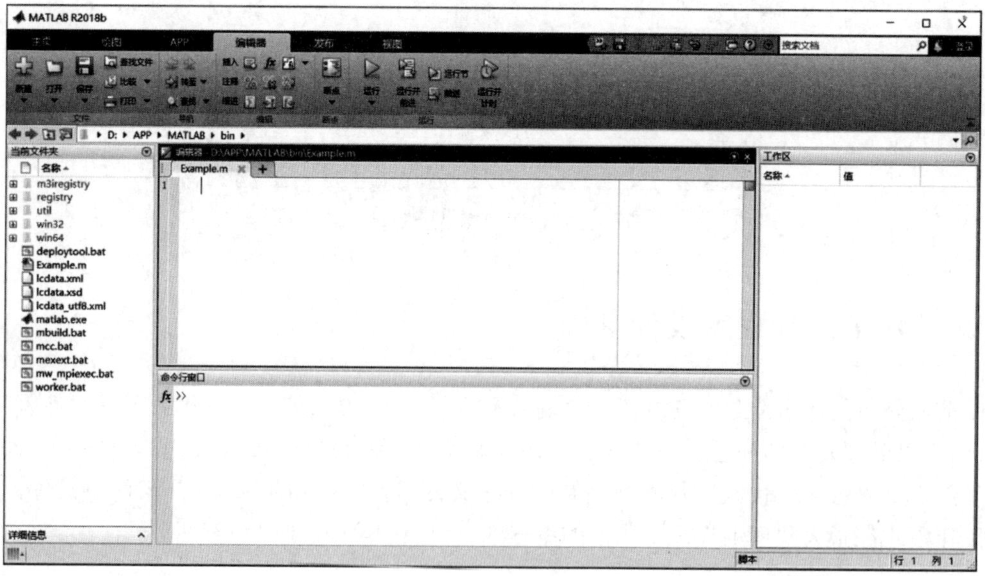

图1.2.1 新建脚本

步骤 2：在编辑文本框中写入如下程序：

```
%% 简单矩阵计算的 M 文件
clear, close all                     % 清除当前工作空间
A = [1 2 3;4 5 6;7 8 9];             % 创建矩阵 A
B = [9 8 7; 6 5 4; 3 2 1];           % 创建矩阵 B
a = 3;                               % 创建变量 a
C = a * A * B - B                    % 计算结果矩阵 C
```

步骤 3：如图 1.2.2 所示，单击编辑器功能区的“运行”选项或者在命令行窗口直接输入脚本文件名，程序执行产生的变量或矩阵将会保存在工作区，可以单击对应变量名查看具体值，并且将在命令行窗口得到运行结果，如图 1.2.3 所示。

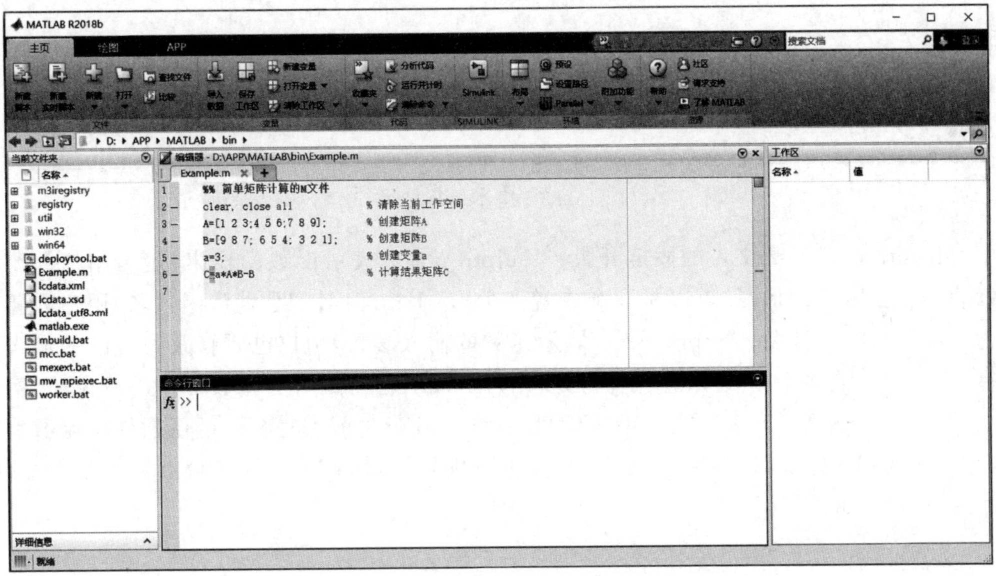

图 1.2.2　运行脚本文件

```
>> Example
C =
    81    64    47
   246   202   158
   411   340   269
```

函数文件也是一类重要的 M 文件，用户根据需求编写函数文件，然后在脚本文件中进行调用。单击 MATLAB 的“主页”功能的“新建”选项，选择“函数”即可进入函数文件编辑器，将会显示 MATLAB 默认的函数体格式，例如：

```
function [ output_args ] = Untitled17( input_args )
% UNTITLED17 此处显示有关此函数的摘要
%    此处显示详细说明
end
```

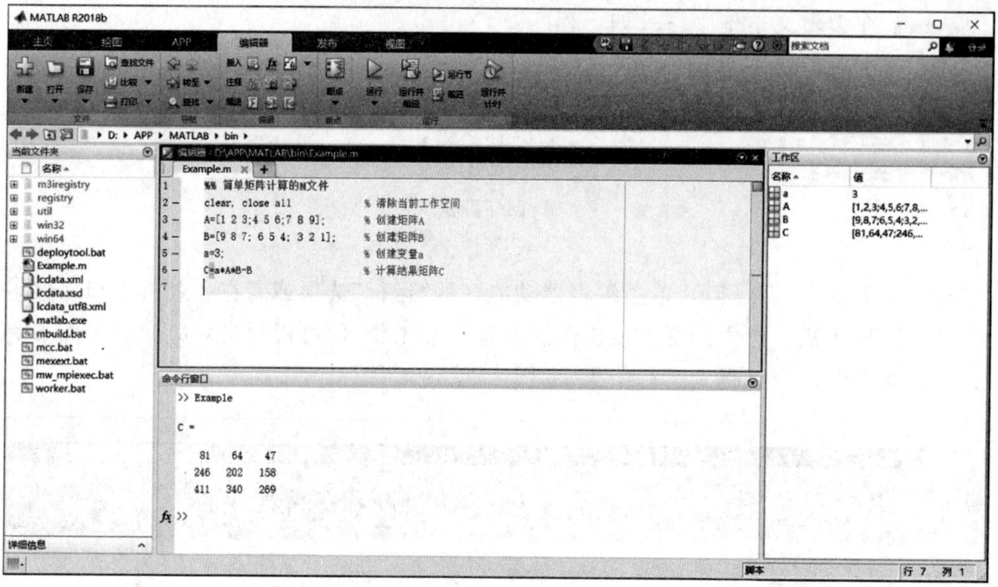

图 1.2.3　脚本运行结果

其中,“function”是函数文件的固定开头;“output_args”表示函数的输出形参,用户需要将其修改为自己定义的形参(可以是一个或者多个);“Untitled17”是默认函数名,用户需要修改为自己命名的函数名;“input_args”表示函数的输入参数,用户也要修改为自己的输入形参(可以是一个或多个);在两行注释行处,用户可以对自己编写的函数文件进行说明,例如说明函数功能、输入形参和输出形参等信息,并在 end 行之前编写自己的函数体。函数编写完成后,需要将函数文件保存为与自己命名的函数名相同的 M 文件。给出一个函数文件,程序如下:

```
function [y] = calculate(x)
% calculate 函数的说明: 此函数的功能是计算多项式值
% 输入: x 是多项式自变量; 输出: y 是多项式的值
% 以下是函数体
y = 5 * x.^4 + 3 * x.^2 + 2 * x;
end
```

用户可以在脚本文件中通过“函数名(输入参数)”的形式对函数文件进行调用,前提是脚本文件和函数文件必须保存在相同的目录下。例如,在上述的 Example.m 文件中,通过调用函数给变量 a 赋值,程序如下:

```
%% 简单矩阵计算的 M 文件
clear, close all            % 清除当前工作空间
A = [1 2 3;4 5 6;7 8 9];    % 创建矩阵 A
B = [9 8 7; 6 5 4; 3 2 1];  % 创建矩阵 B
a = calculate(1);           % 调用 calculate 函数,输入参数为 1,通过变量 a 接收函数返回值,a = 10
C = a * A * B - B           % 计算结果矩阵 C
```

以上就是对M文件中脚本文件和函数文件的创建、调用的简单介绍。在实际编程中，要完成一些复杂的功能必须掌握并熟练运用MATLAB中的程序结构以及相应的流程控制，具体内容将在1.2.2节介绍。

1.2.2 MATLAB程序设计结构

MATLAB程序设计结构同其他高级语言一样，可分为顺序结构、循环结构和分支结构，但是语法比一些高级语言简单。下面分别就上述三种程序结构进行介绍。

1. 顺序结构

顺序结构是三种结构中最简单的一种，它是由一组MATLAB语句按顺序构成的设计结构，语句从头到尾按顺序执行。其格式如下：

```
变量 = 表达式;
    ……
变量 = 表达式;
```

在1.2.1节中介绍的脚本文件Example.m就是按照顺序结构设计的。

2. 循环结构

循环结构是MATLAB数值计算和工程应用中使用最广泛的一种结构，常用的两种循环结构是for循环和while循环。

1) for循环

for循环的第一种格式：

```
for 循环变量 = 表达式 1: 表达式 2: 表达式 3
                  循环体
end
```

其中，表达式1为循环变量初值；表达式2为循环变量步长取值，当步长取1时，此表达式可以省略；表达式3为循环变量终值。

【例1.2.1】 使用for循环结构计算矩阵所有元素之和。

解：创建脚本文件，编写如下程序：

```
%% 使用 for - end 循环结构计算矩阵所有元素之和
clear, close all                        % 清除当前工作空间
sum = 0;                                % 初始化 sum 的值为 0
A = [1 2 3;4 5 6;7 8 9;10 11 12];       % 给矩阵 A 直接赋值
[m,n] = size(A);                        % size()函数获取矩阵的维数
for i = 1:m                             % 外层循环开始行遍历
    for j = 1:n                         % 内层循环开始列遍历
```

```
        sum = sum + A(i,j);              % A(i,j)获取矩阵第 i 行第 j 列元素值
    end                                  % 结束内循环
end                                      % 结束外循环
disp(sum)                                % disp()函数用于在控制台输出结果
```

控制台输出结果：

```
>>
    78
```

for 循环的第二种格式主要是针对矩阵进行操作：

```
for 循环变量 = 矩阵表达式
      循环体
end
```

【例 1.2.2】 使用 for 循环的第二种格式实现矩阵转置。

解：创建脚本文件，编写如下程序：

```
%% 使用 for - end 循环结构格式 2 进行矩阵转置操作
clear, close all                         % 清除当前工作空间
A = [1 2 3;4 5 6;7 8 9;10 11 12];        % 给矩阵 A 直接赋值
k = 1;
for i = A                                % 循环遍历矩阵的行,i 是行矩阵
    B(k,:) = i';                         % 将 i 进行转置并赋值给矩阵 B 的第 k 行
    k = k + 1;
end                                      % 结束循环
disp(B)                                  % disp()函数用于在控制台输出结果
```

控制台输出结果：

```
>>
    1     4     7    10
    2     5     8    11
    3     6     9    12
```

2）while 循环

另外一种重要的循环结构是 while 循环，其基本格式如下：

```
while 条件表达式
    循环体
end
```

其中，条件表达式一般由逻辑运算或关系运算组成，当表达式为真时继续执行循环体，当表达式为假时，退出循环。

【例 1.2.3】 使用 while 循环求 100 以内的自然数之和。

解：创建脚本文件，编写如下程序：

```
%% 使用 while-end 循环结构求 100 以内的自然数之和
clear, close all                         % 清除当前工作空间
sum = 0;                                 % 给变量 sum 赋初始值
i = 0;
while i <= 100                           % 判断循环条件
      sum = sum + i;                     % 元素和累加
      i = i + 1;                         % 自然数加 1
end                                      % 结束循环
disp(sum)                                % disp()函数用于在控制台输出结果
```

控制台输出结果：

```
>>
    5050
```

3. 分支结构

分支结构也叫选择结构，即根据选择表达式的取值情况选择执行语句。分支结构主要分为三种：if-else-end 结构、switch-case-end 结构和 try-catch-end 结构。

1）if-else-end 结构

if-else-end 结构有三种形式，由简单到复杂分别为

第一种形式：

```
if  表达式                               % 表达式为真，执行语句组
    语句组
end
```

第二种形式：

```
if  表达式                               % 表达式为真，执行语句组 1
    语句组 1
else                                     % 表达式为假，执行语句组 2
    语句组 2
end
```

第三种形式：

```
if  表达式 1                             % 表达式 1 为真，执行语句组 1
    语句组 1
elseif   表达式 2                        % 表达式 2 为真，执行语句组 2
    语句组 2
      ......
elseif   表达式 n-1                      % 表达式 n-1 为真，执行语句组 n-1
    语句组 n-1
else                                     % 所有表达式均为假，执行语句组 n
    语句组 n
end
```

if-else-end 结构虽然可以解决很多应用问题，例如在数学的分段函数中使用这种结构就十分合理，但在一些复杂的程序中使用 if-else-end 结构会增加程序的复杂度，并且不利于程序的维护。

2）switch-case-end 结构

switch-case-end 结构是另外一种分支结构，其具体形式如下：

```
switch 变量或表达式
case 常量表达式 1
     语句组 1
       ⋮
       ⋮
case 常量表达式 n - 1
     语句组 n - 1
otherwise
     语句组 n
end
```

程序执行时，首先按照 case 的先后顺序，依次将 switch 后面的变量或表达式的值与 case 后面的常量表达式进行匹配，若匹配成功，则执行当前 case 语句和下一个 case 语句之间的语句组；若匹配不成功，则执行 otherwise 语句后面的语句组。

3）try-catch-end 结构

try-catch-end 结构常用于程序调试，主要功能是捕捉程序运行中出现的错误信息，其具体形式如下：

```
try
        语句组 1
catch
        语句组 2
end
```

当程序运行正常时，语句组 1 正常执行；当程序运行出错时，会执行语句 2，它主要用于输出一些错误信息。当程序运行出现错误或得不到预期结果时，需要进行程序调试。常用的调试方法是断点调试，将光标定位到程序的某一行，通过快捷键 F12 或直接单击编辑器左侧的行数字即可设置断点，然后按快捷键 F5 即可进入调试模式。

【例 1.2.4】 使用分支结构求分段函数的值，分段函数表达式为

$$f(x)=\begin{cases} x^2+x-6, & x<-1 \\ x^2-5x+6, & -1\leqslant x\leqslant 6 \text{ 且 } x\neq 2 \\ x^3-x-1, & \text{其他} \end{cases}$$

解：创建函数文件 fenduan.m，编写如下程序：

```
function [y] = fenduan(x)
% fenduan 函数用于实现分段函数的计算
```

```
% 输入: 自变量 x; 输出: 因变量 y
if x<-1
    y=x.^2+x-6;
elseif -1<=x<=6&x~=2
    y=x.^2-5*x+6;
else
    y=x.^3-x-1;
end
```

求当 x=2 时的函数值,可以在命令行窗口中输入

```
>> fenduan(2)
  y=
    5
```

1.3 Simulink 应用简介

Simulink 是 MATLAB 重要的组件之一,它提供一个动态系统建模、仿真和综合分析的集成环境。在该环境中,不需要大量写程序,而只需要通过简单直观的鼠标操作,就可构造出复杂的系统。Simulink 具有适应面广、结构和流程清晰,以及仿真精细、贴近实际、效率高、灵活性强等优点,已被广泛应用于控制理论和数字信号处理的复杂仿真和设计中,同时有大量的第三方软件和硬件可应用于 Simulink 上,因此 Simulink 成为目前最受欢迎的仿真软件之一。

1.3.1 Simulink 基本操作

利用 Simulink 进行系统仿真的基本步骤为:启动 Simulink;新建空白模型仿真窗口;打开 Simulink 模块库,建立仿真模型;设置仿真参数,开始仿真;最后输出仿真结果。下面将作具体介绍。

(1) 启动 Simulink 有三种方法:一是单击 MATLAB 主页功能区的 Simulink 选项;二是在命令行窗口输入 Simulink 命令;三是单击 MATLAB 主页功能区的"新建"→Simulink Model 选项。启动 Simulink 进入启动界面,如图 1.3.1 所示。

(2) 单击图 1.3.1 启动界面中的 Blank Model 选项进入空白模型仿真窗口,如图 1.3.2 所示。

(3) 单击空白模型仿真窗口的"模块库"选项进入 Simulink 模块库,如图 1.3.3 所示。

(4) 按功能需求将子模块库中的模块拖到空白模型仿真窗口,用鼠标将各模块的输入/输出端连接,单击需要进行参数设置的模块设置参数,如图 1.3.4 所示。

(5) 单击运行按钮,便可通过输出模块查看结果(可通过示波器 Scope 模块查看结果),如图 1.3.5 所示。

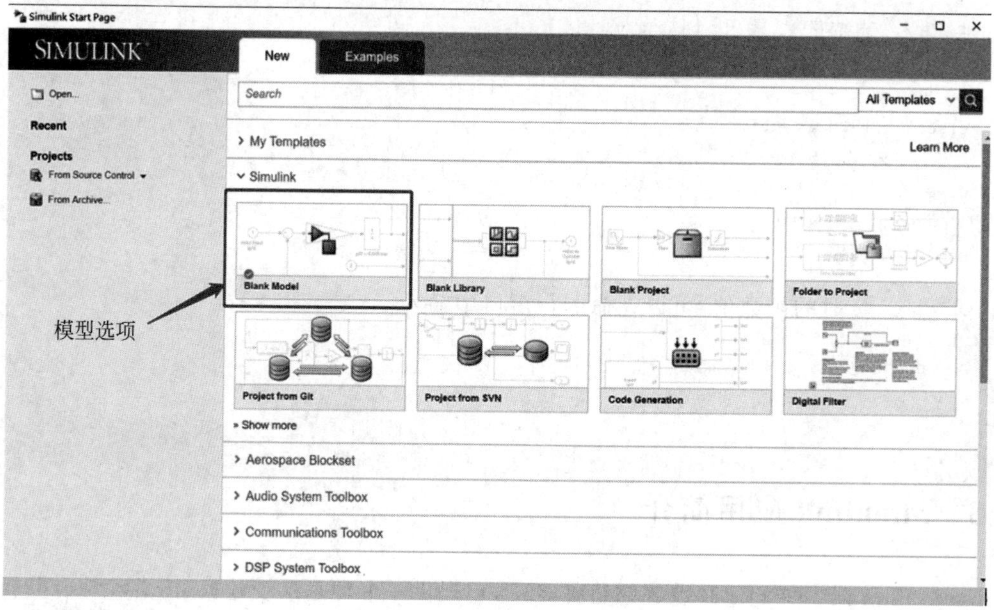

图 1.3.1　Simulink 启动界面

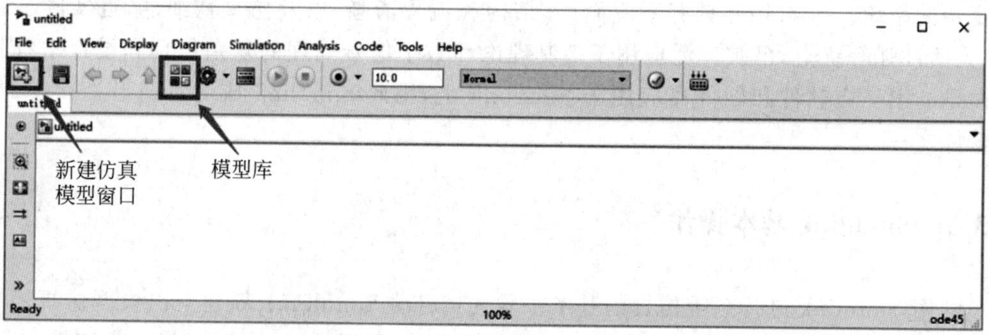

图 1.3.2　Simulink 空白模型仿真窗口

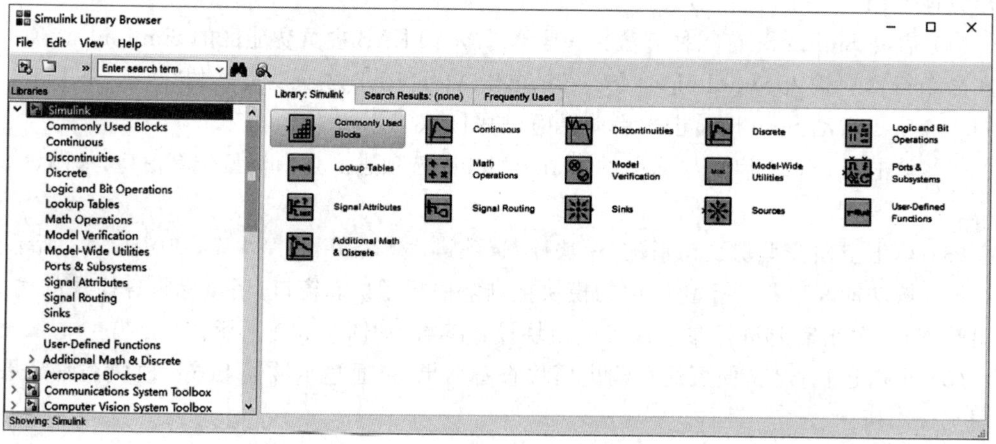

图 1.3.3　Simulink 模块库

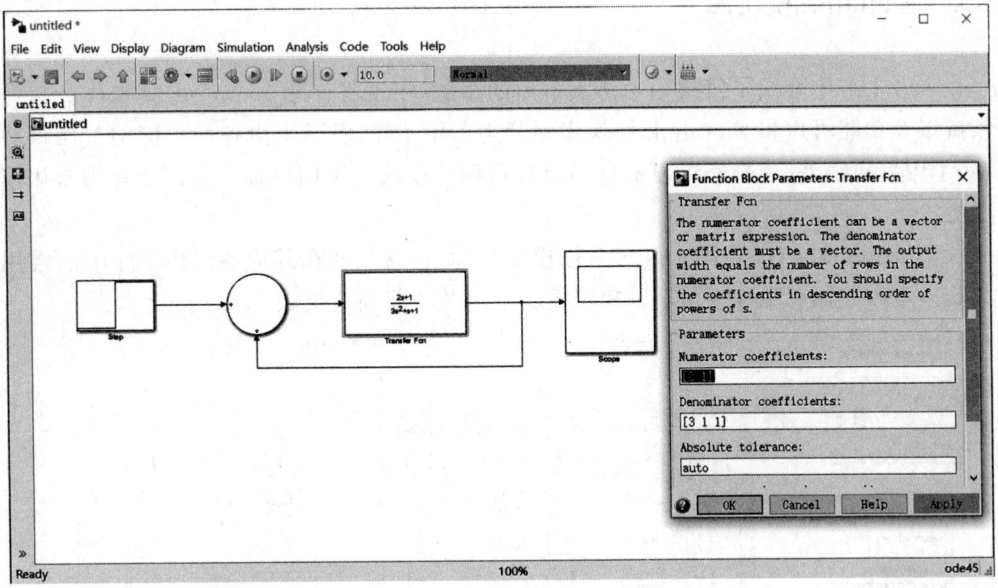

图 1.3.4 搭建仿真模型及参数设置

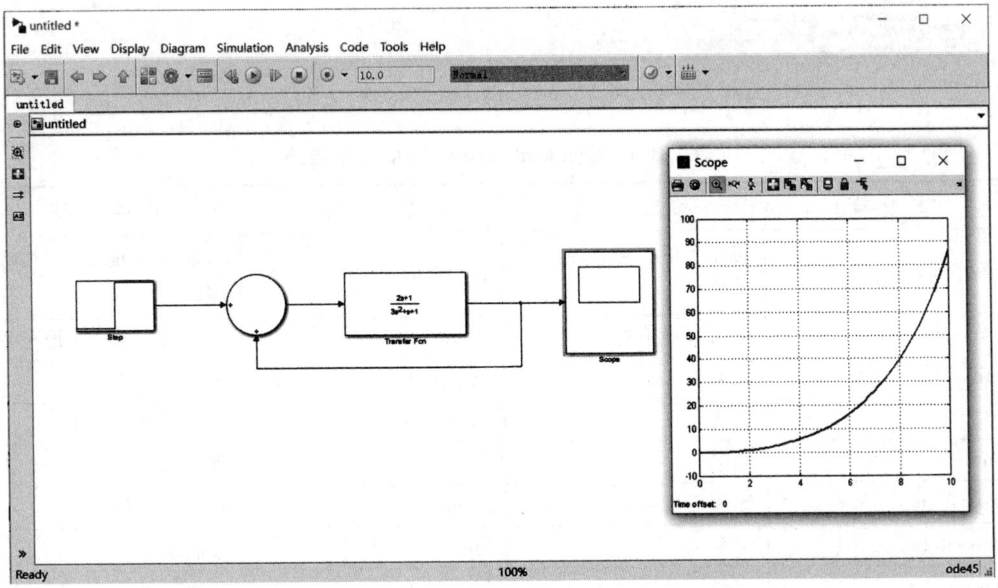

图 1.3.5 Simulink 仿真结果

1.3.2 Simulink 模块库

在 1.3.1 节中介绍了搭建一个仿真模型的步骤,下面将介绍 Simulink 模块库。按照应用领域以及功能可以将 Simulink 模块库划分为若干子库,各子库由各种不同的常用模块组成,除了内置模块外,用户还可以根据需要自行创建模块。下面将逐一介绍子库中常用模块的功能。

(1) Commonly Used Blocks 为常用模块子库,包含一些在其他各模块子库中的常用模块。其显示界面如图 1.3.6 所示,常用模块子库及功能描述见表 1.3.1。

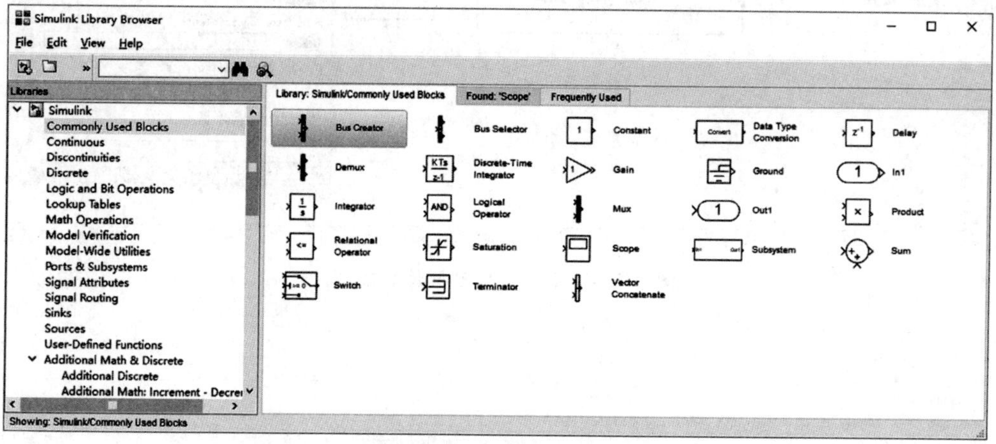

图 1.3.6 Commonly Used Blocks 子库

表 1.3.1 Commonly Used Blocks 功能描述

模　块	功能描述	模　块	功能描述
Bus Creator	将输入信号合并为向量信号	Bus Selector	将输入向量信号分解为多路
Constant	输出常量信号	Demux	将输入向量转换成标量
Gain	增益	Integrator	连续积分器
In1	输入	Mux	将信号进行合成
Out1	输出	Product	乘法器
Saturation	输入信号饱和	Scope	输出示波器
Subsystem	子系统	Sum	加法器
Switch	选择输出器	Unit Delay	单位时间延迟
Logical Operator	逻辑运算器	Discrete-Time Integrator	离散积分器
Data Type Conversion	数据类型转换	Relational Operator	关系运算器

(2) Continuous 为连续系统模块子库，提供适用于建立线性连续系统的模块。其显示界面如图 1.3.7 所示，常用模块及功能描述见表 1.3.2。

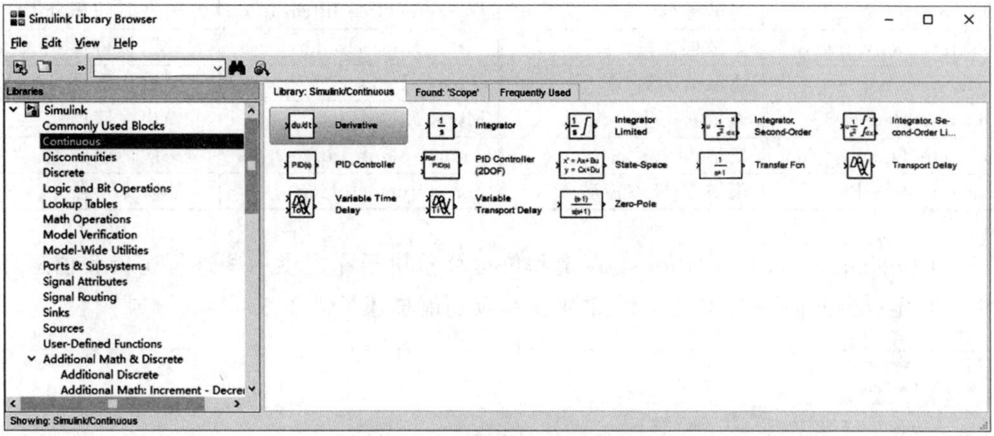

图 1.3.7 Continuous 模块子库

表 1.3.2 Continuous 常用模块功能描述

模　　块	功 能 描 述	模　　块	功 能 描 述
Derivative	输入信号微分	State-Space	状态空间系统模型
PID Control	PID 控制器	Transfer Fun	创建一般传递函数
Transport Delay	传输延迟	Zero-Pole	零-极点传递函数

(3) Discrete 为离散系统模块子库，提供适用于建立离散时间系统的模块。其显示界面如图 1.3.8 所示，常用模块及功能描述见表 1.3.3。

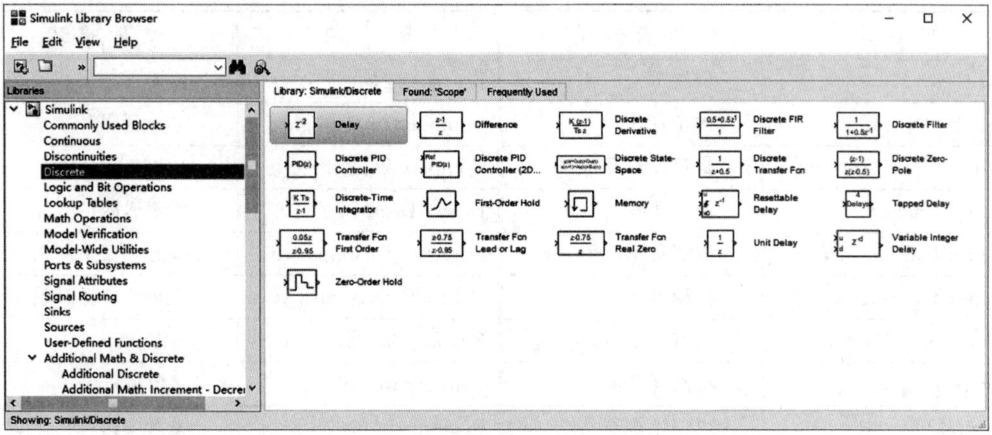

图 1.3.8 Discrete 模块子库

表 1.3.3 Discrete 常用模块功能描述

模　　块	功 能 描 述	模　　块	功 能 描 述
Difference	离散差分	Discrete-Time Integrator	离散时间积分器
Discrete Derivative	离散偏微分	First-Order Holder	一阶保持器
Discrete Filter	离散滤波器	Integer Delay	整数倍采样时延
Discrete State-Space	离散状态空间模型	Memory	输出存储单元
Discrete Transfer Fun	离散传递函数	Transfer Fun First-Order	一阶传递函数
Discrete Zero-Pole	离散零-极点传递函数	Zero-Order Holder	零阶保持器

(4) Logic and Bit Operations：逻辑和位运算模块子库提供一些进行逻辑和位运算的模块。其显示界面如图 1.3.9 所示，常用模块及功能描述见表 1.3.4。

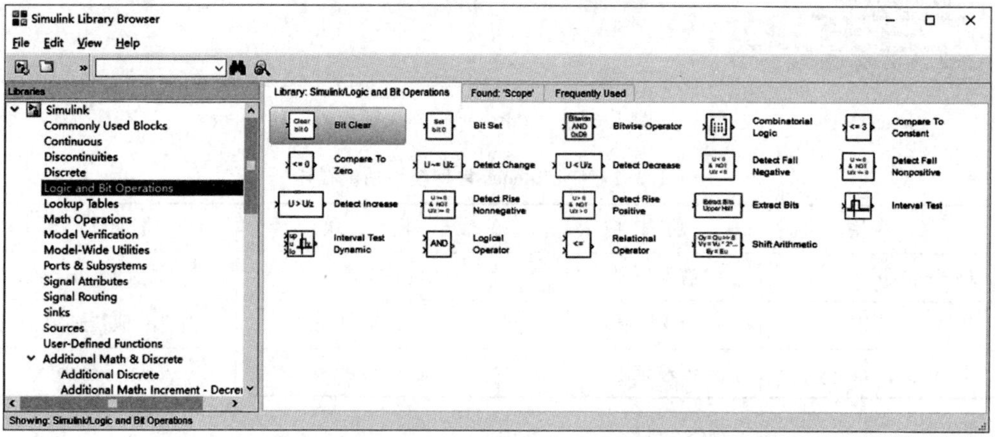

图 1.3.9　Logic and Bit Operations 模块子库

表 1.3.4 Logic and Bit Operations 常用模块功能描述

模　　块	功 能 描 述	模　　块	功 能 描 述
Bit Clear	位置零	Bit Set	位置 1
Bitwise Operator	逐位操作	Combinational Logic	组合逻辑
Compare To Constant	常量比较器	Compare To Zero	0 比较器
Detect Change	检测跳变	Detect Decrease	检测递减
Detect Fall Negative	检测负下降沿	Detect Fall Nonpositive	检测非正下降沿
Detect Increase	检测递增	Detect Rise Nonnegative	检测非负上升沿
Detect Rise Positive	检测正上升沿	Extract Bits	提取位
Interval Test	检测开区间	Shift Arithmetic	移位运算
Logical Operator	逻辑操作符	Relational Operator	关系操作符
Interval Test Dynamic	动态检测开区间		

(5) Math Operation 为数学运算模块子库,提供一些进行数学运算的模块。其显示界面如图 1.3.10 所示,常用模块及功能描述见表 1.3.5。

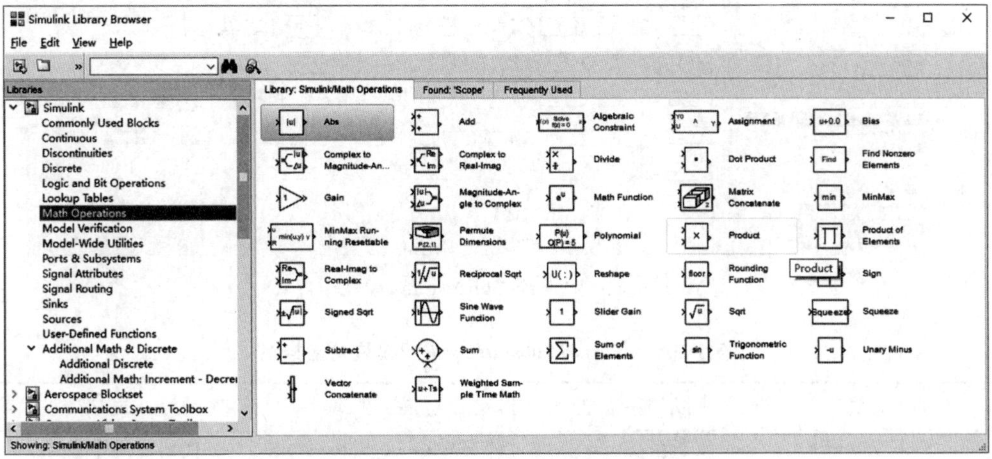

图 1.3.10 Math Operation 模块子库

表 1.3.5 Math Operation 常用模块功能描述

模　　块	功 能 描 述	模　　块	功 能 描 述
Abs	取绝对值	Add	加法运算
Algebraic Constraint	代数约束	Assignment	幅值
Bias	偏移	Divide	除法运算
Complex To Real-Imag	复数输入转换为实部和虚部输出	Complex To Magnitude-Angle	复数输入转换为幅值和相角输出
Dot Product	点乘运算	Gain	比例运算
Magnitude-Angle To Complex	由复幅值和相角输入合成复数输出	Real-Imag To Complex	由实部和虚部输入合成复数输出
Matrix Concatenate	矩阵级联	Polynomial	多项式
MinMax Running Resettable	最大最小值运算	Sine Wave Function	正弦波函数
Product	乘法运算	Products of Elements	元素乘运算
Math Function	数学函数	Reshape	取整
Rounding Function	舍入函数	Sign	符号函数

(6) Ports&Subsystems 为端口和子系统模块子库,提供一些端口和子系统。其显示界面如图 1.3.11 所示,常用模块及功能描述见表 1.3.6。

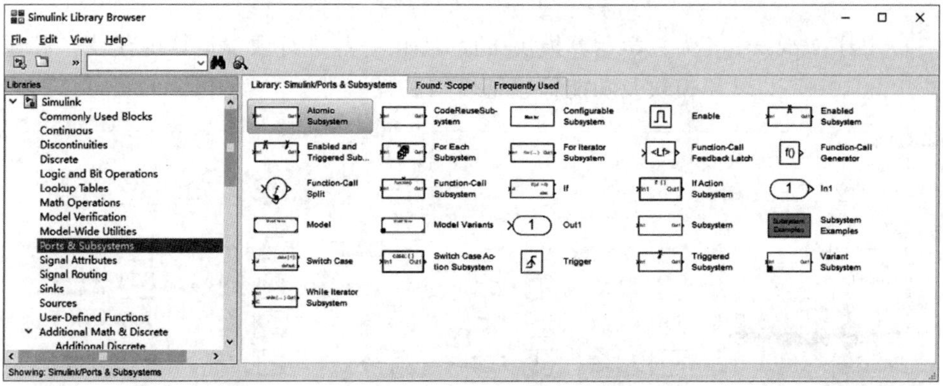

图 1.3.11　Ports&Subsystems 模块子库

表 1.3.6　Ports&Subsystems 常用模块功能描述

模　　块	功 能 描 述	模　　块	功 能 描 述
Atomic Subsystem	单元子系统	CodeReuse Subsystem	代码重用子系统
Configuration Subsystem	结构子系统	Enable Subsystem	使能子系统
Enable and Triggered Subsystem	使能和触发子系统	While Iterator Subsystem	While 迭代子系统
For Iterator Subsystem	For 循环迭代子系统	Function-Call Generator	函数响应生成器
Function-Call Subsystem	函数响应子系统	If Action Subsystem	假设动作子系统
If	假设判断	In1	输入端口
Model	模型	Out1	输出端口
Subsystem	子系统	Subsystem Example	子系统例子
Switch Case	转换事件	Switch Case Action Subsystem	转换事件子系统
Trigger	触发操作	Triggered Subsystem	触发子系统

（7）Sinks 为输出模块子库，提供一些输出模块。其显示界面如图 1.3.12 所示，常用模块及功能描述见表 1.3.7。

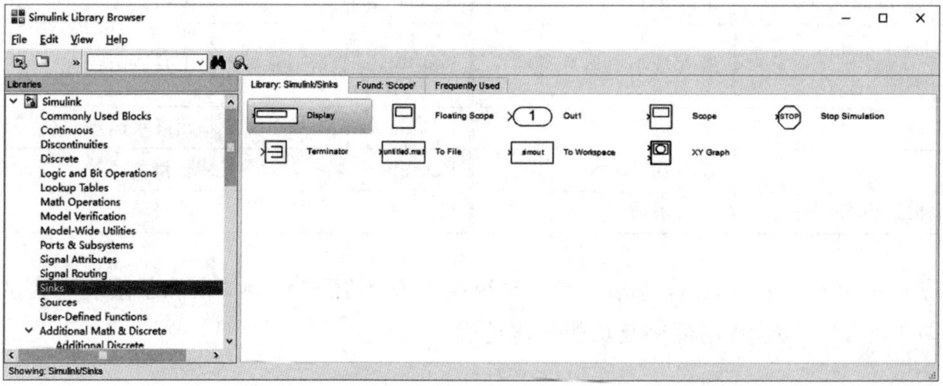

图 1.3.12　Sinks 模块子库

表 1.3.7　Sinks 常用模块功能描述

模　块	功能描述	模　块	功能描述
Display	数字显示器	Floating	浮动观察器
Out1	输出端口	Scope	示波器
Stop Simulation	仿真停止	Terminator	连接到没有连接到的输出端
To File	将输出数据写入数据文件并保存	To Workspace	将输出数据写入 MATLAB 的工作空间
XY Graph	显示二维图形		

(8) Sources 为输入源模块子库，提供各种信号源模块。其显示界面如图 1.3.13 所示，常用模块及功能描述见表 1.3.8。

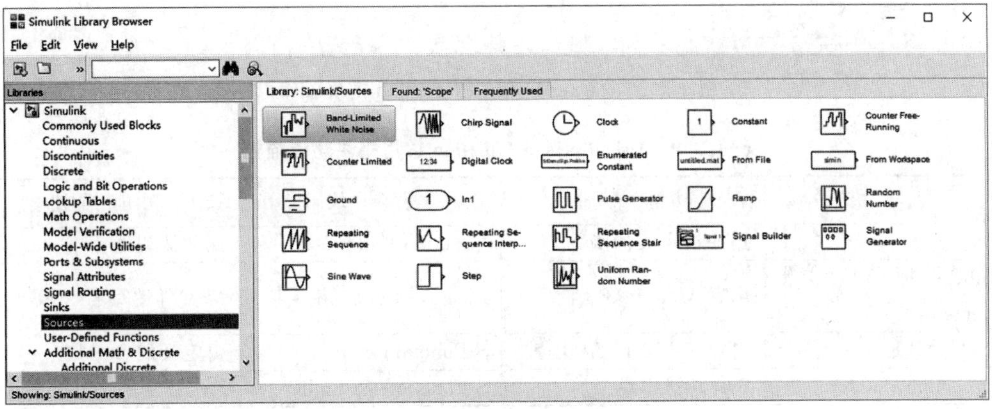

图 1.3.13　Sources 模块子库

表 1.3.8　Sources 常用模块功能描述

模　块	功能描述	模　块	功能描述
Band-Limited White Noise	受限白噪声	Chirp Signal	产生一个频率不断增大的正弦波
Clock	显示和提供仿真时间	Constant	常量信号
Counter Free-Running	无限计数器	Counter Limited	有限计数器
Digital Clock	在规定的采样时间间隔产生仿真时间	From Workspace	从 MATLAB 工作区读取数据
From File	从 M 文件读取数据	Ground	连接到输入端
In1	输入信号	Pulse Generator	脉冲发生器
Ramp	斜坡输入	Random Number	产生正态分布的随机数
Repeating Sequence	产生重复的任意信号	Repeating Sequence Interpolated	重复序列内插值
Repeating Sequence Stairs	重复阶梯序列	Uniform Random Number	一致随机数
Signal Generator	信号发生器	Sine Wave	正弦波信号
Step	阶跃信号	Signal Builder	信号创建器

(9) User-Defined Function 为用户自定义模块子库,提供一些函数模块供用户自定义。其显示界面如图 1.3.14 所示,常用模块及功能描述见表 1.3.9。

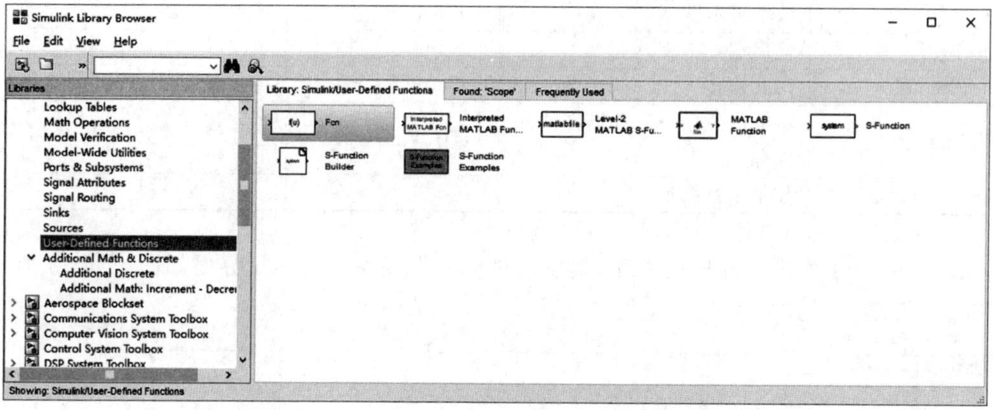

图 1.3.14　User-Defined Function 模块子库

表 1.3.9　User-Defined Function 常用模块功能描述

模　　块	功 能 描 述	模　　块	功 能 描 述
Fun	用户自定义的函数	Function Caller	函数调用器
Embedded MATLAB Function	内置 MATLAB 函数	M-file S-Function	M 文件编写的 S 函数
MATLAB Fun	自定义 MATLAB 函数	S-Function	自定义的 S 函数
S-Function Builder	S 函数创建器	S-Function Example	S 函数示例

1.3.3　Simulink 仿真实例

1.3.1 节和 1.3.2 节对 Simulink 的基本操作和模块库进行了介绍,本节将给出一个具体的连续系统仿真实例。

【例 1.3.1】 蹦极跳是一种挑战身体极限的运动,蹦极者系着一根弹力绳从高处的桥梁(或山崖等)向下跳。在下落的过程中,蹦极者几乎处于失重状态。按照牛顿运动定律,自由下落的物体的位置由下面的式子确定:

$$m\frac{\partial^2 x}{\partial t^2}=mg-a_1\frac{\partial x}{\partial t}-a_2\frac{\partial x}{\partial t}\left|\frac{\partial x}{\partial t}\right|$$

其中,m 为物体质量,g 为重力加速度,x 为物体的位置,a_1 和 a_2 表示空气阻力的系数。选择蹦极者起跳位置为起点(即 $x=0$ 处),低于起点位置为正,高于起点为负。如果物体系在一个弹性系数为 k 的弹力绳索上,绳索的原始长度为 x_0,则其对下落物体位置的作用力为

$$b(x)-\begin{cases}-k(x-x_0), & x\geqslant x_0\\ 0, & \text{其他}\end{cases}$$

设蹦极者起跳位置距离地面 80m，绳索原始长度为 x_0，蹦极者起始速度为 0，其余参数分别为 $k=18.45, a_1=1.3, a_2=1.1, m=70\text{kg}, g=9.8\text{m/s}^2$。建立蹦极跳系统的 Simulink 仿真模型，并对系统进行仿真，分析此蹦极跳系统是否安全。

解：建模过程中需要用到的模块有 Continuous 模块子库中的积分模块（Integrator）2 个、Math Operation 模块子库中的绝对值模块（Abs）1 个、比例模块（Gain）4 个、减法模块（Subtract）2 个、加法模块（Add）1 个、Sources 模块子库中的常量模块（Constant）4 个、Sinks 模块子库下的示波器模块（Scope）1 个、切换模块（Switch）1 个，建立 Simulink 仿真模型如图 1.3.15 所示。

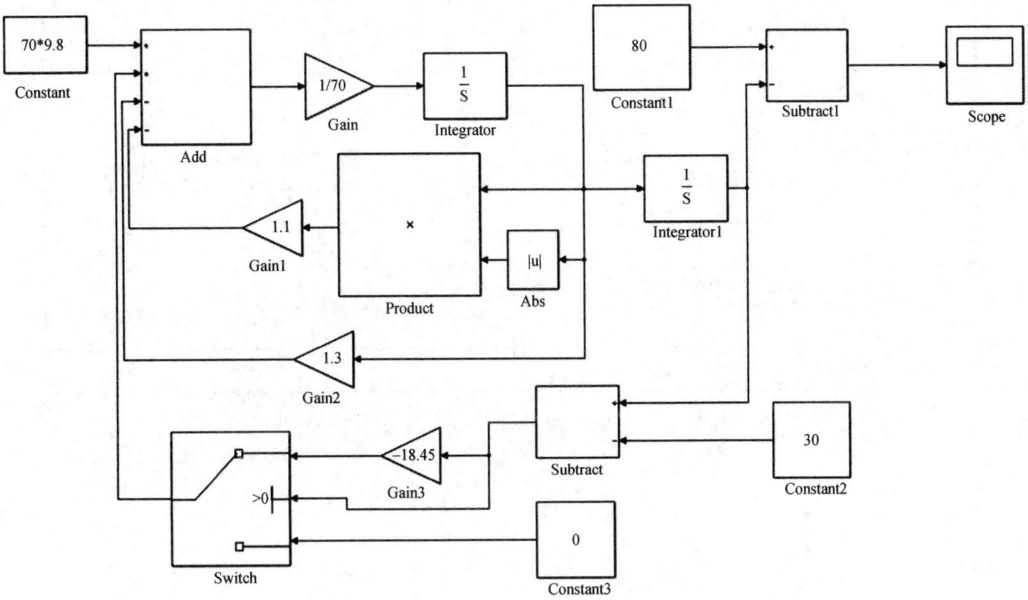

图 1.3.15 蹦极跳系统仿真模型

在 Simulink 仿真模型中，各模块具体功能和参数解释如下。

Constant 模块：用于表示蹦极者重力 mg，常量设置为 70×9.8；

Constant1 模块：用于表示蹦极者起始位置相对地面的距离，常量设置为 100；

Constant2 模块：用于表示绳索原始长度 x_0，常量设置为 30；

Constant3 模块：用于表示当 $x<x_0$ 时，函数 $b(x)$的取值，常量设置为 0；

Gain 模块：用于表示蹦极者质量的倒数，比例系数为 $1/m$，即 1/70；

Gain1 模块：用于表示参数 a_1，比例系数为 1.1；

Gain2 模块：用于表示参数 a_2，比例系数为 1.3；

Gain3 模块：用于表示弹性系数的负数，比例系数为 $-k$，即 -18.45；

Abs 模块：用于对信号取绝对值；

Integrator 模块和 Integrator1 模块：用于对信号进行积分；

Switch 模块：用于构建分段函数 $b(x)$。

参数设置完毕后，取仿真时间为 50s，单击工具栏 Run 按钮。运行完毕后在 Scope 示波器模块显示仿真结果，如图 1.3.16 所示。图 1.3.16 中显示的是蹦极者起跳后与地面的相对距离曲线，由仿真结果可知在 5～10s，出现相对距离小于 0 的情形，这说明此蹦极跳系统是不安全的。

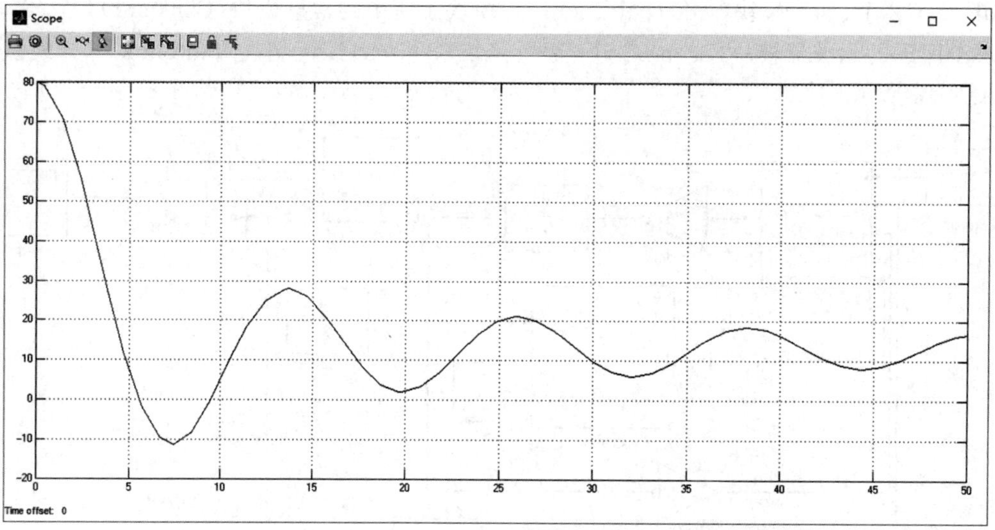

图 1.3.16　蹦极跳系统 Simulink 仿真结果

第2章 基于MATLAB的现代控制系统模型

掌握控制系统的动态特性是对控制系统进行有效分析与设计的前提，而了解和认识控制系统的一种有效方法就是建立控制系统的数学模型。为控制系统建立一个合理的数学模型是对被控系统实施有效控制的基础，这使控制系统的建模问题显得十分重要。

控制系统的数学模型是用于描述系统动态特性的数学表达式。在自动控制理论中，控制系统的数学模型有多种类型，如经典控制理论中常用的数学模型有传递函数、结构图、频率特性等，现代控制理论中常用的数学模型为状态空间模型。本章主要介绍 MATLAB 在现代控制理论的控制系统数学建模中的应用。

在 MATLAB 软件中，控制系统工具箱(Control System Toolbox)提供了建立现代控制系统状态空间模型的数学建模函数。

2.1 状态空间模型的建立

状态空间模型是描述现代控制系统动态行为的一种时间域上的数学模型，是现代控制系统分析和设计的基础。状态空间模型采用一组一阶微分方程组描述控制系统的全部动态行为，其中状态变量刻画了控制系统的内部特征。应用微分方程、矩阵理论等数学工具，可对控制系统的状态空间模型进行有效分析和求解，确定控制系统在任一时刻的全部动态行为，同时也可以方便地确定初始条件对控制系统动态行为产生的影响。

状态空间模型描述了系统的输入、输出与内部状态之间的关系，揭示了系统内部状态的运动规律，反映了控制系统动态特性的全部信息。状态空间模型不仅可以分析输入对系统性能的影响，也可以分析初始状态对系统性能的影响；不仅适用于描述单输入单输出系统，也适用于描述多输入多输出系统；应用的对象可以是线性的或非线性的系统，也可以是时不变的或时变的系统。因此，相比于经典控制理论中常用的传递函数等数学模型，状态空间模型适用范围更广，且状态空间模型由于采用矩阵和向量的形式，不但使数学模型格式简单统一，而且可以方便地利用计算机进行处理和求解，具有极大的优越性和简便性。

2.1.1 状态空间模型的基本概念

下面将通过一个实例给出状态空间模型的基本概念和表达式。

【例 2.1.1】 考虑如图 2.1.1 所示的 RLC 电路，其中，电压 $u(t)$ 为电路的输入量，电容上的电压 $u_c(t)$ 为电路的输出量，R、L 和 C 分别为电路的电阻、电感和电容。试建立该电路系统的状态空间模型。

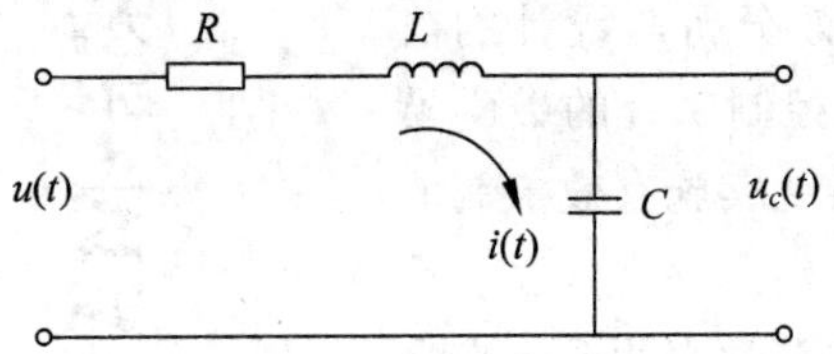

图 2.1.1 RLC 电路

解：根据欧姆定律和基尔霍夫定律，在给定输入电压 $u(t)$ 后，回路中的电流 $i(t)$ 和电容上的电压 $u_c(t)$ 是相互影响的，它们满足以下关系：

$$\begin{cases} L\dfrac{\mathrm{d}i(t)}{\mathrm{d}t}+Ri(t)+u_c(t)=u(t) \\ C\dfrac{\mathrm{d}u_c(t)}{\mathrm{d}t}=i(t) \end{cases} \tag{2.1.1}$$

进一步，由式(2.1.1)可以得到以下一阶线性微分方程组：

$$\frac{\mathrm{d}i(t)}{\mathrm{d}t}=-\frac{R}{L}i(t)-\frac{1}{L}u_c(t)+\frac{1}{L}u(t)$$

$$\frac{\mathrm{d}u_c(t)}{\mathrm{d}t}=\frac{1}{C}i(t)$$

可以将上式写成如下更为紧凑的向量矩阵形式：

$$\begin{bmatrix} \dot{i}(t) \\ \dot{u}_c(t) \end{bmatrix}=\begin{bmatrix} -R/L & -1/L \\ 1/C & 0 \end{bmatrix}\begin{bmatrix} i(t) \\ u_c(t) \end{bmatrix}+\begin{bmatrix} 1/L \\ 0 \end{bmatrix}u(t) \tag{2.1.2}$$

由微分方程知识可知，只要知道回路中的电流 $i(t)$ 和电容上的电压 $u_c(t)$ 在 t_0 时刻的初始值 $i(t_0)$ 和 $u_c(t_0)$，以及电路在 $t\geqslant t_0$ 时的电压 $u(t)$，就可以根据微分方程式(2.1.2)确定任意时刻 $t(\geqslant t_0)$ 处电路中的电流 $i(t)$ 和电容上的电压 $u_c(t)$ 的值。

变量 $i(t)$ 和 $u_c(t)$ 描述了例 2.1.1 电路随电压 $u(t)$ 变化的状况，这样一组量在任意时刻的值完全刻画了 RLC 电路系统在该时刻的特征，故称其为该电路的状态变量，构成状态变量的这一组量中的每一个变量称为状态分量。

状态向量是指构成状态变量的一组变量写成的列向量，如 $[i(t)\quad u_c(t)]^{\mathrm{T}}$ 是 RLC 电路的状态向量。由状态向量所有可能取值的全体构成的集合称为**状态空间**。因此，状态向量在某一时刻的值只是状态空间中的一个点，如 RLC 电路以 $i(t)$ 和 $u_c(t)$ 为状态变量的状态空间是 $[0,\infty)\times[0,\infty)$，如图 2.1.2 所示。

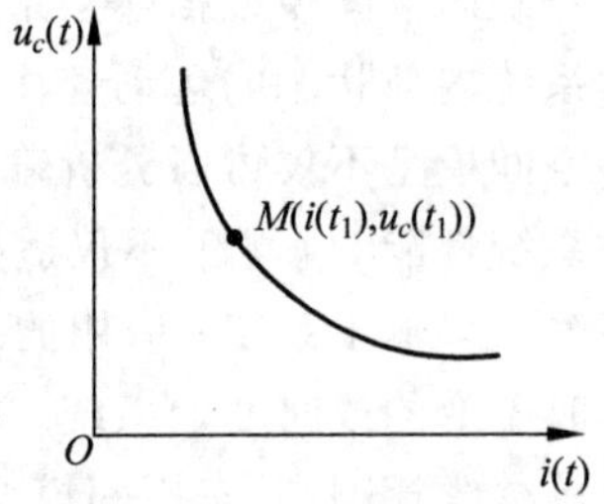

图 2.1.2 状态空间

系统在任意时刻的状态可以用状态空间中的一个点来表示，如 t_1 时刻的状态对应于图 2.1.2 所示状态空间中的点 $M(i(t_1), u_c(t_1))$。随着时间的变化，状态变量在状态空间中描绘出一条轨线，称为状态轨线，它形象地描述了系统的状态随时间变化的运动轨迹。

若将电容上的电压 $u_c(t)$ 作为例 2.1.1 电路的输出量，则该输出量可以用电路状态变量来表示，即

$$u_c(t) = [0 \quad 1] \begin{bmatrix} i(t) \\ u_c(t) \end{bmatrix} \tag{2.1.3}$$

则式(2.1.2)和式(2.1.3)描述了该 RLC 电路的输入电压 $u(t)$、状态向量 $[i(t) \quad u_c(t)]^{\mathrm{T}}$ 与输出变量 $u_c(t)$ 之间的关系，它们完整地描述了 RLC 电路系统内部与外部的动态变化状况，称为 RLC 电路系统的状态空间模型，其中式(2.1.2)称为系统的状态方程，式(2.1.3)称为系统的输出方程，状态向量的维数就是系统模型的阶次。

如果记

$$\boldsymbol{x} = \begin{bmatrix} i(t) \\ u_c(t) \end{bmatrix}, \quad u = u(t), \quad y = u_c(t)$$

$$\boldsymbol{A} = \begin{bmatrix} -R/L & -1/L \\ 1/C & 0 \end{bmatrix}, \quad \boldsymbol{B} = \begin{bmatrix} 1/L \\ 0 \end{bmatrix}, \quad \boldsymbol{C} = [0 \quad 1]$$

则式(2.1.2)和式(2.1.3)可以写成

$$\dot{\boldsymbol{x}} = \boldsymbol{A}\boldsymbol{x} + \boldsymbol{B}u$$
$$y = \boldsymbol{C}\boldsymbol{x}$$

容易看出，以上状态空间模型中的状态方程和输出方程都是状态 $\boldsymbol{x}$ 和输入 u 的线性函数，故称为线性状态空间模型。进一步，若 R、L 和 C 都是常数，则 $\boldsymbol{A}$、$\boldsymbol{B}$ 和 $\boldsymbol{C}$ 都是常数矩阵，对应的模型称为时不变状态空间模型。

更一般地，系统的输出量有时也可以直接依赖系统的输入量，从而得到 n 阶线性状态空间模型的一般表达式

$$\dot{\boldsymbol{x}} = \boldsymbol{A}\boldsymbol{x} + \boldsymbol{B}\boldsymbol{u} \tag{2.1.4a}$$
$$\boldsymbol{y} = \boldsymbol{C}\boldsymbol{x} + \boldsymbol{D}\boldsymbol{u} \tag{2.1.4b}$$

其中，$\boldsymbol{x} = [x_1 \quad x_2 \quad \cdots \quad x_n]^{\mathrm{T}} \in \mathbf{R}^n$，是 n 维的状态向量，

$\boldsymbol{u} = [u_1 \quad u_2 \quad \cdots \quad u_m]^{\mathrm{T}} \in \mathbf{R}^m$，是 m 维的输入向量，

$\boldsymbol{y} = [y_1 \quad y_2 \quad \cdots \quad y_r]^{\mathrm{T}} \in \mathbf{R}^r$，是 r 维的输出向量，

$$\boldsymbol{A} = \begin{bmatrix} a_{11} & a_{12} & \cdots & a_{1n} \\ a_{21} & a_{22} & \cdots & a_{2n} \\ \vdots & \vdots & \ddots & \vdots \\ a_{n1} & a_{n2} & \cdots & a_{nn} \end{bmatrix} \in \mathbf{R}^{n\times n}，是 n\times n 维矩阵，$$

$$\boldsymbol{B} = \begin{bmatrix} b_{11} & b_{12} & \cdots & b_{1m} \\ b_{21} & b_{22} & \cdots & b_{2m} \\ \vdots & \vdots & \ddots & \vdots \\ b_{n1} & b_{n2} & \cdots & b_{nm} \end{bmatrix} \in \mathbf{R}^{n\times m}，是 n\times m 维矩阵，$$

$$\boldsymbol{C}=\begin{bmatrix} c_{11} & c_{12} & \cdots & c_{1n} \\ c_{21} & c_{22} & \cdots & c_{2n} \\ \vdots & \vdots & \ddots & \vdots \\ c_{r1} & c_{r2} & \cdots & c_{rn} \end{bmatrix} \in \mathbf{R}^{r\times n}\text{，是 } r\times n \text{ 维矩阵，}$$

$$\boldsymbol{D}=\begin{bmatrix} d_{11} & d_{12} & \cdots & d_{1m} \\ d_{21} & d_{22} & \cdots & d_{2m} \\ \vdots & \vdots & \ddots & \vdots \\ d_{r1} & d_{r2} & \cdots & d_{rm} \end{bmatrix} \in \mathbf{R}^{r\times m}\text{，是 } r\times m \text{ 维矩阵。}$$

$\boldsymbol{A}$ 称为系统的状态矩阵(有时也称为系统矩阵)，反映了系统内部各状态变量间的耦合关系；$\boldsymbol{B}$ 称为输入矩阵，反映了各输入量是如何影响各状态变量的；$\boldsymbol{C}$ 称为输出矩阵，表明了状态变量到输出量的转换关系；$\boldsymbol{D}$ 称为直接转移矩阵，反映了输入量对输出量的直接影响，起前馈控制的作用。一般情况下，很少有输入量直接传递到输出端，所以 $\boldsymbol{D}$ 常为零矩阵。式(2.1.4a)称为系统的状态方程，式(2.1.4b)称为输出方程。

若状态空间模型(见式(2.1.4))中的系数矩阵 $\boldsymbol{A}$、$\boldsymbol{B}$、$\boldsymbol{C}$ 和 $\boldsymbol{D}$ 中的各分量均为常数，则对应的系统称为线性定常系统或线性时不变(Linear Time Invariant，LTI)系统。若系数矩阵 $\boldsymbol{A}$、$\boldsymbol{B}$、$\boldsymbol{C}$ 和 $\boldsymbol{D}$ 中有时变的分量，则对应的系统称为线性时变系统，此时，为了突出系数对时间的依赖，也可以将式(2.1.4)写成

$$\dot{\boldsymbol{x}}=\boldsymbol{A}(t)\boldsymbol{x}+\boldsymbol{B}(t)\boldsymbol{u}$$
$$\boldsymbol{y}=\boldsymbol{C}(t)\boldsymbol{x}+\boldsymbol{D}(t)\boldsymbol{u}$$

状态空间模型不仅可以描述线性系统，也可以描述非线性系统。非线性系统状态空间模型具有以下一般形式：

$$\dot{\boldsymbol{x}}=\boldsymbol{f}(\boldsymbol{x},\boldsymbol{u},t) \tag{2.1.5a}$$
$$\boldsymbol{y}=\boldsymbol{g}(\boldsymbol{x},\boldsymbol{u},t) \tag{2.1.5b}$$

其中，$\boldsymbol{x}$ 是系统的 n 维状态向量，$\boldsymbol{u}$ 是系统的 m 维控制输入向量，$\boldsymbol{y}$ 是系统的 r 维测量输出向量，向量函数

$$\boldsymbol{f}(\boldsymbol{x},\boldsymbol{u},t)=\begin{bmatrix} f_1(\boldsymbol{x},\boldsymbol{u},t) \\ \vdots \\ f_n(\boldsymbol{x},\boldsymbol{u},t) \end{bmatrix},\quad \boldsymbol{g}(\boldsymbol{x},\boldsymbol{u},t)=\begin{bmatrix} g_1(\boldsymbol{x},\boldsymbol{u},t) \\ \vdots \\ g_r(\boldsymbol{x},\boldsymbol{u},t) \end{bmatrix} \tag{2.1.6}$$

其中，函数 $f_1(\boldsymbol{x},\boldsymbol{u},t),\cdots,f_n(\boldsymbol{x},\boldsymbol{u},t),g_1(\boldsymbol{x},\boldsymbol{u},t),\cdots,g_r(\boldsymbol{x},\boldsymbol{u},t)$ 中至少有一个是状态变量 $x_1,\cdots,x_n$ 和控制量 $u_1,\cdots,u_m$ 的非线性函数。

2.1.2 状态空间模型的 MATLAB 实现

在 MATLAB 软件中，使用 ss 函数建立或转换现代控制系统的状态空间模型，其主要功能和格式如下。

功能：生成线性时不变连续时间或离散时间系统的状态空间模型，或者将传递函数模型转换为状态空间模型。

格式：

```
sys = ss(A,B,C,D)              % 生成线性时不变连续时间系统的状态空间模型 sys
sys = ss(A,B,C,D,Ts)           % 生成线性时不变离散时间系统的状态空间模型 sys
sys = ss(sys1)                 % 将任意线性时不变系统 sys1 转换为状态空间模型 sys
```

说明：

(1) A、B、C、D 分别对应系统的状态矩阵、输入矩阵、输出矩阵和直接转移矩阵。

(2) Ts 为采样周期。如果采样周期未定义，则指定 Ts=−1 或者 Ts=[ ]。

(3) 如果直接转移矩阵 D 为零矩阵，则在建立控制系统的状态空间模型时，必须根据输入变量和输出变量的维数确定零矩阵 D 的维数。

【例 2.1.2】 令线性时不变系统的状态空间模型为

$$\begin{bmatrix}\dot{x}_1\\ \dot{x}_2\\ \dot{x}_3\end{bmatrix}=\begin{bmatrix}-1 & 0 & 0\\ 1 & -3 & 0\\ 0 & 1 & -4\end{bmatrix}\begin{bmatrix}x_1\\ x_2\\ x_3\end{bmatrix}+\begin{bmatrix}4\\ 0\\ 0\end{bmatrix}u$$

$$y=\begin{bmatrix}0 & 1 & -2\end{bmatrix}\begin{bmatrix}x_1\\ x_2\\ x_3\end{bmatrix}$$

(1) 应用 MATLAB 建立线性时不变系统的状态空间模型；

(2) 建立相应的离散时间系统状态空间模型。

解：

(1) 建立连续时间系统状态空间模型，在 MATLAB 命令行窗口中输入如下指令：

```
% 输入状态空间表达式中的矩阵参数
>> A = [ -1 0 0; 1 -3 0; 0 1 -4];   B = [4; 0; 0]; C = [0 1 -2];   D = 0;
% 生成线性时不变连续时间系统的状态空间模型
>> sys1 = ss(A,B,C,D)
```

运行结果为

```
a =

          x1    x2    x3
    x1   -1     0     0
    x2    1    -3     0
    x3    0     1    -4
b =

         u1
    x1   4
```

```
    x2   0
    x3   0
c =
         x1   x2    x3
    y1    0    1   - 2
d =
         u1
    y1   0
 Continuous - time model.
```

(2) 建立相应的离散时间系统状态空间模型,其中采样周期为0.1s,在MATLAB命令行窗口中输入如下指令:

```
>> sys2 = ss(A,B,C,D,0.1)
```

运行结果为

```
a =
         x1   x2   x3
   x1   - 1    0    0
   x2    1   - 3    0
   x3    0    1   - 4
b =
         u1
   x1    4
   x2    0
   x3    0
c =
         x1   x2   x3
   y1    0    1   - 2
d =
         u1
   y1    0
Sampling time: 0.1
Discrete - time model.
```

2.2 利用MATLAB进行系统模型间的相互转换

本节将介绍如何利用MATLAB软件来实现线性时不变系统的状态空间模型和传递函数之间的相互转换。

2.2.1 由传递函数导出状态空间模型

设线性时不变系统的传递函数为

$$G(s)=\frac{b_{n-1}s^{n-1}+b_{n-2}s^{n-2}+\cdots+b_1s+b_0}{s^n+a_{n-1}s^{n-1}+\cdots+a_1s+a_0} \tag{2.2.1}$$

用数组 num 和 den 分别储存式(2.2.1)分子多项式和分母多项式的系数，其中的 num 和 den 分别是单词 numerator 和 denominator 的前三个字母。在 MATLAB 软件中，num 和 den 的具体输入格式如下：

```
num = [bn - 1 bn - 2 … b1 b0];    % 输入 G(s)分子多项式系数
den = [an - 1 an - 2 … a1 a0];    % 输入 G(s)分母多项式系数
```

num 和 den 中的多项式系数是以变量 s 的降幂方式，从左到右排列的。

在 MATLAB 软件中，使用函数 tf(transfer function 的首字母)建立控制系统的传递函数模型 $G(s)$，其一般形式为

```
G = tf(num,den)                   % 生成系统的传递函数模型 G
```

使用函数 tf2ss 给出了传递函数 $G(s)$的一个状态空间模型实现，该函数的一般表示式为

```
[A,B,C,D] = tf2ss(num,den)        % 生成传递函数 G(s)的一个状态空间模型实现
```

其中，A、B、C、D 分别对应状态空间模型实现的状态矩阵、输入矩阵、输出矩阵和直接转移矩阵。函数 tf2ss 中的 ss 表示状态空间，tf2ss 表示从传递函数到状态空间。注意到任何一个传递函数的状态空间实现是不唯一的，而上面的 MATLAB 函数 tf2ss 仅给出了一种可能的状态空间实现。

【例 2.2.1】 试用 MATLAB 给出以下传递函数的一个状态空间实现。

$$G(s)=\frac{10s+10}{s^3+6s^2+5s+10}$$

解：在 MATLAB 命令行窗口中输入如下指令：

```
>> num = [10 10];                 % 输入 G(s)分子多项式系数
>> den = [1 6  5 10];             % 输入 G(s)分母多项式系数
>> [A,B,C,D] = tf2ss(num,den)    % 传递函数 G(s)到状态空间模型转换
```

运行结果如下：

```
A =
    - 6   - 5   - 10
1     0     0
0     1     0
B =
1
0
0
C =
0   10   10
D =
0
```

因此，该传递函数的一个状态空间模型实现为

$$\begin{bmatrix}\dot{x}_1\\ \dot{x}_2\\ \dot{x}_3\end{bmatrix}=\begin{bmatrix}-6 & -5 & -10\\ 1 & 0 & 0\\ 0 & 1 & 0\end{bmatrix}\begin{bmatrix}x_1\\ x_2\\ x_3\end{bmatrix}+\begin{bmatrix}1\\ 0\\ 0\end{bmatrix}u$$

$$y=\begin{bmatrix}0 & 10 & 10\end{bmatrix}\begin{bmatrix}x_1\\ x_2\\ x_3\end{bmatrix}$$

2.2.2 由状态空间模型导出传递函数

考虑一个线性系统状态空间模型为

$$\begin{cases}\dot{\boldsymbol{x}}=\boldsymbol{Ax}+\boldsymbol{Bu}\\ \boldsymbol{y}=\boldsymbol{Cx}+\boldsymbol{Du}\end{cases}\tag{2.2.2}$$

其中，$\boldsymbol{x}$ 是 n 维的状态向量，$\boldsymbol{u}$ 是 m 维的控制输入，$\boldsymbol{y}$ 是 r 维的输出向量，矩阵 $\boldsymbol{A}$、$\boldsymbol{B}$、$\boldsymbol{C}$ 和 $\boldsymbol{D}$ 分别是具有恰当维数的系统状态矩阵、输入矩阵、输出矩阵和直接转移矩阵。在 MATLAB 软件中，使用函数 ss2tf 给出该状态空间模型所描述系统的传递函数，其调用格式为

```
[num,den] = ss2tf(A,B,C,D,iu)
```

其中，num 为 $G(s)$分子多项式系数，dem 为 $G(s)$分母多项式系数，iu 表示系统的第 i 个输入。对于单输入系统，iu 可以省略，也可以使用如下格式：

```
[num,den] = ss2tf(A,B,C,D,1)
```

对于多输入系统，必须确定 iu 的值。例如，若系统有三个输入 u_1，u_2 和 u_3，则 iu 必须是 1、2 或 3，其中 1 表示 u_1，2 表示 u_2，3 表示 u_3。在考虑第 iu 个输入的传递函数时，其他输入视为零，所得到的是第 iu 个输入到所有输出的传递函数，此时，M 文件给出的是一个传递函数列向量

$$\begin{bmatrix}\dfrac{Y_1(s)}{U_i(s)}\\ \dfrac{Y_2(s)}{U_i(s)}\\ \vdots\\ \dfrac{Y_m(s)}{U_i(s)}\end{bmatrix}$$

num 给出的是一个与输出量具有相同行的矩阵。

【例 2.2.2】 考虑一个单输入单输出线性系统状态空间模型为

$$\begin{bmatrix}\dot{x}_1\\ \dot{x}_2\\ \dot{x}_3\end{bmatrix}=\begin{bmatrix}0 & 1 & 0\\ 0 & 0 & 1\\ -5 & -25 & -5\end{bmatrix}\begin{bmatrix}x_1\\ x_2\\ x_3\end{bmatrix}+\begin{bmatrix}0\\ 25\\ -120\end{bmatrix}u$$

$$y=\begin{bmatrix}1 & 0 & 0\end{bmatrix}\begin{bmatrix}x_1\\ x_2\\ x_3\end{bmatrix}$$

应用 MATLAB 确定该状态空间模型描述的系统的传递函数。

解：在 MATLAB 命令行窗口中输入如下指令：

```
>> A = [0 1 0;0 0 1; - 5 - 25 - 5];            % 系统的状态矩阵
>> B = [0;25; - 120];                          % 系统的控制矩阵
>> C = [1 0 0];                                % 系统的输出矩阵
>> D = [0];                                    % 系统的直接转移矩阵
>> [num,den] = ss2tf(A,B,C,D)                  % 生成系统的传递函数
```

运行结果如下：

```
num =
0   - 0.0000   25.0000   5.0000
den =
       1.0000   5.0000   25.0000   5.0000
```

因此，应用 MATLAB 确定所求系统的传递函数为

$$G(s)=\frac{25s+5}{s^3+5s^2+25s+5}$$

【例 2.2.3】 考虑一个双输入双输出的线性系统状态空间模型为

$$\begin{bmatrix}\dot{x}_1\\ \dot{x}_2\end{bmatrix}=\begin{bmatrix}0 & 1\\ -25 & -4\end{bmatrix}\begin{bmatrix}x_1\\ x_2\end{bmatrix}+\begin{bmatrix}1 & 1\\ 0 & 1\end{bmatrix}\begin{bmatrix}u_1\\ u_2\end{bmatrix}$$

$$\begin{bmatrix}y_1\\ y_2\end{bmatrix}=\begin{bmatrix}1 & 0\\ 0 & 1\end{bmatrix}\begin{bmatrix}x_1\\ x_2\end{bmatrix}$$

应用 MATLAB 确定该状态空间模型描述的系统的传递函数。

解：这是一个 2 输入 2 输出系统，描述该系统的传递函数是一个 2×2 维矩阵：

$$\begin{bmatrix}\dfrac{Y_1(s)}{U_1(s)} & \dfrac{Y_1(s)}{U_2(s)}\\[2ex] \dfrac{Y_2(s)}{U_1(s)} & \dfrac{Y_2(s)}{U_2(s)}\end{bmatrix}$$

在 MATLAB 命令行窗口中输入如下指令：

```
>> A = [0 1; - 25  - 4];                        % 系统的状态矩阵
>> B = [1 1;0 1];                               % 系统的控制矩阵
>> C = [1 0;0 1];                               % 系统的输出矩阵
>> D = [0 0;0 0];                               % 系统的直接转移矩阵
>> [num1,den1] = ss2tf(A,B,C,D,1)               % 生成第 1 个输入到所有输出的传递函数
>> [num2,den2] = ss2tf(A,B,C,D,2)               % 生成第 2 个输入到所有输出的传递函数
```

运行结果如下：

```
num1 =
0  1.0000     4.0000
0        0  - 25.0000
den1 =
1.0000   4.0000   25.0000
num2 =
0  1.0000     5.0000
0  1.0000   - 25.0000
den2 =
1.0000   4.0000   25.0000
```

因此，应用 MATLAB 确定的 4 个传递函数分别为

$$\frac{Y_1(s)}{U_1(s)}=\frac{s+4}{s^2+4s+25},\quad \frac{Y_1(s)}{U_2(s)}=\frac{s+5}{s^2+4s+25}$$

$$\frac{Y_2(s)}{U_1(s)}=\frac{-25}{s^2+4s+25},\quad \frac{Y_2(s)}{U_2(s)}=\frac{s-25}{s^2+4s+25}$$

2.3 连续时间状态空间模型的离散化

描述被控对象的一个连续时间状态空间模型为

$$\dot{\boldsymbol{x}}(t)=\boldsymbol{A}\boldsymbol{x}(t)+\boldsymbol{B}\boldsymbol{u}(t) \tag{2.3.1a}$$

$$\boldsymbol{y}(t)=\boldsymbol{C}\boldsymbol{x}(t)+\boldsymbol{D}\boldsymbol{u}(t) \tag{2.3.1b}$$

在导出由该状态空间模型所描述系统的离散化模型时，做以下假定：

(1) 在连续被控对象上串接一个开关，该开关以 T_s 为周期进行开和关，称其为采样开关，其中的周期称为采样周期。由于采样的脉冲宽度比采样周期小得多，因此可以不考虑脉冲宽度的影响。采样值和该采样时刻的连续量之间的关系为

$$\boldsymbol{x}^*(t)=\begin{cases}\boldsymbol{x}(t), & t=kT_s\\ 0, & t\neq kT_s\end{cases}$$

(2) 采样周期 T_s 的选择满足香农(Shannon)采样定理，以使采样信号包含连续信号尽可能多的信息，从而可以从采样得到的离散信号序列完全复现原连续信号。

(3) 系统具有零阶保持特性，即离散信号经保持器后，得到阶梯信号，也就是说在两个采样时刻之间，信号的值保持不变，且等于前一个采样时刻的值(如 D/A 转换器往往采用零

阶保持电路)。

在以上假定下,连续时间状态空间模型(见式(2.3.1))的输入信号 $\boldsymbol{u}(t)$ 具有以下特性:

$$\boldsymbol{u}(t)=\boldsymbol{u}(kT_s),\quad kT_s \leqslant t < kT_s + T_s \tag{2.3.2}$$

在周期采样的情况下,可以用 k 来表示第 k 个采样时刻 kT_s。因此,连续时间状态空间模型的离散化方程可以写成

$$\begin{cases}\boldsymbol{x}(k+1)=\boldsymbol{G}(T_s)\boldsymbol{x}(k)+\boldsymbol{H}(T_s)\boldsymbol{u}(k)\\ \boldsymbol{y}(k)=\boldsymbol{C}\boldsymbol{x}(k)+\boldsymbol{D}\boldsymbol{u}(k)\end{cases} \tag{2.3.3}$$

其中,

$$\begin{cases}\boldsymbol{G}(T)=\mathrm{e}^{\boldsymbol{A}T_s}\\ \boldsymbol{H}(T)=\left(\int_0^{T_s}\mathrm{e}^{\boldsymbol{A}\sigma}\,\mathrm{d}\sigma\right)\boldsymbol{B}\end{cases} \tag{2.3.4}$$

$\boldsymbol{G}$ 和 $\boldsymbol{H}$ 分别称为离散时间状态空间模型的状态矩阵和输入矩阵。

在求一个连续时间状态空间模型的离散化模型时,主要是确定式(2.3.4)中的矩阵 $\boldsymbol{G}(T_s)$ 和 $\boldsymbol{H}(T_s)$。$\boldsymbol{G}(T_s)$ 就是矩阵指数函数 $\mathrm{e}^{\boldsymbol{A}t}$ 在 $t=T_s$ 处的值,而 $\boldsymbol{H}(T_s)$ 的确定则还需要求矩阵指数函数的一个积分,显得更为复杂。但如果矩阵 $\boldsymbol{A}$ 是非奇异的,则

$$\boldsymbol{H}(T_s)=\boldsymbol{A}^{-1}[\boldsymbol{G}(T_s)-\boldsymbol{I}]\boldsymbol{B} \tag{2.3.5}$$

在利用式(2.3.5)确定矩阵 $\boldsymbol{H}(T_s)$ 时,可以避免求矩阵指数函数的解析表示式(在求积分时需要的),从而便于计算机运算。

前面已经看到,连续时间状态空间模型中的状态矩阵可能是非奇异的,也可能是奇异的,但无论该状态矩阵是奇异还是非奇异,由此状态空间模型得到的离散化状态空间模型中的状态矩阵 $\boldsymbol{G}(T_s)=\mathrm{e}^{\boldsymbol{A}T_s}$ 总是非奇异的。

已知系统的连续时间状态空间模型,MATLAB 软件提供了计算离散化状态空间模型中状态矩阵和输入矩阵的函数:

```
[G,H] = c2d(A,B,Ts)          % 计算以 Ts 为采样周期的离散化状态空间模型中状态矩阵和输入矩阵
```

其中,Ts 是离散化模型的采样周期,在离散化过程中采用的是零阶保持。

【例 2.3.1】 已知一个连续时间系统的状态方程是

$$\dot{\boldsymbol{x}}=\begin{bmatrix}0 & 1\\ -25 & -4\end{bmatrix}\boldsymbol{x}+\begin{bmatrix}0\\ 1\end{bmatrix}u$$

若取采样周期 $T_s=0.05\mathrm{s}$,试用 MATLAB 求相应的离散化状态空间模型。

解:在 MATLAB 命令行窗口中输入如下指令:

```
>> A = [0 1; - 25  - 4];          % 系统的状态矩阵
>> B = [0;1];                     % 系统的输入矩阵
>> [G,H] = c2d(A,B,0.05)          % 计算以 0.05s 为采样周期的离散化状态空间模型的
                                  % 状态矩阵和输入矩阵
```

运行结果如下：

```
G=
0.9709    0.0448
-1.1212    0.7915
H=
0.0012
0.0448
```

因此，所求的离散化状态空间模型为

$$\boldsymbol{x}(k+1)=\begin{bmatrix}0.9709 & 0.0448\\-1.1212 & 0.7915\end{bmatrix}\boldsymbol{x}(k)+\begin{bmatrix}0.0012\\0.0448\end{bmatrix}u(k)$$

若取采样周期 $T=0.2\text{s}$，则类似可得相应的离散化状态空间模型为

$$\boldsymbol{x}(k+1)=\begin{bmatrix}0.6401 & 0.1161\\-2.9017 & 0.1758\end{bmatrix}\boldsymbol{x}(k)+\begin{bmatrix}0.0144\\0.1161\end{bmatrix}u(k)$$

从以上两个离散化状态空间模型可以看出，不同采样周期所导出的离散化状态空间模型是不同的。这也验证了离散化状态空间模型依赖于所选取的采样周期的结论。

2.4 状态空间模型的性质

对于 n 阶连续时间状态空间模型

$$\dot{\boldsymbol{x}}=\boldsymbol{A}\boldsymbol{x}+\boldsymbol{B}\boldsymbol{u} \tag{2.4.1a}$$

$$\boldsymbol{y}=\boldsymbol{C}\boldsymbol{x}+\boldsymbol{D}\boldsymbol{u} \tag{2.4.1b}$$

考虑状态向量的一个线性变换

$$\bar{\boldsymbol{x}}=\boldsymbol{T}\boldsymbol{x} \tag{2.4.2}$$

其中，$\boldsymbol{T}$ 是一个 $n\times n$ 维的非奇异矩阵，称为变换矩阵。经状态变换 $\bar{\boldsymbol{x}}=\boldsymbol{T}\boldsymbol{x}$，连续时间状态空间模型(见式(2.4.1))变换为

$$\dot{\bar{\boldsymbol{x}}}=\bar{\boldsymbol{A}}\bar{\boldsymbol{x}}+\bar{\boldsymbol{B}}\boldsymbol{u} \tag{2.4.3a}$$

$$\boldsymbol{y}=\bar{\boldsymbol{C}}\bar{\boldsymbol{x}}+\bar{\boldsymbol{D}}\boldsymbol{u} \tag{2.4.3b}$$

其中，$\bar{\boldsymbol{x}}$ 是新的状态空间模型(即式(2.4.3))的状态向量，变换矩阵满足

$$\bar{\boldsymbol{A}}=\boldsymbol{T}\boldsymbol{A}\boldsymbol{T}^{-1},\quad \bar{\boldsymbol{B}}=\boldsymbol{T}\boldsymbol{B},\quad \bar{\boldsymbol{C}}=\boldsymbol{C}\boldsymbol{T}^{-1},\quad \bar{\boldsymbol{D}}=\boldsymbol{D} \tag{2.4.4}$$

则通过线性变换式(2.4.2)关联起来的两个状态空间模型(式(2.4.1)和式(2.4.3))称为是等价的。

在 MATLAB 软件中，使用 ss2ss 函数给出一个状态空间模型经一个状态变换后得到的等价状态空间模型。

首先产生状态空间模型的内部表示为

```
sys1 = ss(A,B,C,D)
```

进而由

```
sys2 = ss2ss(sys1,T)
```

给出经状态变换 $\bar{x}=\boldsymbol{T}\boldsymbol{x}$ 变换后得到的等价状态空间模型。也可以直接应用[aa,bb,cc,dd]=ss2ss(a,b,c,d,T)得到。

【例 2.4.1】 已知一个系统的状态空间模型为

$$\dot{\boldsymbol{x}}=\begin{bmatrix}1 & 2\\ -3 & -1\end{bmatrix}\boldsymbol{x}+\begin{bmatrix}1 & 0\\ 0 & 1\end{bmatrix}\boldsymbol{u}$$
$$y=\begin{bmatrix}1 & 2\end{bmatrix}\boldsymbol{x}$$

给定一个状态变换矩阵 $\boldsymbol{T}=\begin{bmatrix}-1 & 1\\ -1 & -1\end{bmatrix}$，试用 MATLAB 求解相应的等价状态空间模型。

解：在 MATLAB 命令行窗口中输入如下指令：

```
>> A = [1 2; - 3 - 1];              % 系统的状态矩阵
>> B = [1 0;0 1];                   % 系统的输入矩阵
>> C = [1 2];                       % 系统的输出矩阵
>> D = [0 0];                       % 系统的直接转移矩阵
>> T = [ - 1 1; -1 - 1];            % 系统的状态变换矩阵
>> sys1 = ss(A,B,C,D);              % 产生状态空间模型的内部表示
>> sys2 = ss2ss(sys1,T)             % 产生等价的状态空间模型
```

运行结果如下：

```
a =
                x1          x2
        x1      0.5         3.5
        x2     - 1.5       - 0.5
b =
                u1          u2
        x1      - 1          1
        x2      - 1         - 1
c =
                x1          x2
        y1      0.5        - 1.5
d =
                u1          u2
        y1       0           0
```

因此，求得的等价状态空间模型为

$$\dot{\boldsymbol{x}}=\begin{bmatrix}0.5 & 3.5\\ -1.5 & -0.5\end{bmatrix}\boldsymbol{x}+\begin{bmatrix}-1 & 1\\ -1 & -1\end{bmatrix}\boldsymbol{u}$$
$$y=\begin{bmatrix}0.5 & -1.5\end{bmatrix}\boldsymbol{x}$$

在现代控制系统的分析和设计中，将一个状态空间模型变换成另一个等价的状态空间模型有许多的好处。例如，将一个复杂的状态空间模型变换成一个等价的具有特殊结构的状态空间模型（如能控标准形、能观标准形、对角形等），有利于控制器的设计；将一些状态变量变换成具有物理意义的量，便于控制系统的实现；通过变换成一个具有对角形的状态

矩阵的状态空间模型,可以将原来耦合的多回路系统转化为由一些单回路子系统并联复合的系统,便于系统分析和综合问题的求解;等等。

【例 2.4.2】 考虑一个连续时间系统的状态空间模型(见式(2.4.1)),其中

$$\boldsymbol{A}=\begin{bmatrix}-4 & -1 & 1\\ 0 & -3 & 1\\ 1 & 1 & -3\end{bmatrix},\quad \boldsymbol{B}=\begin{bmatrix}-1\\ 1\\ 0\end{bmatrix},$$

$$\boldsymbol{C}=[-1\quad 1\quad 0],\quad \boldsymbol{D}=[0]$$

应用MATLAB求解一个等价的、具有对角形状态矩阵的状态空间模型。

解:根据线性代数的知识可知,具有互不相同特征值的矩阵总可以对角化,从而可以找到一个与所考虑的状态空间模型等价的、具有对角形的状态矩阵的状态空间模型。应用MATLAB函数eig可以得到矩阵 $\boldsymbol{A}$ 的特征值是−5、−3和−2。下面求具有这样性质的状态变换矩阵 $\boldsymbol{T}$。

在MATLAB命令行窗口中输入如下指令:

```
>> A = [ - 4  - 1 1;0  - 3 1;1 1  - 3];      % 系统的状态矩阵
>> [Q,D] = eig(A)
```

运行结果如下:

```
Q =
      0.8018   - 0.7071          0
      0.2673     0.7071   - 0.7071
    - 0.5345     0.0000   - 0.7071
D =
   - 5.0000          0          0
          0   - 3.0000          0
          0          0   - 2.0000
```

取 $\boldsymbol{T}=\boldsymbol{Q}^{-1}$,则在状态变换 $\bar{\boldsymbol{x}}=\boldsymbol{Tx}$ 下,利用MATLAB函数[AA,BB,CC,DD]=ss2ss(A,B,C,D,T),在MATLAB命令窗口中输入如下指令:

```
>> B = [ - 1; 1; 0];                         % 系统的输入矩阵
>> C = [ - 1 1 0];                           % 系统的输出矩阵
>> D = [0];                                  % 系统的直接转移矩阵
>> T = inv(Q);                               % 应用求逆函数 inv 生成状态变换矩阵
>> [AA,BB,CC,DD] = ss2ss(A,B,C,D,T)          % 生成等价的状态空间模型
```

运行后,可得等价状态空间模型的变换矩阵(见式(2.4.4)),即

$$\bar{\boldsymbol{A}}=\begin{bmatrix}-5 & 0 & 0\\ 0 & -3 & 0\\ 0 & 0 & -2\end{bmatrix},\quad \bar{\boldsymbol{B}}=\begin{bmatrix}0.0\\ 1.4142\\ 0.0\end{bmatrix},$$

$$\bar{\boldsymbol{C}}=[-0.5345\quad 1.4142\quad -0.7071],\quad \bar{\boldsymbol{D}}=[0]$$

第3章 基于MATLAB的现代控制系统分析

在讨论了基于 MATLAB 的现代控制系统状态空间模型后，就要根据对象的状态空间模型对系统进行分析，其目的就是要揭示系统的运动规律和基本特性。系统分析一般有定性分析和定量分析两种。定性分析主要分析现代控制系统的能控性、能观性和稳定性，而定量分析则是对现代控制系统的运动规律进行精确的研究，定量地确定系统由初始状态和外部激励所引起的响应，即在知道了系统的初始状态和外部输入信号后，如何根据状态空间模型确定系统未来的状态或输出，以了解系统的运动状态。

给定现代控制系统的连续时间状态空间模型

$$\dot{\boldsymbol{x}}(t)=\boldsymbol{A}\boldsymbol{x}(t)+\boldsymbol{B}\boldsymbol{u}(t) \tag{3.0.1a}$$

$$\boldsymbol{y}(t)=\boldsymbol{C}\boldsymbol{x}(t)+\boldsymbol{D}\boldsymbol{u}(t) \tag{3.0.1b}$$

或离散时间状态空间模型

$$\boldsymbol{x}(k+1)=\boldsymbol{A}\boldsymbol{x}(k)+\boldsymbol{B}\boldsymbol{u}(k) \tag{3.0.2a}$$

$$\boldsymbol{y}(k)=\boldsymbol{C}\boldsymbol{x}(k)+\boldsymbol{D}\boldsymbol{u}(k) \tag{3.0.2b}$$

其中，$\boldsymbol{x}$ 是系统的 n 维状态向量，$\boldsymbol{u}$ 是 m 维控制输入，$\boldsymbol{y}$ 是 r 维测量输出，$\boldsymbol{A}$、$\boldsymbol{B}$、$\boldsymbol{C}$ 和 $\boldsymbol{D}$ 是适当维数的实常数矩阵。对于连续时间状态空间模型（见式(3.0.1)），变量 $t\geqslant 0$ 是时间变量；对于离散时间状态空间模型（见式(3.0.2)），变量 $k=0,1,2,\cdots$ 是离散采样时刻变量。为了方便起见，对于时不变系统，设系统的初始时刻 $t_0=0$ $(k_0=0)$；若 $t_0\neq 0$ $(k_0\neq 0)$，则只需在相应结果中以 $t-t_0(k-k_0)$ 代替 t (k)，$t_0(k_0)$ 代替 0，初始状态 $\boldsymbol{x}(0)=\boldsymbol{x}_0$。系统的运动分析就是在给定的输入信号 $\boldsymbol{u}$，了解系统状态和输出随时间变化的情况，即系统状态和输出的时间响应，从而评判系统的性能。这样一个问题在数学上归结为对给定的初始条件 $\boldsymbol{x}(0)=\boldsymbol{x}_0$ 和函数 $\boldsymbol{u}$，求解式(3.0.1)或式(3.0.2)。

本章将介绍 MATLAB 环境下基于状态空间模型的线性时不变系统的定性和定量分析，特别是借助于 MATLAB 软件，可以很方便地绘制出系统的状态和输出对初始状态和一些特殊输入信号的时间响应，从而可以有效地反映出系统变量的动态和稳态变化情况。进一步,分析系统的状态能控性、输出能控性、状态能观性和稳定性等性质。

3.1 状态空间模型的运动响应分析

考虑连续时间状态空间模型(见式(3.0.1)),其状态方程和输出方程的解分别为

$$\boldsymbol{x}(t)=\mathrm{e}^{\boldsymbol{A}t}\boldsymbol{x}(0)+\mathrm{e}^{\boldsymbol{A}t}\int_0^t \mathrm{e}^{-\boldsymbol{A}\tau}\boldsymbol{Bu}(\tau)\mathrm{d}\tau=\mathrm{e}^{\boldsymbol{A}t}\boldsymbol{x}(0)+\int_0^t \mathrm{e}^{\boldsymbol{A}(t-\tau)}\boldsymbol{Bu}(\tau)\mathrm{d}\tau \tag{3.1.1}$$

$$\boldsymbol{y}(t)=\boldsymbol{C}\mathrm{e}^{\boldsymbol{A}t}\boldsymbol{x}(0)+\boldsymbol{C}\int_0^t \mathrm{e}^{\boldsymbol{A}(t-\tau)}\boldsymbol{Bu}(\tau)\mathrm{d}\tau+\boldsymbol{Du}(t) \tag{3.1.2}$$

相应地,离散时间状态空间模型(见式(3.0.2))的状态方程和输出方程的解分别为

$$\boldsymbol{x}(k)=\boldsymbol{G}^k\boldsymbol{x}(0)+\sum_{i=0}^{k-1}\boldsymbol{G}^{k-i-1}\boldsymbol{Hu}(i),\quad k=1,2,3,\cdots \tag{3.1.3}$$

$$\boldsymbol{y}(k)=\boldsymbol{CG}^k\boldsymbol{x}(0)+\boldsymbol{C}\sum_{i=0}^{k-1}\boldsymbol{G}^{k-i-1}\boldsymbol{Hu}(i)+\boldsymbol{Du}(k) \tag{3.1.4}$$

状态方程的解 $\boldsymbol{x}$ 包括两部分:第一部分是由系统自由运动引起的,是初始状态对系统运动的影响;第二部分是由控制输入引起的,反映了输入对系统状态的影响。两部分的叠加构成了系统的状态响应。输出方程的解 $\boldsymbol{y}$ 由三部分组成:第一部分是当外部输入等于零时,由初始状态引起的,故为系统的零输入响应;第二部分是当初始状态为零时,由外部输入引起的,故为系统的外部输入响应;第三部分是系统输入的直接传输部分。因此,根据系统的解,只要知道系统的初始状态和初始时刻之后的输入信号,就可以求出系统在初始时刻之后任意时刻处的状态解和输出解,可以定量分析系统输出的性能。由于输入信号是由设计者确定的,因此,可通过适当选取控制输入,使得系统响应满足所期望的要求。

3.1.1 单位阶跃响应分析

在 MATLAB 软件中,函数 step 和 dstep 分别给出了由式(3.0.1)描述的连续时间系统和由式(3.0.2)描述的离散时间系统的单位阶跃响应曲线,其格式和功能如下。

1) 连续时间系统单位阶跃响应函数 step

```
step(A,B,C,D)                        % A、B、C、D为系统状态空间模型的相应矩阵
[y,x,t] = step(A,B,C,D)              % 返回系统输出 y、状态 x 以及相应的时间 t
[y,x,t] = step(A,B,C,D,iu)           % iu 表示输入变量的序号
[y,x,t] = step(A,B,C,D,iu,t)         % t 表示自定义时间
```

2）离散时间系统单位阶跃响应函数 dstep

```
dstep(A,B,C,D)                      % A、B、C、D为系统状态空间模型的相应矩阵
[y,x,t] = dstep(A,B,C,D)            % 返回系统输出 y、状态 x 以及相应的时间 t
[y,x,t] = dstep(A,B,C,D,iu)         % iu 表示输入变量的序号
[y,x,t] = dstep(A,B,C,D,iu,t)       % t 表示自定义时间
```

【例 3.1.1】 考虑以下系统：

$$\begin{bmatrix}\dot{x}_1\\\dot{x}_2\end{bmatrix}=\begin{bmatrix}-1 & -1\\6.5 & 0\end{bmatrix}\begin{bmatrix}x_1\\x_2\end{bmatrix}+\begin{bmatrix}1 & 1\\1 & 0\end{bmatrix}\begin{bmatrix}u_1\\u_2\end{bmatrix}$$

$$\begin{bmatrix}y_1\\y_2\end{bmatrix}=\begin{bmatrix}1 & 0\\0 & 1\end{bmatrix}\begin{bmatrix}x_1\\x_2\end{bmatrix}$$

试给出该系统的单位阶跃响应曲线。

解：这是一个具有 2 个输入 2 个输出的系统，系统的传递函数矩阵为

$$\begin{aligned}\boldsymbol{G}(s)&=\boldsymbol{C}(s\boldsymbol{I}-\boldsymbol{A})^{-1}\boldsymbol{B}\\&=\begin{bmatrix}1 & 0\\0 & 1\end{bmatrix}\begin{bmatrix}s+1 & 1\\-6.5 & s\end{bmatrix}^{-1}\begin{bmatrix}1 & 1\\1 & 0\end{bmatrix}\\&=\frac{1}{s^2+s+6.5}\begin{bmatrix}s & -1\\6.5 & s+1\end{bmatrix}\begin{bmatrix}1 & 1\\1 & 0\end{bmatrix}\\&=\frac{1}{s^2+s+6.5}\begin{bmatrix}s-1 & s\\s+7.5 & 6.5\end{bmatrix}\end{aligned}$$

因此，由不同输入对不同输出的 4 个传递函数分别为

$$\frac{Y_1(s)}{U_1(s)}=\frac{s-1}{s^2+s+6.5},\quad \frac{Y_1(s)}{U_2(s)}=\frac{s}{s^2+s+6.5}$$

$$\frac{Y_2(s)}{U_1(s)}=\frac{s+7.5}{s^2+s+6.5},\quad \frac{Y_2(s)}{U_2(s)}=\frac{6.5}{s^2+s+6.5}$$

在考虑输入信号 u_1 时，假设 u_2 取零；反之，考虑输入信号 u_2 时，假设 u_1 取零。在 MATLAB 软件中，编写以下 M 文件(Example311. m)：

```
A = [ -1  -1;6.5 0];                % 系统矩阵 A
B = [1 1;1 0];                      % 系统矩阵 B
C = [1 0;0 1];                      % 系统矩阵 C
D = [0 0;0 0];                      % 系统矩阵 D
step(A,B,C,D)                       % 输出阶跃响应
```

运行 Example311. m 文件，运行结果如图 3.1.1 所示。

也可以将同一个输入的两条响应曲线绘在同一张图上，此时，可以采用以下的函数：

```
[y,x,t] = step(A,B,C,D,iu)
```

或

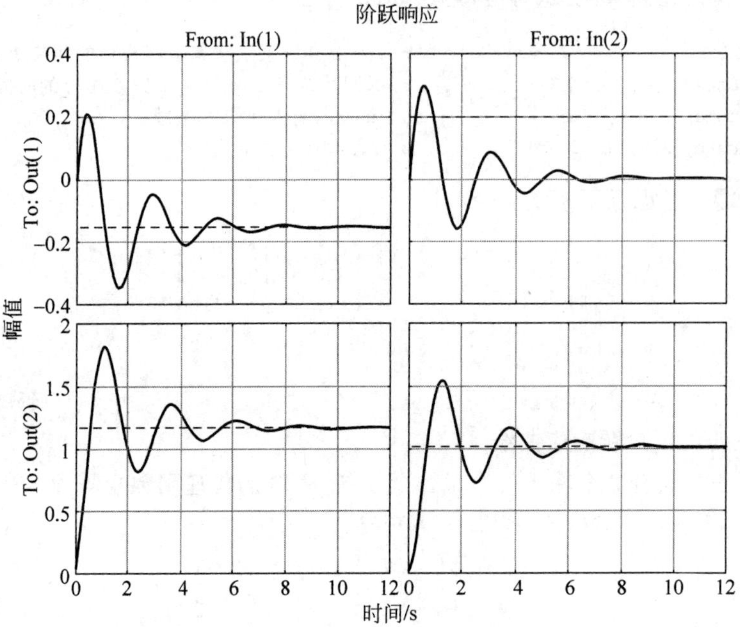

图 3.1.1　单位阶跃响应曲线

```
[y,x,t] = step(A,B,C,D,iu,t)
```

其中,iu 表示第 i 个输入,t 是用户确定的时间,矩阵 y 和 x 分别包含系统在各个时刻 t 处计算出的输出量和状态值(y 和 x 的列数分别与输出变量和状态变量的个数相同,y 和 x 的每一行是对应时刻 t 的计算值),进而应用绘图命令 plot 绘出相应的响应曲线。

【例 3.1.2】 考虑例 3.1.1 所示系统,试给出控制输入 u_1 对应的单位阶跃响应曲线。

解:在 MATLAB 软件中,编写以下的 M 文件(Example312.m):

```
%输入状态空间表达式中的矩阵参数
A = [ - 1  - 1;6.5 0];
B = [1 1;1 0];
C = [1 0;0 1];
D = [0 0;0 0];
[y,x,t] = step(A,B,C,D,1);                % 生成第 1 个控制输入对应的输出和状态轨迹
plot(t,y(:,1),t,y(:,2))                   % 绘图第 1 个控制输入对应的输出轨迹
grid                                      % 绘制网格
title('阶跃响应曲线: 输入 = u1 (u2 = 0)')   % 标题
xlabel('时间/s')                           % x 轴标签
ylabel('输出')                             % y 轴标签
text(3.4, - 0.06,'y1')                    % 在指定坐标处加标注
text(3.4,1.4,'y2')                        % 在指定坐标处加标注
```

运行 Example312. m 文件，得到对应控制输入 u_1 的两条输出变量阶跃响应曲线如图 3.1.2 所示，虚线为输出变量 y_2 阶跃响应曲线，实线为输出变量 y_1 阶跃响应曲线。两条曲线的确定可以通过求解平衡态确定。

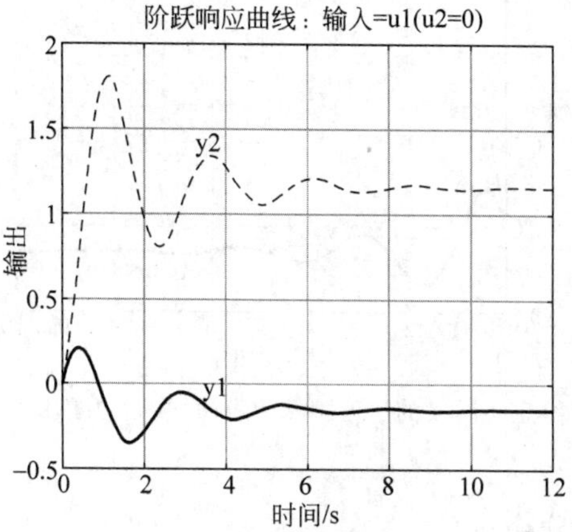

图 3.1.2　单位阶跃响应曲线（u_1 为单位阶跃输入，$u_2=0$）

【例 3.1.3】 考虑例 3.1.1 所示系统，试给出控制输入 u_1 在时间段 $0\leqslant t\leqslant 10$ 上的对应单位阶跃响应曲线。

解：在 MATLAB 软件中，编写以下 M 文件（Example313. m）：

```
% 在 MATLAB 工作空间生成以 0.01 为间隔的时间段 0≤t≤10
t = 0:0.01:10;
% 输入状态空间表达式中的矩阵
A = [ - 1  - 1;6.5 0];
B = [1 1;1 0];
C = [1 0;0 1];
D = [0 0;0 0];
% 生成控制输入 u1 在时间段 0≤t≤10 上的对应单位阶跃响应曲线
[y,x,t] = step(A,B,C,D,1,t);                    % 阶跃响应返回 y,x
plot(t,y(:,1),t,y(:,2))                         % 同时绘制 y1,y2
grid                                            % 网格
title('阶跃响应曲线: 输入 = u1 (u2 = 0)')         % 标题
xlabel('时间/s ')                                % x 轴标签
ylabel('输出')                                   % y 轴标签
text(3.4, - 0.06, 'y1')                         % 在指定坐标位置加标注
text(3.4,1.4,'y2')                              % 在指定坐标位置加标注
```

运行 Example313. m 文件，得到对应于控制输入 u_1 在时间段 $0\leqslant t\leqslant 10$ 上的两条输出变量单位阶跃响应曲线如图 3.1.3 所示，虚线为输出变量 y_2 阶跃响应曲线，实线为输出变量 y_1 阶跃响应曲线。两条曲线的确定可以通过求解平衡态确定。

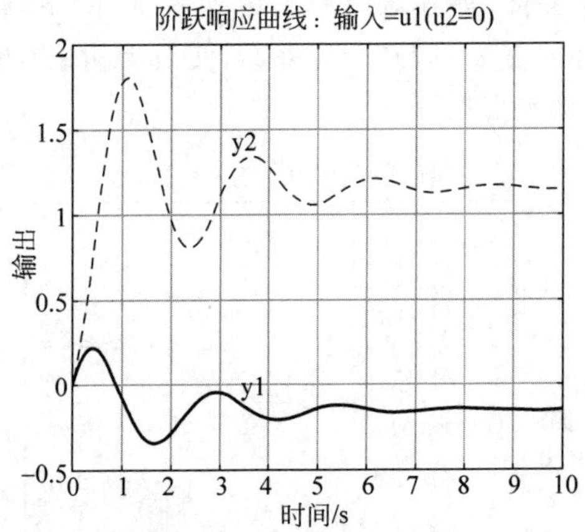

图 3.1.3　具有给定时间段的单位阶跃响应曲线（u_1 为单位阶跃输入，$u_2=0$）

3.1.2　单位脉冲响应分析

在 MATLAB 软件中，函数 impulse 和 dimpulse 分别给出了由式(3.0.1)描述的连续时间系统和由式(3.0.2)描述的离散时间系统的单位脉冲响应曲线，其格式和功能如下。

1）连续时间系统脉冲响应函数 impulse

```
impulse(A,B,C,D)                        % A、B、C、D为系统状态空间模型的相应矩阵
[y,x,t] = impulse(A,B,C,D)              % 返回系统输出 y、状态 x 以及相应的时间 t
[y,x,t] = impulse(A,B,C,D,iu)           % iu表示输入变量的序号
[y,x,t] = impulse(A,B,C,D,iu,t)         % t表示自定义时间
```

2）离散时间系统脉冲响应函数 dimpulse

```
impulse(A,B,C,D)                        % A、B、C、D为系统状态空间模型的相应矩阵
[y,x,t] = impulse(A,B,C,D)              % 返回系统输出 y、状态 x 以及相应的时间 t
[y,x,t] = impulse(A,B,C,D,iu)           % iu表示输入变量的序号
[y,x,t] = impulse(A,B,C,D,iu,t)         % t表示自定义时间
```

【例 3.1.4】　试求系统

$$\begin{bmatrix}\dot{x}_1\\ \dot{x}_2\end{bmatrix}=\begin{bmatrix}0 & 1\\ -1 & -1\end{bmatrix}\begin{bmatrix}x_1\\ x_2\end{bmatrix}+\begin{bmatrix}0\\ 1\end{bmatrix}u$$

$$y=\begin{bmatrix}1 & 0\end{bmatrix}\begin{bmatrix}x_1\\ x_2\end{bmatrix}$$

的单位脉冲响应。

解：在 MATLAB 软件中，编写以下的 M 文件(Example314.m)：

```
% 输入状态空间表达式中的矩阵
```

```
A=[0 1;-1 -1];
B=[0;1];
C=[1 0];
D=[0];
impulse(A,B,C,D)                                    % 绘制单位脉冲响应
grid                                                % 网格
title('单位脉冲响应')                                % 标题
```

运行 Example314.m 文件，运行结果如图 3.1.4 所示。

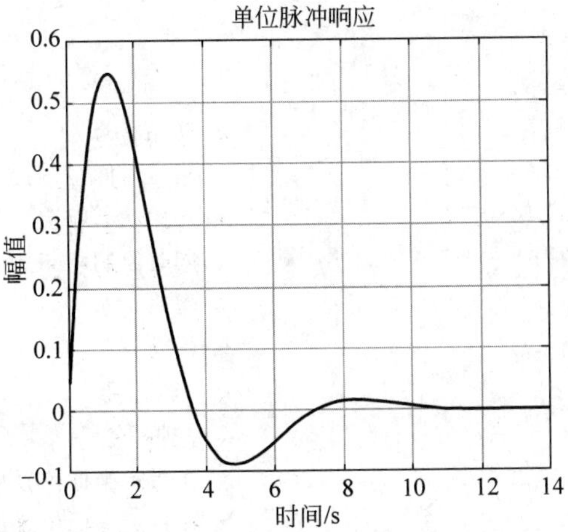

图 3.1.4　单位脉冲响应曲线

3.1.3　初始状态响应分析

在诸如系统的稳定性分析和检验等问题中，需要了解系统在没有外部输入的情况下，系统的状态或输出对初始状态的时间响应。在 MATLAB 软件中，函数 initial 和 dinitial 分别给出了由式(3.0.1)描述的连续时间系统和由式(3.0.2)描述的离散时间系统输出对初始状态 x0 的时间响应曲线，其格式和功能如下。

1）连续时间系统初始状态响应函数 initial

```
initial(A,B,C,D,x0,t)
```

2）离散时间系统初始状态响应函数 dinitial

```
dinitial(A,B,C,D,x0,t)
```

其中，A、B、C 和 D 是描述系统状态空间模型的系数矩阵，t 是可由用户确定的时间区间，x0 是系统的初始状态。类似于前面的讨论，也可以将响应曲线画在同一张图中，以下用一个例子来说明这一函数的应用。

【例 3.1.5】 考虑由以下状态方程描述的系统：

$$\begin{bmatrix}\dot{x}_1\\ \dot{x}_2\end{bmatrix}=\begin{bmatrix}0 & 1\\ -10 & -5\end{bmatrix}\begin{bmatrix}x_1\\ x_2\end{bmatrix},\quad \begin{bmatrix}x_1(0)\\ x_2(0)\end{bmatrix}=\begin{bmatrix}2\\ 1\end{bmatrix}$$

求该系统对初始状态的时间响应。

解：在 MATLAB 软件中，编写以下 M 文件(Example315. m)：

```
A = [0 1; - 10  - 5];                     % 系统矩阵
B = [0;0];
C = [1 0;0 1];
D = [0;0];
x0 = [2;1];                               % 初始状态
t = 0:0.05:3;                             % 指定时间范围,采样间隔 0.05s
[y,x,t] = initial(A,B,C,D,x0,t);          % 初始状态响应
plot(t,x(:,1),t,x(:,2))                   % 同时绘制状态 x1,x2
grid                                      % 网格
title('初始条件响应')                      % 标题
xlabel('时间/s')                          % x 轴标签
ylabel('x1, x2')                          % y 轴标签
text(0.55,1.15,'x1')                      % 在指定坐标位置加标注
text(0.4, - 2.9,'x2')                     % 在指定坐标位置加标注
```

运行 Example315. m 文件，运行结果如图 3.1.5 所示。

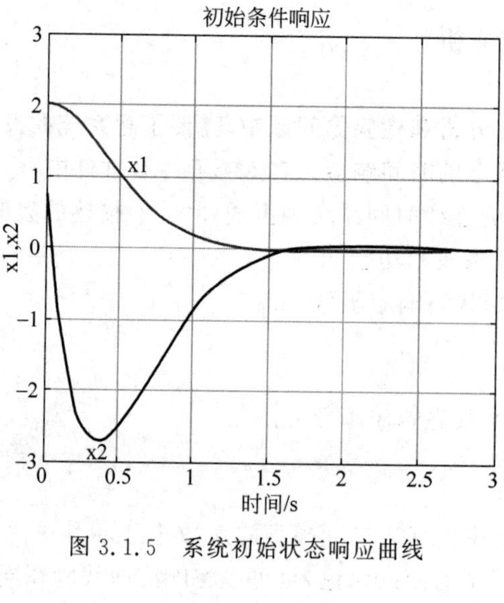

图 3.1.5　系统初始状态响应曲线

3.1.4 任意输入信号响应分析

在 MATLAB 软件中，函数 lsim 和 dlsim 分别给出了由式(3.0.1)描述的连续时间系统和由式(3.0.2)描述的离散时间系统对任意输入信号的时间响应曲线，其格式和功能如下。

1）连续时间系统任意输入信号响应函数 lsim

```
lsim(sys,u,t,x0)                    % 系统对初始状态 x0 和输入 u 的响应
lsim(A,B,C,D,u,t,x0)                % 系统矩阵为(A,B,C,D)系统
[y,t] = lsim(sys,u,t,x0)            % 返回响应输出
```

2）离散时间系统任意输入信号响应函数 dlsim

```
dlsim(sys,u,t,x0)                   % 系统对初始状态 x0 和输入 u 的响应
dlsim(A,B,C,D,u,t,x0)               % 系统矩阵为(A,B,C,D)系统
[y,t] = dlsim(sys,u,t,x0)           % 返回响应输出
```

其中，sys 表示储存在计算机内的状态空间模型，它可以由函数 sys=ss(A,B,C,D)来得到，x0 是初始状态，时间区间由用户给定。若初始状态是零，则可以省略 x0。下面用一个例子来说明这一函数的应用。

【例 3.1.6】 试求如下系统：

$$\dot{\boldsymbol{x}}(t)=\begin{bmatrix}-1 & 0.5\\ -1 & 0\end{bmatrix}\boldsymbol{x}(t)+\begin{bmatrix}0\\ 1\end{bmatrix}u(t)$$
$$y(t)=\begin{bmatrix}1 & 0\end{bmatrix}\boldsymbol{x}(t)$$

在输入 $u=\mathrm{e}^{-t}$ 下的输出响应，假定系统的初始状态 $\boldsymbol{x}(0)=0$。

解：在 MATLAB 软件中，编写以下 M 文件(Example316.m)：

```
t= 0:0.1:12;                        % 指定时间范围,采样间隔 0.1s
A=[-1 0.5;-1 0];                    % 系统矩阵
B=[0;1];
C=[1 0];
D=[0];
sys=ss(A,B,C,D);                    % 状态空间模型
u=exp(-t);                          % 指定输入
[y,t]=lsim(sys,exp(-t),t);
plot(t,y)                           % 绘制系统响应曲线
grid                                % 网格
title('指数输入信号响应(u=exp^-^t)')  % 标题
xlabel('时间/s')                     % x 轴标签
ylabel('输出')                       % y 轴标签
```

运行 Example316.m 文件，运行结果如图 3.1.6 所示。

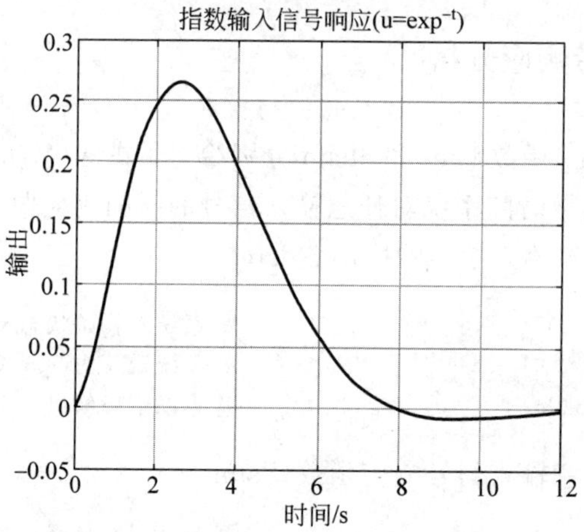

图 3.1.6　给定输入信号下的状态响应曲线

3.2　状态空间模型的能控性和能观性分析

系统的状态变量反映了系统内部的全部动态特征，系统的运动分析揭示了系统状态变量的运动行为。然而，当系统的运动状况不满意时，能否通过系统的控制输入来改变系统的动态变化行为呢？这就需要检验输入对系统状态/输出的影响或控制能力，这种对状态/输出的控制能力就是系统的状态/输出能控性。另一方面，要实现所设计的反馈控制，需要系统的信息，可利用的系统信息越多，所能达到的系统性能往往就越好。系统能直接测量得到的信息是系统的输出，而系统内部的全部动态信息由状态反映。那么，系统的输出能否反映系统状态的信息呢？这就是系统的状态能观测性问题。状态/输出能控性反映了输入对系统状态/输出的影响和控制能力，能观性反映了输出对系统状态的识别能力，它们反映了系统本身的内在特性。这两个概念是卡尔曼在 20 世纪 60 年代提出的，是现代控制理论中的两个基本概念。本节将给出基于 MATLAB 软件的系统状态/输出能控性和能观性的分析方法。

3.2.1　状态能控性分析

由式(3.0.1)描述的连续时间系统状态能控的充分必要条件是

$$\mathrm{rank}(\boldsymbol{\Gamma}_{\mathrm{c}}[\boldsymbol{A},\boldsymbol{B}])=\mathrm{rank}([\boldsymbol{B}\quad \boldsymbol{AB}\quad \cdots\quad \boldsymbol{A}^{n-1}\boldsymbol{B}])=n$$

其中，整数 n 是系统状态向量的维数。为了判别系统的状态能控性，只需检验由状态空间模型中的状态矩阵 $\boldsymbol{A}$ 和输入矩阵 $\boldsymbol{B}$ 构成的矩阵 $\boldsymbol{\Gamma}_{\mathrm{c}}[\boldsymbol{A},\boldsymbol{B}]$ 是否满秩。由此也可以看出，矩阵 $\boldsymbol{\Gamma}_{\mathrm{c}}[\boldsymbol{A},\boldsymbol{B}]$ 在系统状态能控性检验中起着重要作用，故将矩阵 $\boldsymbol{\Gamma}_{\mathrm{c}}[\boldsymbol{A},\boldsymbol{B}]$ 称为该系统的状态能控性判别矩阵，简称状态能控性矩阵。

状态能控性矩阵$\boldsymbol{\Gamma}_c[\boldsymbol{A},\boldsymbol{B}]$只依赖系统状态方程中的状态矩阵和输入矩阵，与状态能控性定义中的终端时间 T 无关。这表明一个系统若是状态能控的，则对任意给定的时间间隔$[0,T]$，都存在使得在该时间段内将初始状态转移到零状态的控制律。

如何来有效判断状态能控性矩阵$\boldsymbol{\Gamma}_c[\boldsymbol{A},\boldsymbol{B}]$是否满秩呢？对于单输入系统，$\boldsymbol{\Gamma}_c[\boldsymbol{A},\boldsymbol{B}]$是一个 $n\times n$ 维的矩阵，可以通过判断$\boldsymbol{\Gamma}_c[\boldsymbol{A},\boldsymbol{B}]$的行列式是否为零来确定它是否满秩。而对一个具有 m 个输入的系统，$\boldsymbol{\Gamma}_c[\boldsymbol{A},\boldsymbol{B}]$是一个 $n\times nm$ 维的矩阵，而$(\boldsymbol{\Gamma}_c[\boldsymbol{A},\boldsymbol{B}])(\boldsymbol{\Gamma}_c[\boldsymbol{A},\boldsymbol{B}])^{\mathrm{T}}$是一个 $n\times n$ 维的矩阵。由线性代数的知识可知：$\mathrm{rank}(\boldsymbol{\Gamma}_c[\boldsymbol{A},\boldsymbol{B}])=\mathrm{rank}((\boldsymbol{\Gamma}_c[\boldsymbol{A},\boldsymbol{B}])(\boldsymbol{\Gamma}_c[\boldsymbol{A},\boldsymbol{B}])^{\mathrm{T}})$。故可以通过检验 $n\times n$ 维矩阵$(\boldsymbol{\Gamma}_c[\boldsymbol{A},\boldsymbol{B}])(\boldsymbol{\Gamma}_c[\boldsymbol{A},\boldsymbol{B}])^{\mathrm{T}}$ 的行列式是否为零来判断矩阵$\boldsymbol{\Gamma}_c[\boldsymbol{A},\boldsymbol{B}]$是否满秩。

对给定的连续时间状态空间模型(见式(3.0.1))，MATLAB 给出了求系统状态能控性矩阵的函数 ctrb(A,B)。因此，对于单输入的系统，可以根据 det(ctrb(A,B))是否等于零来判别系统的能控性；而对多输入系统，可以用 det(ctrb(A,B) * ctrb(A,B)')是否等于零来判别系统的能控性，当然这一方法也适用于单输入系统。此外，可以用秩函数 rank 直接给出能控性矩阵的秩 rank(ctrb(A,B))。下面用一个例子来说明这一方法的应用。

【例 3.2.1】 判断线性定常系统

$$\dot{\boldsymbol{x}}=\begin{bmatrix}1&3&2\\0&2&0\\0&1&3\end{bmatrix}\boldsymbol{x}+\begin{bmatrix}2&1\\1&1\\-1&-1\end{bmatrix}\boldsymbol{u}$$

的能控性，其中，$\boldsymbol{x}$ 是三维的状态向量，$\boldsymbol{u}$ 是二维的控制向量。

解：在 MATLAB 软件命令行窗口输入以下指令：

```
>> A = [1 3 2;0 2 0;0 1 3];
>> B = [2 1;1 1; -1 -1];
>> rank(ctrb(A,B))
```

运行结果如下：

```
ans =
      2
```

即能控性矩阵的秩等于 2，小于系统的阶数 3，故系统是状态不能控的。

尽管状态能控性矩阵是对连续时间状态空间模型导出的，但这个结论对离散时间系统也是成立的。

3.2.2 输出能控性分析

由式(3.0.1)描述的连续时间系统输出完全能控的充分必要条件是 $p\times(nm+m)$维输出能控性矩阵

$$[\boldsymbol{CB}\quad \boldsymbol{CAB}\quad \boldsymbol{CA}^2\boldsymbol{B}\quad \cdots\quad \boldsymbol{CA}^{n-1}\boldsymbol{B}\quad \boldsymbol{D}]$$

是行满秩的，即秩等于 p。注意 p 是输出变量的个数。

【例 3.2.2】 试判断以下系统的状态和输出能控性：

$$\dot{\boldsymbol{x}}=\begin{bmatrix}0 & 1\\ -1 & -2\end{bmatrix}\boldsymbol{x}+\begin{bmatrix}1\\ -1\end{bmatrix}u$$

$$y=\begin{bmatrix}1 & 0\end{bmatrix}\boldsymbol{x}$$

解：系统的状态能控性矩阵为

$$\boldsymbol{\Gamma}_c[\boldsymbol{A},\boldsymbol{B}]=[\boldsymbol{B}\quad \boldsymbol{AB}]=\begin{bmatrix}1 & -1\\ -1 & 1\end{bmatrix}$$

由于 $\det(\boldsymbol{\Gamma}_c[\boldsymbol{A},\boldsymbol{B}])=0$，故系统是状态不能控的。进一步，系统的输出能控性矩阵为

$$\boldsymbol{S}=[\boldsymbol{CB}\quad \boldsymbol{CAB}\quad \boldsymbol{D}]=[1\quad -1\quad 0]$$

显然，输出能控性矩阵 $\boldsymbol{S}$ 是行满秩的，故系统是输出能控的。

这个例子说明了系统的状态能控性和输出能控性没有必然的因果关系，即对任意一个系统，其输出能控不一定状态能控。另一方面，状态能控也不一定输出能控。

3.2.3 状态能观性分析

由式(3.0.1)描述的连续时间系统状态能观的充分必要条件是

$$\operatorname{rank}(\boldsymbol{\Gamma}_o[\boldsymbol{C},\boldsymbol{A}])=\operatorname{rank}\left(\begin{bmatrix}\boldsymbol{C}\\ \boldsymbol{CA}\\ \vdots\\ \boldsymbol{CA}^{n-1}\end{bmatrix}\right)=n \tag{3.2.1}$$

其中，整数 n 是系统状态向量的维数。为了判别系统的状态能观性，只需检验由状态空间模型中的状态矩阵 $\boldsymbol{A}$ 和输出矩阵 $\boldsymbol{C}$ 构成的矩阵 $\boldsymbol{\Gamma}_o[\boldsymbol{C},\boldsymbol{A}]$ 是否满秩。由此也可以看出，矩阵 $\boldsymbol{\Gamma}_o[\boldsymbol{C},\boldsymbol{A}]$ 在系统状态能观性检验中起着重要作用，故将矩阵 $\boldsymbol{\Gamma}_o[\boldsymbol{C},\boldsymbol{A}]$ 称为该系统的状态能观性判别矩阵，简称状态能观性矩阵。

对给定的连续时间状态空间模型(见式(3.0.1))，MATLAB 软件提供了生成矩阵 $\boldsymbol{\Gamma}_o[\boldsymbol{C},\boldsymbol{A}]$ 的函数 obsv，它的一般形式为 obsv(A,C)。因此，对于单输入系统，可以根据 det(obsv(A,C))是否等于零来判别系统的能观性；而对于多输入系统，可以用 det(obsv(A,C)' * obsv(A,C))是否等于零来判别系统的能观性。此外，可以用秩函数 rank 直接给出能观性矩阵的秩 rank(obsv(A,C))。

3.3 现代控制系统的稳定性分析

在控制工程中，设计者往往希望所设计的系统在受到扰动后，尽管系统会偏离处于平衡状态的工作点，但在扰动消失后，它有能力自动回到并保持在原来的工作点附近，如倒立摆装置中，当摆杆受扰动而偏离垂直位置后，系统仍能使摆杆回到垂直位置，并能始终保持在

垂直位置附近。这就是系统稳定的基本含义。稳定性是一个控制系统能正常工作的基本要求,系统只有在稳定的前提下才能进一步探讨其他特性。因此,稳定性问题一直是自动控制理论中的一个最基本和最重要的问题,控制系统的稳定性分析是系统分析的首要任务。

李雅普诺夫(Lyapunov)第二方法是一种定性方法,它无须求解复杂的系统微分方程,而是通过构造一个类似于能量函数的标量李雅普诺夫函数,然后再根据李雅普诺夫函数的性质来直接判定系统的稳定性。因此,它特别适合于那些难以求解的非线性系统和时变系统。由于这一方法无须求解系统微分方程的解就可直接判定系统稳定性,故称其为李雅普诺夫直接法。李雅普诺夫第二方法不仅可用于系统稳定性分析,而且还可用于系统过渡过程特性的评价以及参数最优化问题的求解,该方法的最大优点是它可用于控制系统的设计,从而使得该方法在自动控制的各个分支中都有广泛的应用,是控制理论中最重要的理论和方法之一。

考虑系统 $\dot{\boldsymbol{x}}=\boldsymbol{f}(\boldsymbol{x},t)$的平衡状态 $\boldsymbol{x}_e=\boldsymbol{0}$,如果对任意给定的 $\varepsilon>0$,存在一个 $\delta>0$(与 ε 和初始时刻 t_0 有关),使得从球域 $S(\delta)$内任一初始状态出发的状态轨线始终都保持在球域 $S(\varepsilon)$内,则称平衡状态 $\boldsymbol{x}_e=\boldsymbol{0}$ 是李雅普诺夫意义下稳定的。

考虑系统 $\dot{\boldsymbol{x}}=\boldsymbol{f}(\boldsymbol{x},t)$的平衡状态 $\boldsymbol{x}_e=\boldsymbol{0}$,如果平衡状态 $\boldsymbol{x}_e=\boldsymbol{0}$ 是李雅普诺夫意义下稳定的,并且当 $t\to\infty$时,始于原点邻域中的轨线 $\boldsymbol{x}(t)\to\boldsymbol{0}$,则平衡状态 $\boldsymbol{x}_e=\boldsymbol{0}$ 称为在李雅普诺夫意义下是渐近稳定的。

若由式(3.0.1)描述的连续时间系统是稳定的,且对系统的任意状态,以该状态为初始状态的状态轨线随着时间的推移都收敛到平衡状态 $\boldsymbol{x}_e=\boldsymbol{0}$,则系统称为是大范围渐近稳定的。

由于从状态空间中任意点出发的状态轨线都要收敛于原点,因此,大范围渐近稳定的系统在整个状态空间中只能有一个平衡状态,这也是系统大范围渐近稳定的必要条件。

如果存在某个实数 $\varepsilon>0$,对不管多么小的 $\delta>0$,在球域 $S(\delta)$内总存在一个状态 $\boldsymbol{x}_0$,使得始于这一状态的状态轨线最终会离开球域 $S(\varepsilon)$,则平衡状态 $\boldsymbol{x}_e=\boldsymbol{0}$ 称为不稳定的。

3.3.1 连续时间系统的稳定性分析

考虑线性时不变自治系统

$$\dot{\boldsymbol{x}}=\boldsymbol{A}\boldsymbol{x} \tag{3.3.1}$$

其中,$\boldsymbol{x}$ 是系统的 n 维状态向量,$\boldsymbol{A}$ 是 $n\times n$ 维状态矩阵。显然,$\boldsymbol{x}_e=\boldsymbol{0}$ 是系统的平衡状态。

考虑线性时不变自治系统(见式(3.3.1)),其在平衡点 $\boldsymbol{x}_e=\boldsymbol{0}$ 处渐近稳定的充分必要条件是

$$\boldsymbol{A}^{\mathrm{T}}\boldsymbol{P}+\boldsymbol{P}\boldsymbol{A}<0 \tag{3.3.2}$$

存在一个对称正定矩阵 $\boldsymbol{P}$,使得式(3.3.2)成立。选取一个对称正定矩阵 $\boldsymbol{Q}$,若矩阵方程

$$\boldsymbol{A}^{\mathrm{T}}\boldsymbol{P}+\boldsymbol{P}\boldsymbol{A}=-\boldsymbol{Q} \tag{3.3.3}$$

有一个对称正定矩阵解 $\boldsymbol{P}$,则该对称正定矩阵 $\boldsymbol{P}$ 满足式(3.3.2)。而对于给定的对称正定

矩阵 $\boldsymbol{Q}$，式(3.3.3)是关于矩阵 $\boldsymbol{P}$ 的元素的一个线性方程组，从而可以应用求解线性方程组的方法从式(3.3.3)中求取解矩阵 $\boldsymbol{P}$。

在求解式(3.3.3)时，需要首先给定一个对称正定矩阵 $\boldsymbol{Q}$。那么是否会出现对某个给定的矩阵 $\boldsymbol{Q}$，式(3.3.3)无解，而对另一个给定的矩阵 $\boldsymbol{Q}$，式(3.3.3)又有解呢？理论上可以证明，式(3.3.3)的可解性不依赖矩阵 $\boldsymbol{Q}$ 的选取，即若对某一个矩阵 $\boldsymbol{Q}$，式(3.3.3)是可解的，则对所有的对称正定矩阵 $\boldsymbol{Q}$，式(3.3.3)都是可解的，尽管在计算上会有一定的差异。基于这一事实，为了方便起见，在具体系统的稳定性分析中常将矩阵 $\boldsymbol{Q}$ 选为单位矩阵，即 $\boldsymbol{Q}=\boldsymbol{I}$。

以上分析表明了可以通过求解一个线性方程组(见式(3.3.3))，并检验由此得到的矩阵 $\boldsymbol{P}$ 的正定性来判别线性时不变自治系统(见式(3.3.1))是否是渐近稳定的，即线性时不变自治系统(见式(3.3.1))在平衡点 $\boldsymbol{x}_e=\boldsymbol{0}$ 处渐近稳定的充分必要条件是对任意给定的对称正定矩阵 $\boldsymbol{Q}$，存在一个对称正定矩阵 $\boldsymbol{P}$，使得矩阵方程式(3.3.3)成立。

矩阵方程式(3.3.3)在检验线性时不变系统稳定性中起着重要的作用，因此给它一个特殊的名字—— 李雅普诺夫矩阵方程，简称李雅普诺夫方程，而不等式(3.3.2)则称为是线性时不变自治系统的李雅普诺夫矩阵不等式，相应的矩阵 $\boldsymbol{P}$ 称为是线性时不变自治系统的一个李雅普诺夫矩阵，由矩阵 $\boldsymbol{P}$ 可以确定系统的一个李雅普诺夫函数 $V(\boldsymbol{x})=\boldsymbol{x}^{\mathrm{T}}\boldsymbol{P}\boldsymbol{x}$，同时也可以得到 $\mathrm{d}V(\boldsymbol{x})/\mathrm{d}t=-\boldsymbol{x}^{\mathrm{T}}\boldsymbol{Q}\boldsymbol{x}$。通过求解李雅普诺夫方程(见式(3.3.3))来判别系统稳定性的方法称为是稳定性分析的李雅普诺夫方程处理方法。

MATLAB 软件给出了求解李雅普诺夫方程的函数，它的一般形式是

```
P = lyap(A',Q)                              % 求解矩阵方程式(3.3.3),返回 P 矩阵
```

注意，为了求解形如式(3.3.3)的李雅普诺夫方程，在函数 lyap 的输入量中用的是 A'。特别地，给出矩阵方程

$$\boldsymbol{AP}+\boldsymbol{PB}=-\boldsymbol{Q} \tag{3.3.4}$$

可用以下函数形式进行求解：

```
P = lyap(A,B,Q)                             % 求解矩阵方程式(3.3.4),返回 P 矩阵
```

求解李雅普诺夫方程的函数还有 lyap2，它主要用于连续系统李雅普诺夫方程的符号解法。

【例 3.3.1】 设二阶线性时不变系统的状态方程为

$$\begin{bmatrix}\dot{x}_1\\ \dot{x}_2\end{bmatrix}=\begin{bmatrix}0 & 1\\ -1 & -1\end{bmatrix}\begin{bmatrix}x_1\\ x_2\end{bmatrix}$$

试分析系统平衡状态的稳定性。

解：在 MATLAB 命令行窗口中输入如下指令：

```
>> A = [0 1; -1 -1];
>> P = lyap(A',eye(2))
```

运行结果如下：

```
P =
    1.5000    0.5000
    0.5000    1.0000
```

进一步,在命令行窗口中输入

```
>> eig(P)
```

可得矩阵 $\boldsymbol{P}$ 的特征值,运行结果如下:

```
ans =
      1.8090
      0.6910
```

由于矩阵 $\boldsymbol{P}$ 的所有特征值都是正的,故矩阵 $\boldsymbol{P}$ 是正定的,从而可以得到该系统平衡状态是渐近稳定的结论。

为了分析例 3.3.1 中系统平衡状态的稳定性,根据李雅普诺夫稳定性理论,就是要检验是否存在一个 2×2 维的对称矩阵 $\boldsymbol{P}$,使得线性矩阵不等式(Linear Matrix Inequality,LMI)

$$\begin{cases}\boldsymbol{PA}+\boldsymbol{A}^{\mathrm{T}}\boldsymbol{P}<\boldsymbol{0}\\ \boldsymbol{P}>\boldsymbol{0}\end{cases} \tag{3.3.5}$$

是可行的,即存在一个正定对称矩阵解 $\boldsymbol{P}$,满足线性矩阵不等式(3.3.5)。如果线性矩阵不等式(3.3.5)是可行的,则该系统平衡状态是渐近稳定的。为此,应用 LMI 工具箱提供的相关命令和函数来检验线性矩阵不等式(3.3.5)的可行性。

在 MATLAB 软件中,编写以下的 M 文件(Example332.m):

```
% 输入系统状态矩阵
A=[0 1;-1 -1];
% 以命令 setlmis 开始描述一个线性矩阵不等式
setlmis([])
% 定义线性矩阵不等式中的决策变量 P
P=lmivar(1,[2 1]);
% 依次描述所涉及的线性矩阵不等式
% 1st LMI
lmiterm([1 1 1 P],A',1,'s');
% 2nd LMI
lmiterm([2 1 1 P],-1,1);
% 以命令 getlmis 结束线性矩阵不等式系统的描述,并命名为 lmis
lmis=getlmis;
% 调用线性矩阵不等式系统可行性问题的求解器 feasp
[tmin,xfeas]=feasp(lmis);
% 将得到的决策变量值转化为矩阵形式
PP=dec2mat(lmis,xfeas,P)
```

运行 Example332.m 文件,可得相应的线性矩阵不等式(3.3.5)是可行的,且该不等式的一个可行解为

```
PP =
    93.7314   27.4336
    27.4336   70.8701
```

进一步,命令行窗口中输入

```
>> eig(P)
```

可得矩阵 $\boldsymbol{P}$ 的特征值,运行结果如下:

```
ans =
   112.0205
    52.5810
```

因此,得到的解矩阵 $\boldsymbol{P}$ 是正定的。根据 Lyapunov 稳定性理论,该系统平衡状态是渐近稳定的。

3.3.2 离散时间系统的稳定性分析

考虑离散时间线性时不变系统 $\boldsymbol{x}(k+1)=\boldsymbol{A}\boldsymbol{x}(k)$,假设原点是该系统的一个平衡状态。则该系统在原点处渐近稳定的充分必要条件是对任意给定的对称正定矩阵 $\boldsymbol{Q}$,矩阵方程

$$\boldsymbol{A}^{\mathrm{T}}\boldsymbol{P}\boldsymbol{A}-\boldsymbol{P}=-\boldsymbol{Q} \tag{3.3.6}$$

存在对称正定解矩阵 $\boldsymbol{P}$。

式(3.3.6)称为离散李雅普诺夫矩阵方程,其解矩阵 $\boldsymbol{P}$ 称为系统(3.3.1)的李雅普诺夫矩阵。对于给定的矩阵 $\boldsymbol{Q}$,式(3.3.6)是关于矩阵 $\boldsymbol{P}$ 中元素的一个线性方程组,因此,可以通过求解线性方程组的方法来求解离散李雅普诺夫方程。

离散李雅普诺夫矩阵方程式(3.3.6)的可解性并不依赖于矩阵 $\boldsymbol{Q}$ 的选取,因此,在具体应用时,可选取 $\boldsymbol{Q}=\boldsymbol{I}$,然后求解方程

$$\boldsymbol{A}^{\mathrm{T}}\boldsymbol{P}\boldsymbol{A}-\boldsymbol{P}=-\boldsymbol{I}$$

进而检验所得到的解矩阵 $\boldsymbol{P}$ 是否正定,从而确定系统的稳定性。

MATLAB 软件也提供了求解离散李雅普诺夫矩阵方程式(3.3.6)的函数,即

```
P = dlyap(A',Q)                          % 求解矩阵方程式(3.3.6),返回 P 矩阵
```

其用法与 lyap 相似,此处不再赘述。

第4章 基于MATLAB的现代控制系统设计

系统的控制方式有开环控制和闭环控制。开环控制是把一个确定的信号(时间的函数)加到系统的输入端,使得系统具有某种期望的性能,如基于能控性格拉姆矩阵的开环控制能使系统的状态在有限时间内从初始状态转移到零状态。但由于系统建模的不确定性或误差、运行过程中的扰动等因素使得系统产生一些意想不到的情况,若不针对这些情况来及时修改系统的行为,就很难使系统按原来期望的方式运行,具有所期望的性能。因此,必须根据系统的运行状况来确定控制信号,这就是闭环控制(反馈控制),如车辆巡航控制系统,为了使得自车与前车的间距保持在理想的安全距离,必须根据前车的行驶状况来确定自车是加速还是减速、以多高的速度行驶等,以使得两车的间距始终保持在理想的安全距离。

经典控制理论依据描述对象输入输出行为的传递函数模型设计反馈控制器,因此只能用系统的输出作为反馈信号。然而,现代控制理论则是用刻画系统内部特征的状态空间模型描述对象,除了输出信号外,还可以用系统的内部状态作为反馈信号。根据利用的信息是系统的输出量还是状态量,相应的反馈控制可分为输出反馈和状态反馈。

本章以状态空间模型描述的线性时不变系统为控制对象,介绍在MATLAB软件下的状态反馈控制器的一些设计方法,包括极点配置方法、跟踪控制器设计方法、线性二次型最优控制器设计方法、观测器设计方法和输出反馈控制器设计方法。

4.1 Lyapunov 稳定状态反馈控制器设计

考虑连续时间线性时不变控制系统

$$\dot{\boldsymbol{x}}=\boldsymbol{A}\boldsymbol{x}+\boldsymbol{B}\boldsymbol{u} \tag{4.1.1}$$

其中,$\boldsymbol{x}$ 是系统的 n 维状态向量,$\boldsymbol{u}$ 是 m 维控制输入,$\boldsymbol{A}$ 和 $\boldsymbol{B}$ 分别是适当维数的已知常数矩阵。该控制系统要设计的状态反馈控制器为

$$\boldsymbol{u}=-\boldsymbol{K}\boldsymbol{x} \tag{4.1.2}$$

其中,$\boldsymbol{K}$ 是 $m\times n$ 维的状态反馈增益矩阵。将式(4.1.2)代入式(4.1.1),

可导出的闭环控制系统为

$$\dot{\boldsymbol{x}} = (\boldsymbol{A} - \boldsymbol{BK})\boldsymbol{x} \tag{4.1.3}$$

本节的目的是确定增益矩阵 $\boldsymbol{K}$，使得闭环控制系统的平衡状态是渐近稳定的。下面给出两种确定增益矩阵 $\boldsymbol{K}$ 的方法。

4.1.1 黎卡提方程处理方法

在现代控制理论中，连续时间线性时不变控制系统（见式(4.1.1)）的 Lyapunov 稳定状态反馈控制器的设计问题可以转换成黎卡提(Riccati)矩阵方程是否存在一个对称正定解矩阵 $\boldsymbol{P}$ 的问题。黎卡提矩阵方程可表示为

$$\boldsymbol{A}^{\mathrm{T}}\boldsymbol{P} + \boldsymbol{PA} - 2\alpha\boldsymbol{PBB}^{\mathrm{T}}\boldsymbol{P} + \boldsymbol{I} = 0 \tag{4.1.4}$$

其中，$\alpha > 0$ 为可调参数。若式(4.1.4)有一个对称正定解 $\boldsymbol{P}$，则可以构造式(4.1.1)的一个稳定状态反馈控制器

$$\boldsymbol{u} = -\alpha\boldsymbol{B}^{\mathrm{T}}\boldsymbol{Px}, \quad \alpha > 0 \tag{4.1.5}$$

根据 Lyapunov 稳定性理论，可以验证标量函数 $V(\boldsymbol{x}) = \boldsymbol{x}^{\mathrm{T}}\boldsymbol{Px}$ 是闭环控制系统（见式(4.1.3)）的一个李雅普诺夫函数。这种基于求解黎卡提矩阵方程的稳定控制器设计方法称为稳定控制器设计的黎卡提方程处理方法。

若对给定的参数 $\alpha > 0$，黎卡提矩阵方程式(4.1.4)有一个对称正定解矩阵 $\boldsymbol{P}$，则对任意系数 $k \geqslant \alpha$，有

$$\begin{aligned}\mathrm{d}V(\boldsymbol{x})/\mathrm{d}t &= \boldsymbol{x}^{\mathrm{T}}(\boldsymbol{A}^{\mathrm{T}}\boldsymbol{P} + \boldsymbol{PA} - 2k\boldsymbol{PBB}^{\mathrm{T}}\boldsymbol{P})\boldsymbol{x} \\ &\leqslant \boldsymbol{x}^{\mathrm{T}}(\boldsymbol{A}^{\mathrm{T}}\boldsymbol{P} + \boldsymbol{PA} - 2\alpha\boldsymbol{PBB}^{\mathrm{T}}\boldsymbol{P})\boldsymbol{x} \\ &= -\boldsymbol{x}^{\mathrm{T}}\boldsymbol{x} < 0\end{aligned}$$

因此，对任意系数 $k \geqslant \alpha$，$\boldsymbol{u} = -k\boldsymbol{B}^{\mathrm{T}}\boldsymbol{Px}$ 都是式(4.1.1)的稳定控制律。由此可知，稳定控制律 $\boldsymbol{u} = -k\boldsymbol{B}^{\mathrm{T}}\boldsymbol{Px}$ 具有正无穷大的稳定增益裕度，这在实际应用中是非常有用的。因为操作人员可以根据实际情况，在不破坏控制系统稳定性的前提下，调节控制器的增益参数，使控制系统满足其他的性能要求。

MATLAB 软件提供了函数 care 求解黎卡提矩阵方程（见式(4.1.4)），进而得到对应的稳定状态反馈控制器（见式(4.1.5)）。函数 care 的一般形式为

```
care(A,B,Q,R)
```

函数 care 求解的标准黎卡提方程为

$$\boldsymbol{A}^{\mathrm{T}}\boldsymbol{P} + \boldsymbol{PA} - \boldsymbol{PBR}^{-1}\boldsymbol{B}^{\mathrm{T}}\boldsymbol{P} + \boldsymbol{Q} = 0$$

其中，$\boldsymbol{A}$ 为状态矩阵，$\boldsymbol{B}$ 为输入矩阵，$\boldsymbol{Q}$ 和 $\boldsymbol{R}$ 为正定权重矩阵。

【例 4.1.1】 考虑一个线性时不变系统的状态方程为

$$\begin{bmatrix}\dot{x}_1 \\ \dot{x}_2\end{bmatrix} = \begin{bmatrix}0 & 1 \\ -1 & 0\end{bmatrix}\begin{bmatrix}x_1 \\ x_2\end{bmatrix} + \begin{bmatrix}0 \\ 1\end{bmatrix}\boldsymbol{u}$$

该系统是开环不稳定的。试用 MATLAB 函数设计一个稳定状态反馈控制器。

解：首先，手动求解黎卡提方程。由系统的状态方程可以看出，系统不是渐近稳定的。取 $k=1$，则黎卡提方程为

$$\begin{bmatrix}0 & -1\\1 & 0\end{bmatrix}\begin{bmatrix}p_1 & p_2\\p_2 & p_3\end{bmatrix}+\begin{bmatrix}p_1 & p_2\\p_2 & p_3\end{bmatrix}\begin{bmatrix}0 & 1\\-1 & 0\end{bmatrix}-2\begin{bmatrix}p_1 & p_2\\p_2 & p_3\end{bmatrix}\begin{bmatrix}0\\1\end{bmatrix}\begin{bmatrix}0 & 1\end{bmatrix}\begin{bmatrix}p_1 & p_2\\p_2 & p_3\end{bmatrix}+\begin{bmatrix}1 & 0\\0 & 1\end{bmatrix}=0$$

展开以上矩阵方程，可得

$$-2p_2-2p_2^2+1=0$$

$$2p_2-2p_3^2+1=0$$

$$p_1-p_3-2p_2p_3=0$$

求解以上的线性方程组，可得

$$p_1=\sqrt{3\sqrt{3}/2}\approx 1.6119,\quad p_2=(-1+\sqrt{3})/2\approx 0.3660,\quad p_3=\sqrt{\sqrt{3}/2}\approx 0.9306$$

容易验证矩阵 $\boldsymbol{P}=\begin{bmatrix}p_1 & p_2\\p_2 & p_3\end{bmatrix}$ 是正定的。

其次，应用 MATLAB 软件提供的函数 care 求解黎卡提矩阵方程（见式(4.1.4)），编写如下 M 文件(Example411.m)：

```
A = [0 1; -1 0];                              % 状态矩阵
B = [0; 1];                                   % 输入矩阵
Q = [1 0; 0 1];                               % 单位矩阵 Q = I
R = 0.5;                                      % R^-1 * 2 = 1
P = care(A, B, Q, R)                          % 求解黎卡提方程
```

运行 Example411.m 文件，结果如下：

```
P =
    1.6119     0.3660
    0.3660     0.9306
```

故手动求解黎卡提矩阵方程与 MATLAB 函数 care 求得的矩阵 $\boldsymbol{P}$ 相等。因此，对任意的 $k\geqslant 1$，该系统的稳定状态反馈控制器为

$$u=-k\begin{bmatrix}p_2 & p_3\end{bmatrix}\boldsymbol{x}=-\frac{k}{2}\begin{bmatrix}-1+\sqrt{3} & 3^{1/4}\end{bmatrix}\boldsymbol{x}$$

4.1.2 线性矩阵不等式处理方法

根据线性时不变系统 Lyapunov 稳定性理论，闭环控制系统（见式(4.1.3)）渐近稳定的充分必要条件是存在一个对称正定矩阵 $\boldsymbol{P}$，使得

$$(\boldsymbol{A}-\boldsymbol{BK})^{\mathrm{T}}\boldsymbol{P}+\boldsymbol{P}(\boldsymbol{A}-\boldsymbol{BK})<0 \tag{4.1.6}$$

因此，稳定控制器的设计问题可以归结为寻找一个矩阵 $\boldsymbol{K}$ 和一个对称正定矩阵 $\boldsymbol{P}$，使得矩

阵不等式(4.1.6)成立,即以矩阵 $\boldsymbol{K}$ 和 $\boldsymbol{P}$ 为变量的矩阵不等式(4.1.6)的求解问题。

在矩阵不等式(4.1.6)中,矩阵变量 $\boldsymbol{K}$ 和 $\boldsymbol{P}$ 以非线性的形式耦合在一起。因此,要直接求解这样一个矩阵不等式是不容易的。下面通过引进一个适当的变量替换,将非线性矩阵不等式(4.1.6)转换成一个等价的关于新变量的线性矩阵不等式,从而可以应用求解线性矩阵不等式的方法求解所导出的线性矩阵不等式。为此,首先将矩阵不等式(4.1.6)进行整理并写成

$$\boldsymbol{PA}+\boldsymbol{A}^{\mathrm{T}}\boldsymbol{P}-\boldsymbol{K}^{\mathrm{T}}\boldsymbol{B}^{\mathrm{T}}\boldsymbol{P}-\boldsymbol{PBK}<0$$

由于矩阵 $\boldsymbol{P}^{-1}$ 是对称的,故在上式两边分别左乘和右乘矩阵 $\boldsymbol{P}^{-1}$,可得

$$\begin{aligned}0&>\boldsymbol{P}^{-1}(\boldsymbol{PA}+\boldsymbol{A}^{\mathrm{T}}\boldsymbol{P}-\boldsymbol{K}^{\mathrm{T}}\boldsymbol{B}^{\mathrm{T}}\boldsymbol{P}-\boldsymbol{PBK})\boldsymbol{P}^{-1}\\&=\boldsymbol{AP}^{-1}+\boldsymbol{P}^{-1}\boldsymbol{A}^{\mathrm{T}}-(\boldsymbol{P}^{-1}\boldsymbol{K}^{\mathrm{T}})\boldsymbol{B}^{\mathrm{T}}-\boldsymbol{B}(\boldsymbol{KP}^{-1})\end{aligned}$$

记 $\boldsymbol{X}=\boldsymbol{P}^{-1}$,$\boldsymbol{Y}=\boldsymbol{KP}^{-1}$,则从上式化简得到

$$\boldsymbol{AX}+\boldsymbol{XA}^{\mathrm{T}}-\boldsymbol{Y}^{\mathrm{T}}\boldsymbol{B}^{\mathrm{T}}-\boldsymbol{BY}<0 \tag{4.1.7}$$

显然,式(4.1.7)是一个关于矩阵变量 $\boldsymbol{X}$ 和 $\boldsymbol{Y}$ 的线性矩阵不等式。由于矩阵 $\boldsymbol{P}$ 的正定性等价于矩阵 $\boldsymbol{X}$ 是正定的。因此,如果存在以下线性矩阵不等式

$$\begin{cases}\boldsymbol{AX}+\boldsymbol{XA}^{\mathrm{T}}-\boldsymbol{Y}^{\mathrm{T}}\boldsymbol{B}^{\mathrm{T}}-\boldsymbol{BY}<0\\\boldsymbol{X}>0\end{cases} \tag{4.1.8}$$

则连续时间线性时不变控制系统(见式(4.1.1))存在稳定控制器(见式(4.1.5))。进一步,若 $\boldsymbol{X}$ 和 $\boldsymbol{Y}$ 是线性矩阵不等式(4.1.8)的一个可行解,则 $\boldsymbol{K}=\boldsymbol{YX}^{-1}$ 是连续时间线性时不变控制系统的一个稳定状态反馈增益矩阵,$\boldsymbol{X}^{-1}$ 是相应闭环系统的一个李雅普诺夫矩阵。

以上用线性矩阵不等式(4.1.8)的可行性给出了连续时间线性时不变控制系统的稳定状态反馈控制器存在条件,在线性矩阵不等式(4.1.8)可行的情况下,用其可行解给出了稳定控制器的构造设计方法。这种处理方法已在各类控制系统的设计中得到了广泛应用,和黎卡提方程处理方法相比,线性矩阵不等式处理方法具有保守性低、处理方便、易于结合其他性能要求设计多目标控制器等优点。

【例 4.1.2】 考虑一个开环不稳定系统的状态方程为

$$\begin{bmatrix}\dot{x}_1\\\dot{x}_2\end{bmatrix}=\begin{bmatrix}0&1\\-1&0\end{bmatrix}\begin{bmatrix}x_1\\x_2\end{bmatrix}+\begin{bmatrix}0\\1\end{bmatrix}u$$

试采用线性矩阵不等式处理方法,设计一个稳定状态反馈控制器。

解:在 MATLAB 软件中,编制如下 M 文件(Example412.m):

```
% 系统状态矩阵
A=[0 1;-1 0];
% 系统输入矩阵
B=[0;1];
% 以函数 setlmis 开始描述一个线性矩阵不等式
setlmis([]);
% 定义线性矩阵不等式中的决策变量
```

```
X = lmivar(1,[2 1]);
Y = lmivar(2,[1 2]);
% 依次描述所涉及的线性矩阵不等式
% 1st LMI
% 描述线性矩阵不等式中的项 AX + XA'
lmiterm([1 1 1 X],A,1,'s');
% 描述线性矩阵不等式中的项 - BY - Y'B'
lmiterm([1 1 1 Y],B, - 1,'s');
% 2nd LMI
lmiterm([2 1 1 X], - 1,1);
% 以函数 getlmis 结束线性矩阵不等式系统的描述,并命名为 lmis
lmis = getlmis;
% 调用线性矩阵不等式系统可行性问题的求解器 feasp
[tmin,xfeas] = feasp(lmis);
% 将得到的决策变量值转化为矩阵形式
XX = dec2mat(lmis,xfeas,X);
YY = dec2mat(lmis,xfeas,Y);
K = YY * inv(XX)
```

运行 Example412.m 文件,结果如下:

```
K =
    0.3125    0.9375
```

因此,要设计的稳定状态反馈控制器为

$$\boldsymbol{u}=-\begin{bmatrix}0.3125 & 0.9375\end{bmatrix}\boldsymbol{x}$$

得到的闭环系统为

$$\begin{bmatrix}\dot{x}_1\\ \dot{x}_2\end{bmatrix}=\begin{bmatrix}0 & 1\\ -1.3125 & -0.9375\end{bmatrix}\begin{bmatrix}x_1\\ x_2\end{bmatrix}$$

由于该闭环系统状态矩阵具有伴随矩阵的结构特点,故从其最后一行元素均为负数可以看出闭环特征多项式的系数都是正的,从而闭环极点均在左半开复平面中。事实上,闭环系统的一对极点为$-0.4687\pm \mathrm{j}1.0454$。因此,该闭环系统是渐近稳定的。

4.2 极点配置状态反馈控制器设计

MATLAB 软件提供了两个函数 acker 和 place 计算极点配置状态反馈控制器的增益矩阵 $\boldsymbol{K}$,其中,函数 acker 是基于求解极点配置问题的爱克曼公式,它只能应用于单输入系统,要配置的闭环极点中可以包括多重极点。如果系统有多个输入,则使得闭环系统具有给定极点的状态反馈增益矩阵 $\boldsymbol{K}$ 是不唯一的,从而有更多的自由度去选择满足闭环极点要求的 $\boldsymbol{K}$。如何利用这些自由度,使得闭环系统具有给定的极点外,还具有一些其他附加性能是需要进一步探讨的问题,这就是多目标控制。一种方法就是在使得闭环系统具有给定极点的同时,闭环系统的稳定裕度最大化,基于这种思想进行的极点配置称为鲁棒极点配置方法。

MATLAB 软件提供的函数 place 就是基于鲁棒极点配置方法设计的。尽管函数 place 既适用于多输入系统，也适用于单输入系统，但它要求在期望闭环极点中的相同极点个数不超过输入矩阵 $\boldsymbol{B}$ 的秩。特别地，对单输入系统，函数 place 要求所配置的闭环极点中没有相同极点，即所有的闭环极点均不相同。

对单输入系统，函数 acker 和 place 给出的增益矩阵 $\boldsymbol{K}$ 是相同的。如果一个单输入系统接近不能控，即其能控性判别矩阵的行列式接近于零，则应用函数 acker 可能会出现计算上的问题。在这种情况下，函数 place 可能更适合，但是必须限制所期望的闭环极点都是不相同的。函数 acker 和 place 的一般形式为

```
acker(A,B,J)
place(A,B,J)
```

其中，$\boldsymbol{J}$ 是一个向量，$\boldsymbol{J}=[\lambda_1 \quad \lambda_2 \quad \cdots \quad \lambda_n]$，$\lambda_1,\lambda_2,\cdots,\lambda_n$ 是 n 个期望的闭环极点。得到所要求的反馈增益矩阵后，可以在 MATLAB 软件中用命令 eig(A−B∗K)来检验闭环极点。

【例 4.2.1】 考虑系统

$$\dot{\boldsymbol{x}}=\boldsymbol{A}\boldsymbol{x}+\boldsymbol{B}u$$

其中

$$\boldsymbol{A}=\begin{bmatrix}0 & 1 & 0\\ 0 & 0 & 1\\ -1 & -5 & -6\end{bmatrix},\quad \boldsymbol{B}=\begin{bmatrix}0\\0\\1\end{bmatrix}$$

试设计一个状态反馈控制器 $u=-\boldsymbol{K}\boldsymbol{x}$，使得闭环系统的极点是 $\lambda_{1,2}=-2\pm \mathrm{j}4,\lambda_3=-10$。对给定的初始状态 $\boldsymbol{x}(0)=[1 \quad 0 \quad 0]^{\mathrm{T}}$，画出闭环系统的状态响应曲线。

解：在 MATLAB 软件中调用函数 acker，编制如下 M 文件(Example421a.m)：

```
% 状态方程系数矩阵
A=[0 1 0;0 0 1;-1 -5 -6];
B=[0;0;1];
% 定义J向量
J=[-2+j*4 -2-j*4 -10];
% 求反馈增益矩阵
K=acker(A,B,J)
```

运行 Example421a.m 文件，结果如下：

```
K=
   199  55  8
```

调用函数 place，编写 M 文件(Example421b.m)：

```
% 状态方程系数矩阵
A=[0 1 0;0 0 1;-1 -5 -6];
B=[0;0;1];
% 定义J向量
```

```
J = [ - 2 + j * 4  - 2 - j * 4  - 10];
% 求反馈增益矩阵
K = place(A,B,J)
```

运行 Example421b. m 文件,结果如下:

```
place:ndigits = 15
K =
   199.0000   55.0000   8.0000
```

进一步,对给定的初始状态 $\boldsymbol{x}(0)$,可以用 MATLAB 软件中提供的函数 initial 画出闭环系统的状态响应曲线。已知 $\boldsymbol{x}(0)=[1\quad 0\quad 0]^{T}$,编写如下 M 文件(Example421c. m):

```
% 状态方程系数矩阵
A = [0 1 0;0 0 1; - 1  - 5  - 6];
B = [0;0;1];
% 定义 J 向量
J = [ - 2 + 1i * 4  - 2 - 1i * 4  - 10];
% 求反馈增益矩阵
K = place(A,B,J);
% 创建状态空间模型
sys = ss(A - B * K,[0;0;0],eye(3),0);
% 定义采样时间和仿真总时长
t = 0:0.01:4;
% 系统零输入响应
x = initial(sys,[1;0;0],t);
% 求解各个状态量
x1 = [1 0 0] * x';
x2 = [0 1 0] * x';
x3 = [0 0 1] * x';
% 画图各个状态量响应曲线
subplot(3,1,1)
plot(t,x1)
xlabel('时间/s')
ylabel('x_1')
grid
subplot(3,1,2)
plot(t,x2)
xlabel('时间/s')
ylabel('x_2')
grid
subplot(3,1,3)
plot(t,x3)
xlabel('时间/s')
```

```
ylabel('x_3')
grid
```

运行 Example421c.m 文件,得到闭环系统的状态响应曲线如图 4.2.1 所示。

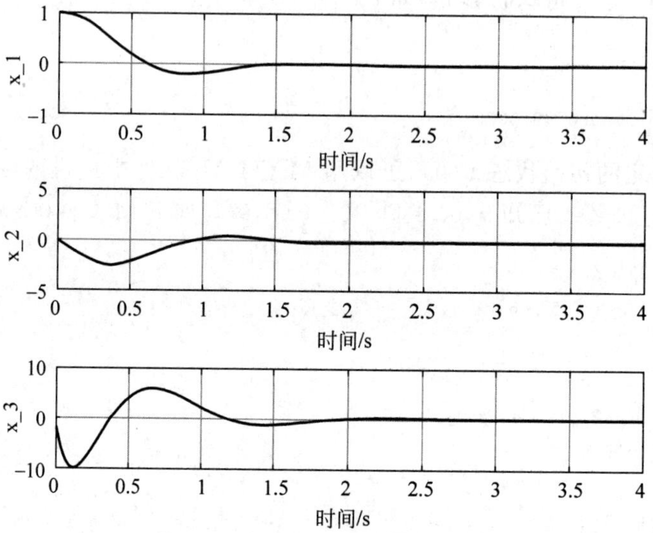

图 4.2.1 闭环系统的状态响应曲线

4.3 跟踪控制器设计

考虑如下状态空间模型描述的系统:

$$\begin{cases}\dot{\boldsymbol{x}}=\boldsymbol{A}\boldsymbol{x}+\boldsymbol{B}\boldsymbol{u}+\boldsymbol{d}\\ \boldsymbol{y}=\boldsymbol{C}\boldsymbol{x}\end{cases} \tag{4.3.1}$$

其中,$\boldsymbol{x}$ 是 n 维的状态向量,$\boldsymbol{u}$ 是 m 维的控制输入,$\boldsymbol{y}$ 是 r 维的测量输出,$\boldsymbol{d}$ 是 n 维的扰动输入,$\boldsymbol{A}$、$\boldsymbol{B}$ 和 $\boldsymbol{C}$ 是已知的适当维数常数矩阵。假定系统的参考输出是阶跃信号 $\boldsymbol{y}_r(t)=\boldsymbol{y}_{r0}\cdot 1(t)$,$\boldsymbol{d}$ 是阶跃扰动 $\boldsymbol{d}(t)=\boldsymbol{d}_0\cdot 1(t)$,其中 $\boldsymbol{y}_{r0}$ 和 $\boldsymbol{d}_0$ 是阶跃信号的幅值向量。控制目标是在存在阶跃扰动 $\boldsymbol{d}$ 的情况下,闭环系统的输出 $\boldsymbol{y}(t)$能很好地跟踪参考输入 $\boldsymbol{y}_r(t)$。

在经典控制理论中,用偏差的积分来抑制或消除单输入单输出系统的稳态误差,这样一种思想也可以推广到多输入多输出系统。为此,定义偏差向量

$$\boldsymbol{e}(t)=\boldsymbol{y}(t)-\boldsymbol{y}_r(t)$$

引入偏差向量的积分

$$\boldsymbol{q}(t)=\int_0^t \boldsymbol{e}(\tau)\mathrm{d}\tau$$

注意到 $\boldsymbol{q}(t)$和输出向量有相同的维数,它由 r 个积分器生成,即

$$\boldsymbol{q}^{\mathrm{T}}(t)=[q_1(t)\quad q_2(t)\quad \cdots\quad q_r(t)]=\left[\int_0^t e_1(\tau)\mathrm{d}\tau\int_0^t e_2(\tau)\mathrm{d}\tau\cdots\int_0^t e_r(\tau)\mathrm{d}\tau\right]$$

每个积分器的输入是偏差向量的一个分量，则

$$\dot{\boldsymbol{q}}(t)=\boldsymbol{e}(t)=\boldsymbol{C}\boldsymbol{x}(t)-\boldsymbol{y}_r(t)$$

由于在控制回路中增加了 r 个积分器，增加了整个系统的动态特性，而 $\boldsymbol{q}$ 是这些积分器的输出，故可以通过将 $\boldsymbol{q}$ 作为附加状态向量，得到描述整个系统动态行为的状态空间模型为

$$\begin{cases}\begin{bmatrix}\dot{\boldsymbol{x}}\\ \dot{\boldsymbol{q}}\end{bmatrix}=\begin{bmatrix}\boldsymbol{A} & \boldsymbol{0}\\ \boldsymbol{C} & \boldsymbol{0}\end{bmatrix}\begin{bmatrix}\boldsymbol{x}\\ \boldsymbol{q}\end{bmatrix}+\begin{bmatrix}\boldsymbol{B}\\ \boldsymbol{0}\end{bmatrix}\boldsymbol{u}+\begin{bmatrix}\boldsymbol{d}\\ -\boldsymbol{y}_r\end{bmatrix}\\ \boldsymbol{y}=\begin{bmatrix}\boldsymbol{C} & \boldsymbol{0}\end{bmatrix}\begin{bmatrix}\boldsymbol{x}\\ \boldsymbol{q}\end{bmatrix}\end{cases} \tag{4.3.2}$$

新的状态向量是 $n+r$ 维的，式(4.3.2)称为增广系统的状态空间模型。

对由式(4.3.2)描述的增广系统，若能设计一个状态反馈控制器

$$\boldsymbol{u}=-\begin{bmatrix}\boldsymbol{K}_1 & \boldsymbol{K}_2\end{bmatrix}\begin{bmatrix}\boldsymbol{x}\\ \boldsymbol{q}\end{bmatrix}=-\boldsymbol{K}_1\boldsymbol{x}-\boldsymbol{K}_2\boldsymbol{q} \tag{4.3.3}$$

使得闭环系统

$$\begin{bmatrix}\dot{\boldsymbol{x}}\\ \dot{\boldsymbol{q}}\end{bmatrix}=\begin{bmatrix}\boldsymbol{A}-\boldsymbol{B}\boldsymbol{K}_1 & -\boldsymbol{B}\boldsymbol{K}_2\\ \boldsymbol{C} & \boldsymbol{0}\end{bmatrix}\begin{bmatrix}\boldsymbol{x}\\ \boldsymbol{q}\end{bmatrix}+\begin{bmatrix}\boldsymbol{d}\\ -\boldsymbol{y}_r\end{bmatrix} \tag{4.3.4}$$

是渐近稳定的，即矩阵

$$\begin{bmatrix}\boldsymbol{A}-\boldsymbol{B}\boldsymbol{K}_1 & -\boldsymbol{B}\boldsymbol{K}_2\\ \boldsymbol{C} & \boldsymbol{0}\end{bmatrix}$$

的所有特征值均在左半开复平面中，则该矩阵也是非奇异的。

以上分析说明了只要对增广系统设计一个稳定状态反馈控制器，就可以保证系统输出跟踪阶跃参考输入，而且没有稳态误差。进一步，如果还要使得闭环系统具有一定的动态特性，则可以通过适当配置增广系统的闭环极点来实现，但这要求增广系统是状态完全能控的。

【例 4.3.1】 考虑如下倒立摆系统的状态空间模型：

$$\dot{\boldsymbol{x}}=\begin{bmatrix}0 & 1 & 0 & 0\\ 0 & 0 & -1 & 0\\ 0 & 0 & 0 & 1\\ 0 & 0 & 11 & 0\end{bmatrix}\boldsymbol{x}+\begin{bmatrix}0\\ 1\\ 0\\ -1\end{bmatrix}u$$

$$y=\begin{bmatrix}1 & 0 & 0 & 0\end{bmatrix}\boldsymbol{x}$$

其中，$\boldsymbol{x}=\begin{bmatrix}y & \dot{y} & \theta & \dot{\theta}\end{bmatrix}^{\mathrm{T}}$ 是系统的状态向量，θ 是摆杆的偏移角，y 是小车的位移，u 是作用在小车上的力。控制目标是将倒立摆保持在垂直位置，同时要求系统输出跟踪一个阶跃输入信号，即要求小车移动一个单位距离，停在预定的位置。设计的系统要求具有合理的相应速度和阻尼(调节时间为 4～5s，最大超调为 15%)。

解：利用本小节介绍的方法来设计控制系统。令相应的增广系统状态空间模型为

$$\begin{bmatrix}\dot{\boldsymbol{x}}\\ \dot{q}\end{bmatrix}=\left[\begin{array}{cccc:c}0&1&0&0&0\\0&0&-1&0&0\\0&0&0&1&0\\0&0&11&0&0\\ \hdashline 1&0&0&0&0\end{array}\right]\begin{bmatrix}\boldsymbol{x}\\ q\end{bmatrix}+\begin{bmatrix}0\\1\\0\\-1\\ \hdashline 0\end{bmatrix}u+\begin{bmatrix}0\\0\\0\\0\\ \hdashline -y_r\end{bmatrix}$$

$$y=\left[\begin{array}{cccc:c}1&0&0&0&0\end{array}\right]\begin{bmatrix}\boldsymbol{x}\\ q\end{bmatrix}$$

采用极点配置方法，基于以上模型来设计增广系统的极点配置状态反馈控制器

$$u=-\boldsymbol{K}_1\boldsymbol{x}-K_2q$$

根据给定的性能要求，选择闭环极点

$$\lambda_1=-1+\mathrm{j}\sqrt{3},\quad \lambda_2=-1-\mathrm{j}\sqrt{3},\quad \lambda_3=\lambda_4=\lambda_5=-5$$

通过增广系统的能控性矩阵，容易验证增广系统是能控的。因此，可以对增广系统进行任意极点配置。

对以上给定的闭环极点，在 MATLAB 软件中编写如下 M 文件(Example431a. m)：

```
% 状态方程系数矩阵
A=[0 1 0 0;0 0 -1 0;0 0 0 1;0 0 11 0];
B=[0;1;0;-1];
C=[1 0 0 0];
% 定义增广矩阵 AA, BB
AA=[A zeros(4,1);C 0];
BB=[B;0];
% 定义 J 向量
J=[-1+1i*sqrt(3) -1-1i*sqrt(3) -5 -5 -5];
% 用 acker 函数求解状态反馈增益矩阵
K=acker(AA,BB,J)
```

执行 Example431a. m 文件，得到状态反馈增益矩阵如下：

```
K=
   -55.0000  -38.5000  -175.0000  -55.5000  -50.0000
```

因此，要设计的控制器为

$$u=[55\quad 38.5\quad 175\quad 55.5]\,\boldsymbol{x}+\int_0^t[y(\tau)-1]\mathrm{d}\tau$$

若要观测在原系统中实施该反馈控制律后的效果，可以针对阶跃参考输入，在 MATLAB 软件中编写如下 M 文件(Example431b. m)：

```
%  状态方程系数矩阵
A=[0 1 0 0;0 0 -1 0;0 0 0 1;0 0 11 0];
B=[0;1;0;-1];
C=[1 0 0 0];
% 输入增广系统的状态反馈增益矩阵 K,阶跃参考信号 K2
```

```
K1 = [ - 55.0000  - 38.5000  - 175.0000  - 55.5000];
K2 = - 50.0000;
% 闭环增广系统状态空间模型系数矩阵
Ac = [A - B * K1  - B * K2;C 0];
Bc = [0;0;0;0; - 1];
Cc = [C 0];
Dc = 0;
% 定义采样时间和仿真总时长
t = 0:0.02:6;
% 系统阶跃响应
[y,x,t] = step(Ac,Bc,Cc,Dc,1,t);
plot(t,y)
grid
xlabel('时间/s')
ylabel('y')
```

运行 Example431b. m 文件,结果如图 4.3.1 所示。

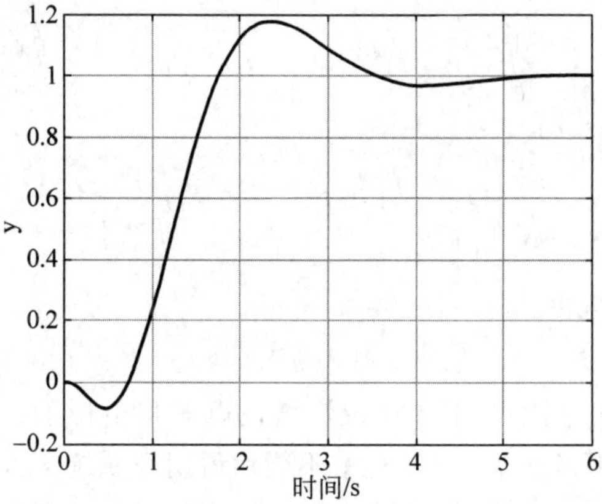

图 4.3.1 闭环系统的单位阶跃响应曲线

从图 4.3.1 可以看出,小车的位移很好地跟踪了单位阶跃信号。

4.4 线性二次型最优控制器设计

4.4.1 连续时间线性二次型最优控制

对给定的连续时间线性时不变系统

$$\dot{\boldsymbol{x}} = \boldsymbol{A}\boldsymbol{x} + \boldsymbol{B}\boldsymbol{u} \tag{4.4.1}$$

和性能指标

$$J(\boldsymbol{x}(0)) = \int_0^{\infty} (\boldsymbol{x}^{\mathrm{T}}(t)\boldsymbol{Q}\boldsymbol{x}(t) + \boldsymbol{u}^{\mathrm{T}}(t)\boldsymbol{R}\boldsymbol{u}(t))\mathrm{d}t \tag{4.4.2}$$

其中,$\boldsymbol{x}(0)$为系统的初始条件。MATLAB 软件中的函数 lqr 给出了相应线性二次型最优控

制问题的解,其调用格式为

```
[K,P,E] = lqr(A,B,Q,R)                                            (4.4.3)
```

其中,函数输出变量中的 K 是最优反馈增益矩阵,P 是黎卡提矩阵方程的对称正定解矩阵,E 是最优闭环系统的极点。

连续时间线性时不变系统(见式(4.4.1))的最优状态反馈控制器为

$$\boldsymbol{u}=-\boldsymbol{K}\boldsymbol{x} \tag{4.4.4}$$

对于某些系统,无论选择什么样的 $\boldsymbol{K}$,都不能使 $\boldsymbol{A}-\boldsymbol{B}\boldsymbol{K}$ 为稳定矩阵。在此情况下,对应的黎卡提矩阵方程就不存在对称正定解矩阵。

【例 4.4.1】 考虑如下状态空间模型:

$$\dot{\boldsymbol{x}}=\begin{bmatrix}-1 & 1\\ 0 & 2\end{bmatrix}\boldsymbol{x}+\begin{bmatrix}1\\0\end{bmatrix}u$$

证明无论选择什么样的矩阵 $\boldsymbol{K}$,该系统都不可能通过状态反馈控制器 $u=-\boldsymbol{K}\boldsymbol{x}$ 来镇定。

证明:记 $\boldsymbol{K}=[k_1 \quad k_2]$,则

$$\boldsymbol{A}-\boldsymbol{B}\boldsymbol{K}=\begin{bmatrix}-1 & 1\\ 0 & 2\end{bmatrix}-\begin{bmatrix}1\\0\end{bmatrix}[k_1 \quad k_2]=\begin{bmatrix}-1-k_1 & 1-k_2\\ 0 & 2\end{bmatrix}$$

其特征多项式为

$$\det(\lambda\boldsymbol{I}-\boldsymbol{A}+\boldsymbol{B}\boldsymbol{K})=\det\left(\begin{bmatrix}\lambda+1+k_1 & -1+k_2\\ 0 & \lambda-2\end{bmatrix}\right)=(\lambda+1+k_1)(\lambda-2)$$

因此,该系统的闭环极点为

$$\lambda_1=-1-k_1,\quad \lambda_2=2$$

其中,极点 $\lambda=2$ 在右半复平面中,且不受反馈增益矩阵 $\boldsymbol{K}$ 的影响。因此,无论反馈增益矩阵 $\boldsymbol{K}$ 取什么值,都不能移动开环极点 $\lambda=2$,也就不能使得闭环系统渐近稳定,从而二次型最优控制方法也不能用于该系统稳定控制器的设计。事实上,可以验证所考虑的系统是不能控的。

对于例 4.4.1,取二次型性能指标中的 $\boldsymbol{Q}$ 和 R 分别为

$$\boldsymbol{Q}=\begin{bmatrix}1 & 0\\ 0 & 1\end{bmatrix},\quad R=1$$

在 MATLAB 软件中,编写如下 M 文件(Example441.m):

```
% 状态方程系数矩阵
A = [ - 1,1;0,2];
B = [1;0];
% 二次性能指标中的 Q 和 R
Q = [1,0;0,1];
R = 1;
% 调用函数 lqr 求解状态反馈增益矩阵
K = lqr(A,B,Q,R)
```

运行 Example441.m 文件,结果如下:

```
??? Error using ==> lqr
(A,B) is unstabilizable
```

这个结果也说明了并不是任意系统的二次型最优控制问题都是有解的。由现代控制理论知识表明,若系统是状态能控的,则线性二次型最优控制问题一定有解。事实上,系统二次型最优控制问题有解的条件可以降低为系统是能镇定的,即存在稳定的状态反馈控制器。

【例 4.4.2】 考虑如下状态空间模型:

$$\dot{\boldsymbol{x}} = \boldsymbol{A}\boldsymbol{x} + \boldsymbol{B}u$$

其中

$$\boldsymbol{A} = \begin{bmatrix} 0 & 1 & 0 \\ 0 & 0 & 1 \\ -35 & -27 & -9 \end{bmatrix}, \quad \boldsymbol{B} = \begin{bmatrix} 0 \\ 0 \\ 1 \end{bmatrix}$$

系统的性能指标 $J(\boldsymbol{x}(0))$ 定义为

$$J(\boldsymbol{x}(0)) = \int_0^{\infty} (\boldsymbol{x}^{\mathrm{T}}(t)\boldsymbol{Q}\boldsymbol{x}(t) + Ru^2(t))\mathrm{d}t$$

其中,$\boldsymbol{Q}$ 为单位矩阵,$R=1$。试设计该系统的二次型最优状态反馈控制器,并检验最优闭环系统对初始状态 $\boldsymbol{x}(0)=[1 \quad 0 \quad 0]^{\mathrm{T}}$ 的响应。

解:在 MATLAB 软件中,编写如下 M 文件(Example442a.m):

```
% 状态方程系数矩阵
A=[0 1 0;0 0 1;-35 -27 -9];
B=[0;0;1];
% 性能指标权重矩阵
Q=[1 0 0;0 1 0;0 0 1];
R=[1];
% 调用函数 lqr 求解状态反馈增益矩阵
[K,P,E]=lqr(A,B,Q,R)
```

运行 Example442a.m 文件,结果如下:

```
K =
    0.0143    0.1107    0.0676
P =
    4.2625    2.4957    0.0143
    2.4957    2.8150    0.1107
    0.0143    0.1107    0.0676
E =
   -5.0958
   -1.9859 + 1.7110i
   -1.9859 - 1.7110i
```

因此,系统的最优状态反馈控制器为

$$u = -[0.0143 \quad 0.1107 \quad 0.0676]\boldsymbol{x}$$

为了得到最优闭环系统对初始状态 $\boldsymbol{x}(0)=[1 \quad 0 \quad 0]^{\mathrm{T}}$ 的响应,在 MATLAB 软件中,

编写如下 M 文件(Example442b. m)：

```
% 状态方程系数矩阵
A = [0 1 0;0 0 1; - 35  - 27  - 9];
B = [0;0;1];
% 状态反馈增益矩阵
K = [0.0143 0.1107 0.0676];
% 创建状态空间模型
sys = ss(A - B * K,eye(3),eye(3),eye(3));
% 定义采样时间和仿真总时长
t = 0:0.01:8;
% 系统零输入响应
x = initial(sys,[1;0;0],t);
% 求解各个状态量
x1 = [1 0 0] * x';
x2 = [0 1 0] * x';
x3 = [0 0 1] * x';
% 画图
subplot(3,1,1);plot(t,x1);grid
xlabel('时间/s');ylabel('x_1')
subplot(3,1,2);plot(t,x2);grid
xlabel('时间/s');ylabel('x_2')
subplot(3,1,3);plot(t,x3);grid
xlabel('时间/s');ylabel('x_3')
```

运行 Example442b. m 文件，结果如图 4.4.1 所示。

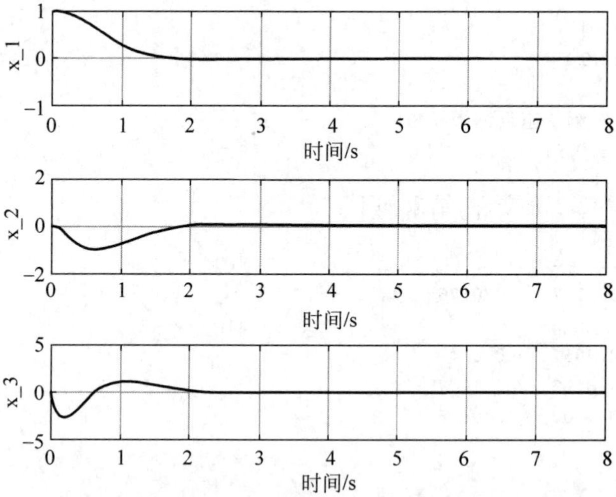

图 4.4.1 最优闭环系统的初始状态响应曲线

【例 4.4.3】 考虑如下状态空间模型：

$$\dot{\boldsymbol{x}} = \boldsymbol{A}\boldsymbol{x} + \boldsymbol{B}u$$

$$y = \boldsymbol{C}\boldsymbol{x} + \boldsymbol{D}u$$

其中

$$A=\begin{bmatrix}0 & 1 & 0\\0 & 0 & 1\\0 & -2 & -3\end{bmatrix},\quad B=\begin{bmatrix}0\\0\\1\end{bmatrix},\quad C=[1\quad 0\quad 0],\quad D=0$$

系统的性能指标为

$$J(\boldsymbol{x}(0))=\int_0^{\infty}(\boldsymbol{x}^{\mathrm{T}}(t)\boldsymbol{Q}\boldsymbol{x}(t)+Ru^2(t))\mathrm{d}t$$

其中

$$\boldsymbol{Q}=\begin{bmatrix}q_{11} & 0 & 0\\0 & q_{22} & 0\\0 & 0 & q_{33}\end{bmatrix},\quad \boldsymbol{x}=\begin{bmatrix}x_1\\x_2\\x_3\end{bmatrix}=\begin{bmatrix}y\\\dot{y}\\\ddot{y}\end{bmatrix}$$

为了获得快速响应，状态的加权系数 q_{11}、q_{22}、q_{33} 应远大于控制信号的加权系数 R，故选取

$$q_{11}=100,\quad q_{22}=q_{33}=1,\quad R=0.01$$

假设控制信号 u 为

$$u=k_1(r-x_1)-(k_2x_2+k_3x_3)=k_1r-(k_1x_1+k_2x_2+k_3x_3)$$

其中，r 为参考输入。相应的控制系统结构图如图 4.4.2 所示。

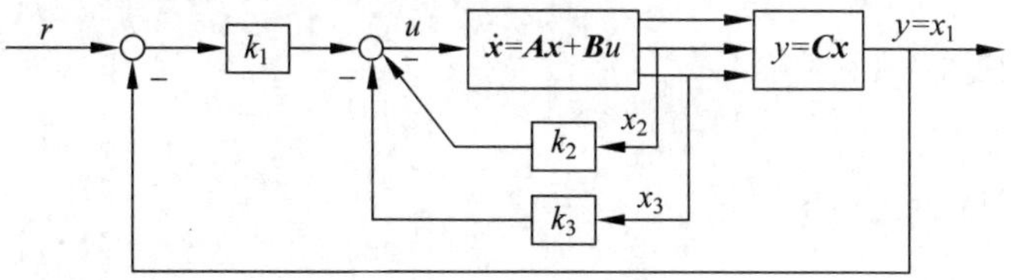

图 4.4.2 控制系统结构图

试在参考输入为零的情况下求系统的最优状态反馈控制器，并检验最优闭环系统在单位阶跃下(即 r 是单位阶跃信号)的输出响应。

解：假设参考输入为零，即 $r=0$，在 MATLAB 软件编写如下 M 文件(Example443a.m)：

```
% 状态方程系数矩阵
A = [0 1 0;0 0 1;0 -2 -3];
B = [0;0;1];
% 性能指标权重矩阵
Q = [100 0 0;0 1 0;0 0 1];
R = [0.01];
% 用 lqr 函数求解状态反馈增益矩阵
K = lqr(A,B,Q,R)
```

运行 Example443a.m 文件，结果如下：

```
K =
    100.0000    53.1200    11.6711
```

因此，系统二次型最优控制问题的最优状态反馈控制器为

$$u = -[100 \quad 53.12 \quad 11.6711]\boldsymbol{x}$$

根据以上的最优状态反馈控制器，最优闭环系统的状态方程为

$$\dot{\boldsymbol{x}} = \boldsymbol{Ax} + \boldsymbol{B}u = \boldsymbol{Ax} + \boldsymbol{B}(-\boldsymbol{Kx} + k_1 r) = (\boldsymbol{A} - \boldsymbol{BK})\boldsymbol{x} + \boldsymbol{B}k_1 r$$

输出方程为

$$y = \boldsymbol{Cx} = [1 \quad 0 \quad 0]\boldsymbol{x}$$

在 MATLAB 软件中，编写如下 M 文件(Example443b.m)：

```
% 状态方程系数矩阵
A = [0 1 0;0 0 1;0 -2 -3];
B = [0;0;1];
C = [1 0 0];
D = [0];
% 增广系统的状态反馈增益矩阵 K
K = [100.0000 53.1200 11.6711];
k1 = K(1);k2 = K(2);k3 = K(3);
% 闭环系统状态空间模型参数
AA = A - B * K;
BB = B * k1;
CC = C;
DD = D;
% 定义采样时间和仿真总时长
t = 0:0.01:5;
% 系统阶跃响应
[y,x,t] = step(AA,BB,CC,DD,1,t);
plot(t,y)
grid
xlabel('时间/s')
ylabel('y')
```

运行 Example443b.m 文件，得到最优闭环系统的单位阶跃响应曲线如图 4.4.3 所示。

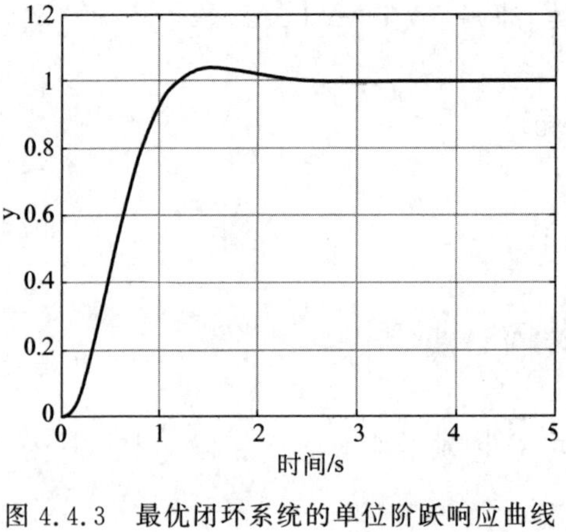

图 4.4.3 最优闭环系统的单位阶跃响应曲线

4.4.2 离散时间线性二次型最优控制

下面考虑离散时间系统的线性二次型最优控制问题。对给定的离散时间线性时不变系统

$$\boldsymbol{x}(k+1)=\boldsymbol{A}\boldsymbol{x}(k)+\boldsymbol{B}\boldsymbol{u}(k) \tag{4.4.5}$$

和一个二次型性能指标

$$J(\boldsymbol{x}(0))=\frac{1}{2}\sum_{k=0}^{\infty}[\boldsymbol{x}^{\mathrm{T}}(k)\boldsymbol{Q}\boldsymbol{x}(k)+\boldsymbol{u}^{\mathrm{T}}(k)\boldsymbol{R}\boldsymbol{u}(k)] \tag{4.4.6}$$

其中，$\boldsymbol{Q}$ 和 $\boldsymbol{R}$ 是给定的对称正定加权矩阵，$\boldsymbol{x}(0)$是系统的初始状态。希望设计一个线性状态反馈控制器

$$\boldsymbol{u}(k)=-\boldsymbol{K}\boldsymbol{x}(k) \tag{4.4.7}$$

使得二次型性能指标(见式(4.4.6))最小化。将该反馈控制器设计问题称为离散时间系统的线性二次型最优控制问题。通过类似于连续系统线性二次型最优控制问题的处理方法可得离散系统线性二次型最优控制问题的解为

$$\boldsymbol{u}(k)=-(\boldsymbol{R}+\boldsymbol{B}^{\mathrm{T}}\boldsymbol{P}\boldsymbol{B})^{-1}\boldsymbol{B}^{\mathrm{T}}\boldsymbol{P}\boldsymbol{A}\boldsymbol{x}(k) \tag{4.4.8}$$

其中矩阵 $\boldsymbol{P}$ 是矩阵方程

$$\boldsymbol{P}=\boldsymbol{Q}+\boldsymbol{A}^{\mathrm{T}}\boldsymbol{P}\boldsymbol{A}-\boldsymbol{A}^{\mathrm{T}}\boldsymbol{P}\boldsymbol{B}(\boldsymbol{R}+\boldsymbol{B}^{\mathrm{T}}\boldsymbol{P}\boldsymbol{B})^{-1}\boldsymbol{B}^{\mathrm{T}}\boldsymbol{P}\boldsymbol{A} \tag{4.4.9}$$

的对称正定解矩阵。式(4.4.9)称为离散时间黎卡提矩阵方程。

MATLAB 软件中提供了函数 dare 来求解离散时间的黎卡提矩阵方程(见式(4.4.9))，函数 dlqr 则给出了离散系统线性二次型最优控制问题的解。

【例 4.4.4】 考虑倒立摆系统，系统的线性化状态空间模型(对应于 $\theta\approx0$)为

$$\dot{\boldsymbol{x}}=\boldsymbol{A}\boldsymbol{x}+\boldsymbol{B}u=\begin{bmatrix}0&1&0&0\\0&0&-1&0\\0&0&0&1\\0&0&11&0\end{bmatrix}\boldsymbol{x}+\begin{bmatrix}0\\1\\0\\-1\end{bmatrix}u$$

$$y=\boldsymbol{C}\boldsymbol{x}=[1\quad 0\quad 0\quad 0]\,\boldsymbol{x}$$

其中，$\boldsymbol{x}=[y\quad \dot{y}\quad \theta\quad \dot{\theta}]^{\mathrm{T}}$ 是系统的状态向量，θ 是摆杆的偏移角，y 是小车的位移，u 是作用在小车上的力。设计目标是使得倒立摆保持在垂直位置，同时小车的位移跟踪一个给定的阶跃输入信号。

解：选取采样周期 $T_s=0.1$s，在 MATLAB 软件中编写如下 M 文件(Example444a.m)：

```
% 输入状态方程系数矩阵
A = [0 1 0 0;0 0 - 1 0;0 0 0 1;0 0 11 0];
B = [0;1;0; - 1];
% 系统离散化
[G,H] = c2d(A,B,0.1)
```

运行 Example444a.m 文件,得到离散化状态方程的系数矩阵如下:

```
G =
    1.0000    0.1000   -0.0050   -0.0002
         0    1.0000   -0.1018   -0.0050
         0         0    1.0555    0.1018
         0         0    1.1203    1.0555
H =
    0.0050
    0.1002
   -0.0050
   -0.1018
```

因此,倒立摆系统的离散化状态空间模型为

$$\boldsymbol{x}(k+1)=\boldsymbol{G}\boldsymbol{x}(k)+\boldsymbol{H}u(k)$$

$$=\begin{bmatrix}1 & 0.1 & -0.0050 & -0.0002\\0 & 1 & -0.1018 & -0.0050\\0 & 0 & 1.0555 & 0.1018\\0 & 0 & 1.1203 & 1.0555\end{bmatrix}\boldsymbol{x}(k)+\begin{bmatrix}0.0050\\0.1002\\-0.0050\\-0.1018\end{bmatrix}u(k)$$

$$y(k)=\boldsymbol{C}\boldsymbol{x}(k)+Du(k)=[1\quad 0\quad 0\quad 0]\,\boldsymbol{x}(k)$$

根据参考输入的要求,控制目标除了保持摆杆处于垂直位置外,小车须移动并停在预先给定的位置上。为此,通过引进一个积分器来实现无静差的控制要求。倒立摆控制系统的结构图如图 4.4.4 所示。

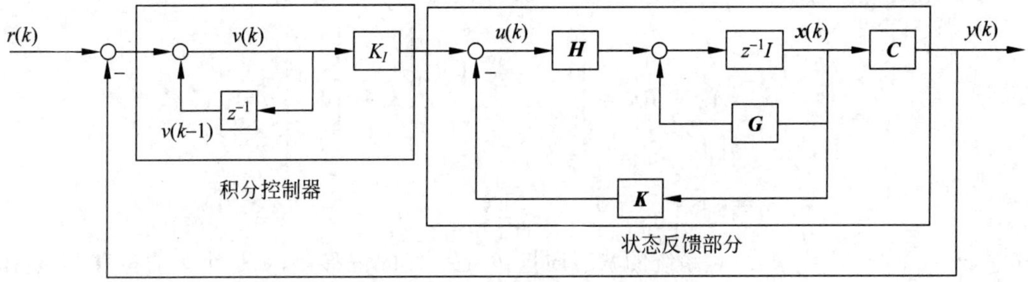

图 4.4.4　倒立摆控制系统结构图

据此可以得到控制系统的状态空间模型为

$$\begin{aligned}\boldsymbol{x}(k+1)&=\boldsymbol{G}\boldsymbol{x}(k)+\boldsymbol{H}u(k)\\y(k)&=\boldsymbol{C}\boldsymbol{x}(k)\\v(k)&=v(k-1)+r(k)-y(k)\\u(k)&=-\boldsymbol{K}\boldsymbol{x}(k)+K_I v(k)\end{aligned}$$

其中,$\boldsymbol{K}=[k_1\quad k_2\quad k_3\quad k_4]$。由于

$$
\begin{aligned}
v(k+1) &= v(k)+r(k+1)-y(k+1)\\
&= v(k)+r(k+1)-\boldsymbol{C}[\boldsymbol{G}\boldsymbol{x}(k)+\boldsymbol{H}u(k)]\\
&= -\boldsymbol{CG}\boldsymbol{x}(k)+v(k)-\boldsymbol{CH}u(k)+r(k+1)
\end{aligned}
$$

因此，

$$
\begin{bmatrix}\boldsymbol{x}(k+1)\\ v(k+1)\end{bmatrix}=\begin{bmatrix}\boldsymbol{G} & 0\\ -\boldsymbol{CG} & 1\end{bmatrix}\begin{bmatrix}\boldsymbol{x}(k)\\ v(k)\end{bmatrix}+\begin{bmatrix}\boldsymbol{H}\\ -\boldsymbol{CH}\end{bmatrix}u(k)+\begin{bmatrix}0\\ 1\end{bmatrix}r(k+1) \tag{4.4.10}
$$

考虑参考输入 r 为一个阶跃信号，即

$$
r(k)=r(k+1)=r
$$

则当 $k\to\infty$ 时，有

$$
\begin{bmatrix}\boldsymbol{x}(\infty)\\ v(\infty)\end{bmatrix}=\begin{bmatrix}\boldsymbol{G} & 0\\ -\boldsymbol{CG} & 1\end{bmatrix}\begin{bmatrix}\boldsymbol{x}(\infty)\\ v(\infty)\end{bmatrix}+\begin{bmatrix}\boldsymbol{H}\\ -\boldsymbol{CH}\end{bmatrix}u(\infty)+\begin{bmatrix}0\\ 1\end{bmatrix}r(\infty)
$$

定义

$$
\boldsymbol{x}_{\mathrm{e}}(k)=\boldsymbol{x}(k)-\boldsymbol{x}(\infty)
$$

$$
v_{\mathrm{e}}(k)=v(k)-v(\infty)
$$

则偏差方程为

$$
\begin{bmatrix}\boldsymbol{x}_{\mathrm{e}}(k+1)\\ v_{\mathrm{e}}(k+1)\end{bmatrix}=\begin{bmatrix}\boldsymbol{G} & 0\\ -\boldsymbol{CG} & 1\end{bmatrix}\begin{bmatrix}\boldsymbol{x}_{\mathrm{e}}(k)\\ v_{\mathrm{e}}(k)\end{bmatrix}+\begin{bmatrix}\boldsymbol{H}\\ -\boldsymbol{CH}\end{bmatrix}u_{\mathrm{e}}(k)
$$

其中，控制信号为

$$
u_{\mathrm{e}}(k)=-\boldsymbol{K}\boldsymbol{x}_{\mathrm{e}}(k)+K_I v_{\mathrm{e}}(k)=-\begin{bmatrix}\boldsymbol{K} & -K_I\end{bmatrix}\begin{bmatrix}\boldsymbol{x}_{\mathrm{e}}(k)\\ v_{\mathrm{e}}(k)\end{bmatrix}
$$

定义

$$
\hat{\boldsymbol{G}}=\begin{bmatrix}\boldsymbol{G} & 0\\ -\boldsymbol{CG} & 1\end{bmatrix},\quad \hat{\boldsymbol{H}}=\begin{bmatrix}\boldsymbol{H}\\ -\boldsymbol{CH}\end{bmatrix},\quad \hat{\boldsymbol{K}}=\begin{bmatrix}\boldsymbol{K} & -K_I\end{bmatrix},\quad w(k)=u_{\mathrm{e}}(k)
$$

$$
\xi(k)=\begin{bmatrix}\boldsymbol{x}_{\mathrm{e}}(k)\\ v_{\mathrm{e}}(k)\end{bmatrix}=\begin{bmatrix}x_{1\mathrm{e}}(k)\\ x_{2\mathrm{e}}(k)\\ x_{3\mathrm{e}}(k)\\ x_{4\mathrm{e}}(k)\\ x_{5\mathrm{e}}(k)\end{bmatrix}
$$

其中 $x_{5\mathrm{e}}(k)=v_{\mathrm{e}}(k)$，则

$$
\begin{cases}\boldsymbol{\xi}(k+1)=\hat{\boldsymbol{G}}\boldsymbol{\xi}(k)+\hat{\boldsymbol{H}}\boldsymbol{w}(k)\\ \boldsymbol{w}(k)=-\hat{\boldsymbol{K}}\boldsymbol{\xi}(k)\end{cases} \tag{4.4.11}
$$

因此，原来的控制问题转化成了以上系统的一个状态反馈稳定控制器设计问题。进一步考虑系统的性能，可以采用线性二次型最优控制的方法来设计状态反馈稳定控制器。由于被控对象是连续的，一个连续时间的二次型性能指标能更加直接地反映系统的性能要求。

但连续时间二次型性能指标在离散化过程中会产生包含$\boldsymbol{\xi}$和w的交叉项。为了简化设计过程,直接定义一个离散时间的二次型性能指标

$$J=\frac{1}{2}\sum_{k=0}^{\infty}[\boldsymbol{\xi}^{\mathrm{T}}\boldsymbol{Q}\boldsymbol{\xi}+Rw^2]$$

其中,$\boldsymbol{Q}$是适当的对称正定加权矩阵,可以根据系统的性能要求来选取。特别地,在本例中,将强调小车位移和摆杆偏移角的过渡过程特性。为此,选取

$$\boldsymbol{Q}=\begin{bmatrix}100 & 0 & 0 & 0 & 0\\ 0 & 1 & 0 & 0 & 0\\ 0 & 0 & 10 & 0 & 0\\ 0 & 0 & 0 & 1 & 0\\ 0 & 0 & 0 & 0 & 1\end{bmatrix},\quad R=1$$

在MATLAB软件中,编写如下M文件(Example444b.m):

```
% 离散化状态方程的系数矩阵
G = [1 0.1  - 0.005   - 0.0002;
    0 1    - 0.1018 - 0.005;
    0 0      1.0555   0.1018;
    0 0      1.1203   1.0555];
H = [0.005;0.1002; - 0.005; - 0.1018];
C = [1 0 0 0];
D = [0];
% 构造系数矩阵
G1 = [G zeros(4,1); - C * G 1];
H1 = [H; - C * H];
% 加权矩阵 Q 和 R
Q = [100 0 0  0 0;
     0   1 0  0 0;
     0   0 10 0 0;
     0   0 0  1 0;
     0   0 0  0 1];
R = 1;
% 用 dlqr 函数求解状态反馈增益矩阵
[K,P,E] = dlqr(G1,H1,Q,R,[0;0;0;0;0])
```

运行Example444b.m文件,得到最优状态反馈增益矩阵$\hat{\boldsymbol{K}}=[\boldsymbol{K}\quad -K_I]$、离散时间黎卡提方程的对称正定解矩阵$\boldsymbol{P}$和最优闭环极点$E$如下:

```
K =
   - 11.5054    - 9.8999   - 61.2979   - 19.1000     0.5485
P =
   1.0e + 004 *
     0.2622     0.1393     0.5109     0.1615    - 0.0160
     0.1393     0.0876     0.3341     0.1056    - 0.0082
     0.5109     0.3341     1.3748     0.4323    - 0.0296
```

```
   0.1615    0.1056    0.4323    0.1364   -0.0093
  -0.0160   -0.0082   -0.0296   -0.0093    0.0021
E =
  0.7850 + 0.1657i
  0.7850 - 0.1657i
  0.9050
  0.7133
  0.7239
```

因此,状态反馈最优控制器的增益参数为

$$\boldsymbol{K}=[-11.5054 \quad -9.8999 \quad -61.2979 \quad -19.1000], \quad K_I=-0.5484$$

由式(4.3.10)可得闭环控制系统为

$$\begin{bmatrix}\boldsymbol{x}(k+1)\\ v(k+1)\end{bmatrix}=\begin{bmatrix}\boldsymbol{G}-\boldsymbol{HK} & \boldsymbol{HK}_I\\ -\boldsymbol{CG}+\boldsymbol{CHK} & 1-\boldsymbol{CHK}_I\end{bmatrix}\begin{bmatrix}\boldsymbol{x}(k)\\ v(k)\end{bmatrix}+\begin{bmatrix}0\\1\end{bmatrix}r$$

$$y(k)=[\boldsymbol{C} \quad 0]\begin{bmatrix}x(k)\\ v(k)\end{bmatrix}+[0]r$$

针对单位阶跃参考输入 r,为了给出以上系统的输出和状态响应,首先定义

$$\boldsymbol{GG}=\begin{bmatrix}\boldsymbol{G}-\boldsymbol{HK} & \boldsymbol{HK}_I\\ -\boldsymbol{CG}+\boldsymbol{CHK} & 1-\boldsymbol{CHK}_I\end{bmatrix},$$

$$\boldsymbol{HH}=\begin{bmatrix}0\\1\end{bmatrix}$$

$$\boldsymbol{CC}=[\boldsymbol{C} \quad 0]=[1 \quad 0 \quad 0 \quad 0 \quad 0]$$

$$\boldsymbol{DD}=[0]$$

然后通过 MATLAB 软件提供的函数 ss2tf 得到传递函数,其调用格式为

```
[num,den] = ss2tf(GG,HH,CC,DD)
```

其中,num 表示传递函数分子多项式系数,den 表示分母多项式系数。进一步,由函数 filter,即

```
y = filter(num,den,r)
```

可得输出 y,其中 r=1。类似可以得到其他状态信号。在 MATLAB 软件中,编写如下 M 文件(Example444c.m):

```
% 输入状态方程系数矩阵
G = [1 0.1 -0.005 -0.0002
     0 1 -0.1018 -0.005
     0 0 1.0555 0.1018
     0 0 1.1203 1.0555];
H = [0.005;0.1002;-0.005;-0.1018];
C = [1 0 0 0];
```

```
K=[-11.5054   -9.8999   -61.2979   -19.1000];
KI=-0.5485;
GG=[G-H*K H*KI;-C*G+C*H*K 1-C*H*KI];
HH=[0;0;0;0;1];
CC=[1 0 0 0 0];
DD=[0];
CC2=[0 1 0 0 0];
CC3=[0 0 1 0 0];
CC4=[0 0 0 1 0];
CC5=[0 0 0 0 1];
% 求小车位移的响应曲线
[num,den]=ss2tf(GG,HH,CC,DD);
r=ones(1,101);
k=0:100;
y=filter(num,den,r);
figure(1)
plot(k,y,'o',k,y,'-')
axis([0 100 -0.2 1.2]);
grid
xlabel('时间/s')
ylabel('y')
% 求小车速度的响应曲线
[num,den]=ss2tf(GG,HH,CC2,DD);
r=ones(1,101);
k=0:100;
x2=filter(num,den,r);
figure(2)
plot(k,x2,'o',k,x2,'-')
axis([0 100 -0.5 1]);
grid
xlabel('时间/s')
ylabel('x_2')
% 求摆杆偏移角的响应曲线
[num,den]=ss2tf(GG,HH,CC3,DD);
r=ones(1,101);
k=0:100;
x3=filter(num,den,r);
figure(3)
plot(k,x3,'o',k,x3,'-')
axis([0 100 -0.1 0.2]);
grid
xlabel('时间/s')
ylabel('x_3')
% 求摆杆偏移角速度的响应曲线
[num,den]=ss2tf(GG,HH,CC4,DD);
r=ones(1,101);
k=0:100;
```

```
x4 = filter(num,den,r);
figure(4)
plot(k,x4,'o',k,x4,'-')
axis([0 100 -0.3 0.3]);
grid
xlabel('时间/s')
ylabel('x_4')
% 求积分器输出的响应曲线
[num,den] = ss2tf(GG,HH,CC5,DD);
r = ones(1,101);
k = 0:100;
x5 = filter(num,den,r);
figure(5)
plot(k,x5,'o',k,x5,'-')
axis([0 100 -5 30]);
grid
xlabel('时间/s ')
ylabel('x_5')
```

运行 Example444c.m 文件,得到系统状态和积分器输出的响应曲线如图 4.4.5 所示。

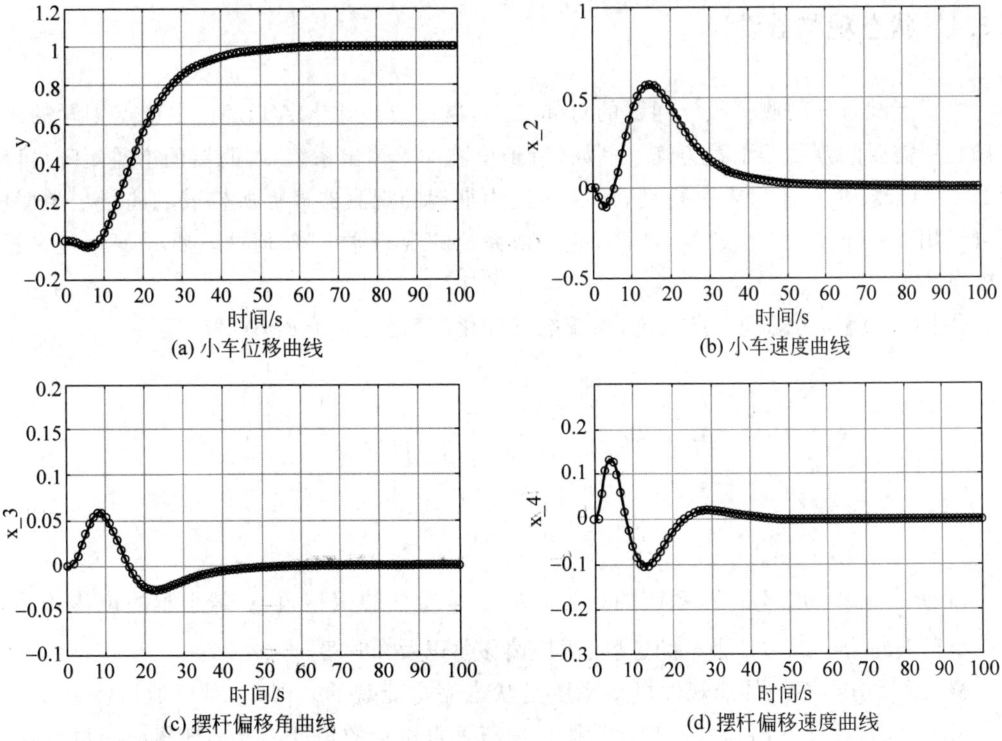

(a) 小车位移曲线　(b) 小车速度曲线

(c) 摆杆偏移角曲线　(d) 摆杆偏移速度曲线

图 4.4.5　系统状态和积分器输出响应曲线

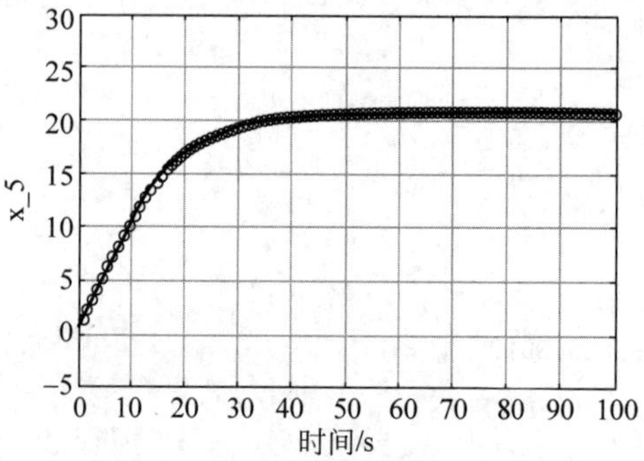

(e) 积分器输出曲线

图 4.4.5 (续)

从图 4.4.5 看出，开始小车是向相反方向运动的。由于系统的采样周期是 0.1s，从图 4.4.5 中可以进一步看出，系统的调节时间约为 6s。

4.5 基于状态观测器的输出反馈控制器设计

4.5.1 状态观测器设计

由极点配置和观测器设计问题的对偶关系，也可以应用 MATLAB 中极点配置的函数来确定所需要的观测器增益矩阵。例如，对于单输入单输出系统，观测器的增益矩阵可以由函数 L=(acker(A',C',V))'得到，其中 V 是由期望的观测器极点所构成的向量。类似地，也可以用 L=(place(A',C',V))'来确定一般系统的观测器矩阵，但这里要求 V 不包含相同的极点。

【例 4.5.1】 考虑倒立摆系统，系统的线性化模型(对应于 $\theta\approx 0$)为

$$\dot{\boldsymbol{x}} = \boldsymbol{A}\boldsymbol{x} + \boldsymbol{B}u = \begin{bmatrix} 0 & 1 & 0 & 0 \\ 0 & 0 & -1 & 0 \\ 0 & 0 & 0 & 1 \\ 0 & 0 & 11 & 0 \end{bmatrix}\boldsymbol{x} + \begin{bmatrix} 0 \\ 1 \\ 0 \\ -1 \end{bmatrix}u$$

$$y = \boldsymbol{C}\boldsymbol{x} = \begin{bmatrix} 1 & 0 & 0 & 0 \end{bmatrix}\boldsymbol{x}$$

其中，$\boldsymbol{x} = \begin{bmatrix} y & \dot{y} & \theta & \dot{\theta} \end{bmatrix}^{\mathrm{T}}$ 是系统的状态向量，θ 是摆杆的偏移角，y 是小车的位移，u 是作用在小车上的力。试估计小车的速度、摆杆偏移角以及角速度。

解：通过分析系统的能观性可知系统是状态完全能观的。因此，可以通过测量小车的位移来观测到(或估计出)小车的速度、摆杆偏离垂直位置的角度以及摆杆移动的角速度。

设计该系统的一个观测器，考虑观测器模型

$$\dot{\tilde{\boldsymbol{x}}} = (\boldsymbol{A} - \boldsymbol{L}\boldsymbol{C})\tilde{\boldsymbol{x}} + \boldsymbol{B}u + \boldsymbol{L}y \tag{4.5.1}$$

选取观测器的极点 $\mu_{1,2}=-2\pm j2\sqrt{3}, u_3=-10, u_4=-10$，在 MATLAB 软件中，编写如下 M 文件(Example451a. m)：

```
% 输入系数矩阵
A = [0 1 0 0;0 0 -1 0;0 0 0 1;0 0 11 0];
C = [1 0 0 0];
% 极点配置
V = [ - 2 + 1i * 2 * sqrt(3)  - 2 - 1i * 2 * sqrt(3)  - 10  - 10];
% 用函数 acker 确定极点配置状态反馈控制器的增益矩阵
L = (acker(A',C',V))'
```

运行 Example451a. m 文件，结果如下：

```
L =
      24
     207
    - 984
   - 3877
```

则相应的观测器为

$$
\begin{aligned}
\dot{\tilde{\boldsymbol{x}}} &= (\boldsymbol{A}-\boldsymbol{LC})\tilde{\boldsymbol{x}}+\boldsymbol{B}u+\boldsymbol{L}y \\
&= \left(\begin{bmatrix} 0 & 1 & 0 & 0 \\ 0 & 0 & -1 & 0 \\ 0 & 0 & 0 & 1 \\ 0 & 0 & 11 & 0 \end{bmatrix} - \begin{bmatrix} 24 \\ 207 \\ -984 \\ -3877 \end{bmatrix} \begin{bmatrix} 1 & 0 & 0 & 0 \end{bmatrix}\right)\tilde{\boldsymbol{x}} + \begin{bmatrix} 0 \\ 1 \\ 0 \\ -1 \end{bmatrix} u + \begin{bmatrix} 24 \\ 207 \\ -984 \\ -3877 \end{bmatrix} y \\
&= \begin{bmatrix} -24 & 1 & 0 & 0 \\ -207 & 0 & -1 & 0 \\ 984 & 0 & 0 & 1 \\ 3877 & 0 & 11 & 0 \end{bmatrix}\tilde{\boldsymbol{x}} + \begin{bmatrix} 0 \\ 1 \\ 0 \\ -1 \end{bmatrix} u + \begin{bmatrix} 24 \\ 207 \\ -984 \\ -3877 \end{bmatrix} y
\end{aligned}
$$

状态估计的误差动态方程为

$$
\dot{\boldsymbol{e}} = (\boldsymbol{A}-\boldsymbol{LC})\boldsymbol{e} = \begin{bmatrix} -24 & 1 & 0 & 0 \\ -207 & 0 & -1 & 0 \\ 984 & 0 & 0 & 1 \\ 3877 & 0 & 11 & 0 \end{bmatrix}\boldsymbol{e}
$$

下面进一步通过仿真来检验观测器的效果。取初始误差向量 $\boldsymbol{e}(0)=\begin{bmatrix}1 & 2 & 0.1 & -0.1\end{bmatrix}^{\mathrm{T}}$，在 MATLAB 软件中编写如下 M 文件(Example451b. m)：

```
% 误差系统的状态空间模型参数
AA = [ - 24 1 0 0; - 207 0  - 1 0;984 0 0 1;3877 0 11 0];
BB = [0;0;0;0];
C = [1 0 0 0];D = 0;
e0 = [1;2;0.1; - 0.1];
```

```
% 误差系统的初始状态响应
t = 0:0.01:4;
sys = ss(AA,BB,C,D);
[y,t,e] = initial(sys,e0,t);
% 画图
subplot(2,2,1)
plot(t,e(:,1))
grid
xlabel('时间/s')
ylabel('e_1')
subplot(2,2,2)
plot(t,e(:,2))
grid
xlabel('时间/s')
ylabel('e_2')
subplot(2,2,3)
plot(t,e(:,3))
grid
xlabel('时间/s')
ylabel('e_3')
subplot(2,2,4)
plot(t,e(:,4))
grid
xlabel('时间/s')
ylabel('e_4')
```

运行 Example451b. m 文件,得到状态估计的误差曲线如图 4.5.1 所示。

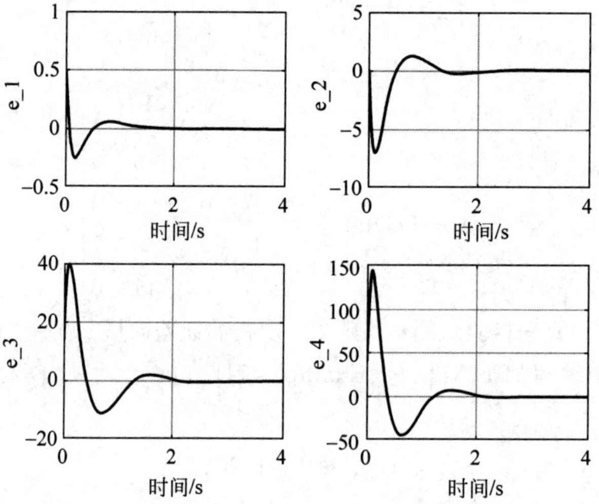

图 4.5.1　状态估计误差曲线

由图 4.5.1 可以看出，尽管系统的真实状态和观测器状态的初值有误差，但随着时间的推移，它们之间的误差将衰减到零。在这个例子中，倒立摆系统是不稳定的，系统的状态将随时间推移而趋于无穷大。因此，观测器状态也将随时间推移而趋于无穷大。

在龙伯格观测器模型(见式(4.5.1))中，可设计的参数只有一个观测器增益矩阵 $\boldsymbol{L}$，通过选取适当的增益矩阵 $\boldsymbol{L}$ 来配置观测器极点，从而使得观测器具有期望的性能。进一步，若考虑的系统模型比较复杂，如存在非线性、不确定参数等，为了估计系统的状态，并且使得估计过程满足更多的性能要求，则可以考虑更加一般的观测器模型

$$\dot{\tilde{\boldsymbol{x}}}=\boldsymbol{H}\tilde{\boldsymbol{x}}+\boldsymbol{L}\boldsymbol{u}+\boldsymbol{G}\boldsymbol{y}$$

其中，$\boldsymbol{H}$、$\boldsymbol{L}$ 和 $\boldsymbol{G}$ 是待定的适当维数常数矩阵。由于增加了可调参数，状态估计能够具有更多性能，但观测器设计过程也更为复杂。龙伯格观测器只有一个设计参数矩阵 $\boldsymbol{L}$，而且其结构具有清晰的物理意义，但这类观测器所能达到的性能可能有限。

4.5.2 基于状态观测器的输出反馈控制

考虑如下系统：

$$\begin{cases}\dot{\boldsymbol{x}}=\boldsymbol{A}\boldsymbol{x}+\boldsymbol{B}\boldsymbol{u}\\ \boldsymbol{y}=\boldsymbol{C}\boldsymbol{x}\end{cases}\tag{4.5.2}$$

其中，$\boldsymbol{x}$、$\boldsymbol{u}$ 和 $\boldsymbol{y}$ 分别是系统的 n 维状态向量、m 维控制输入和 p 维测量输出，$\boldsymbol{A}$、$\boldsymbol{B}$ 和 $\boldsymbol{C}$ 是已知的适当维数常数矩阵。假定该系统是能控能观的。

由于系统是完全能控的，则可以设计状态反馈控制器 $\boldsymbol{u}=-\boldsymbol{K}\boldsymbol{x}$，使得闭环系统具有任意预先给定的极点 $\lambda_1,\lambda_2,\cdots,\lambda_n$(其中若有复数的话，则以共轭对的形式出现)。进一步，若系统的状态不能直接测量得到，由于系统是能观的，故可以通过构造一个观测器

$$\dot{\tilde{\boldsymbol{x}}}=(\boldsymbol{A}-\boldsymbol{L}\boldsymbol{C})\tilde{\boldsymbol{x}}+\boldsymbol{B}\boldsymbol{u}+\boldsymbol{L}\boldsymbol{y}$$

得到系统状态的估计值 $\tilde{\boldsymbol{x}}$，进而在状态反馈控制器 $\boldsymbol{u}=-\boldsymbol{K}\boldsymbol{x}$ 中，用这个状态的估计值 $\tilde{\boldsymbol{x}}$ 来替代系统的实际状态 $\boldsymbol{x}$，即

$$\boldsymbol{u}=-\boldsymbol{K}\tilde{\boldsymbol{x}}$$

在这种情况下，实际的控制器模型为

$$\begin{cases}\dot{\tilde{\boldsymbol{x}}}=(\boldsymbol{A}-\boldsymbol{L}\boldsymbol{C}-\boldsymbol{B}\boldsymbol{K})\tilde{\boldsymbol{x}}+\boldsymbol{L}\boldsymbol{y}\\ \boldsymbol{u}=-\boldsymbol{K}\tilde{\boldsymbol{x}}\end{cases}\tag{4.5.3}$$

控制器的输入是系统的测量输出。由于控制器中含有积分器，且只用到了系统的输出信息，这是一个基于系统输出信息的动态反馈控制器，称其为基于观测器的输出反馈控制器。整个反馈控制系统的结构如图 4.5.2 所示。

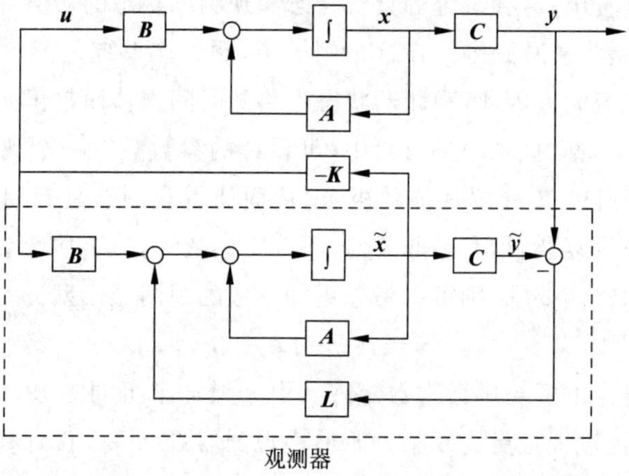

图 4.5.2　基于观测器的输出反馈控制系统

基于状态估计值的反馈控制器为

$$
\begin{aligned}
\boldsymbol{u} &= -\boldsymbol{K}\tilde{\boldsymbol{x}} \\
&= -\begin{bmatrix}\boldsymbol{K}_\mathrm{a} & \boldsymbol{K}_\mathrm{b}\end{bmatrix}\left(\begin{bmatrix}0\\ I\end{bmatrix}\tilde{\boldsymbol{w}} + \begin{bmatrix}1\\ \boldsymbol{L}\end{bmatrix}\boldsymbol{y}\right) \\
&= -\begin{bmatrix}\boldsymbol{K}_\mathrm{a} & \boldsymbol{K}_\mathrm{b}\end{bmatrix}\begin{bmatrix}0\\ I\end{bmatrix}\tilde{\boldsymbol{w}} - \begin{bmatrix}\boldsymbol{K}_\mathrm{a} & \boldsymbol{K}_\mathrm{b}\end{bmatrix}\begin{bmatrix}1\\ \boldsymbol{L}\end{bmatrix}\boldsymbol{y} \\
&= -\boldsymbol{K}_\mathrm{b}\tilde{\boldsymbol{w}} - (\boldsymbol{K}_\mathrm{a} + \boldsymbol{K}_\mathrm{b}\boldsymbol{L})\boldsymbol{y}
\end{aligned}
$$

因此，基于降阶观测器的输出反馈控制器为

$$
\begin{cases}
\dot{\tilde{\boldsymbol{w}}} = (\hat{\boldsymbol{A}} - \hat{\boldsymbol{F}}\boldsymbol{K}_\mathrm{b})\tilde{\boldsymbol{w}} + [\hat{\boldsymbol{B}} - \hat{\boldsymbol{F}}(\boldsymbol{K}_\mathrm{a} + \boldsymbol{K}_\mathrm{b}\boldsymbol{L})]\boldsymbol{y} \\
\boldsymbol{u} = -\boldsymbol{K}_\mathrm{b}\tilde{\boldsymbol{w}} - (\boldsymbol{K}_\mathrm{a} + \boldsymbol{K}_\mathrm{b}\boldsymbol{L}L)\boldsymbol{y}
\end{cases}
\tag{4.5.4}
$$

基于降阶观测器的输出反馈控制系统结构如图 4.5.3 所示。

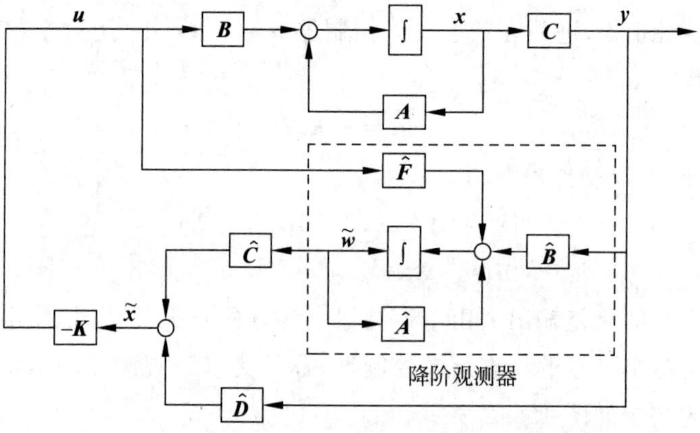

图 4.5.3　基于降阶观测器的输出反馈控制系统

【例 4.5.2】 考虑如下系统：

$$\dot{\boldsymbol{x}} = \boldsymbol{A}\boldsymbol{x} + \boldsymbol{B}u$$
$$y = \boldsymbol{C}\boldsymbol{x}$$

其中

$$\boldsymbol{A} = \begin{bmatrix} 0 & 1 & 0 \\ 0 & 0 & 1 \\ -6 & -11 & -6 \end{bmatrix}, \quad \boldsymbol{B} = \begin{bmatrix} 0 \\ 0 \\ 1 \end{bmatrix}, \quad \boldsymbol{C} = \begin{bmatrix} 1 & 0 & 0 \end{bmatrix}$$

试设计一个具有极点 $\mu_1 = -10$ 和 $\mu_2 = -10$ 的降阶观测器。

解：由于状态中的第 1 个分量是可直接测量的，故只需估计状态中的第 2 个和第 3 个分量。要设计的降阶观测器是 2 阶的，将矩阵 **A**、**B** 和状态向量 **x** 做如下分块：

$$\boldsymbol{x} = \begin{bmatrix} x_a \\ \boldsymbol{x}_b \end{bmatrix} = \begin{bmatrix} x_1 \\ \hdashline x_2 \\ x_3 \end{bmatrix}, \quad \boldsymbol{A} = \left[\begin{array}{c:cc} 0 & 1 & 0 \\ \hdashline 0 & 0 & 1 \\ -6 & -11 & -6 \end{array}\right], \quad \boldsymbol{B} = \begin{bmatrix} 0 \\ \hdashline 0 \\ 1 \end{bmatrix}$$

因此，

$$A_{aa} = 0, \quad \boldsymbol{A}_{ab} = \begin{bmatrix} 1 & 0 \end{bmatrix}, \quad \boldsymbol{A}_{ba} = \begin{bmatrix} 0 \\ -6 \end{bmatrix}$$

$$\boldsymbol{A}_{bb} = \begin{bmatrix} 0 & 1 \\ -11 & -6 \end{bmatrix}, \quad B_a = 0, \quad \boldsymbol{B}_b = \begin{bmatrix} 0 \\ 1 \end{bmatrix}$$

在 MATLAB 软件中，编写如下 M 文件(Example452. m)：

```
% 系统的分块矩阵
Aaa = 0;
Abb = [0 1; - 11 - 6];
Aab = [1 0];
Aba = [0; - 6];
Ba = 0;
Bb = [0;1];
V = [ - 10 - 10];
% 求降阶观测器的增益矩阵
L = (acker(Abb',Aab',V))'
% 确定降阶观测器的系数矩阵
Ahat = Abb - L * Aab
Bhat = Ahat * L + Aba - L * Aaa
Fhat = Bb - L * Ba
```

运行 Example452. m 文件，结果如下：

```
L =
    14
    5
Ahat =
       - 14      1
       - 16     - 6
```

```
Bhat =
      - 191
      - 260
Fhat =
      0
      1
```

因此，降阶观测器的增益矩阵为 $\boldsymbol{L}=[14 \quad 5]^{\mathrm{T}}$，则具有期望极点的降阶观测器为

$$\dot{\tilde{\boldsymbol{w}}}=\begin{bmatrix}-14 & 1\\ -16 & -6\end{bmatrix}\tilde{\boldsymbol{w}}+\begin{bmatrix}-191\\ -260\end{bmatrix}y+\begin{bmatrix}0\\ 1\end{bmatrix}u$$

其中，$\tilde{w}$ 是降阶观测器的状态。因此，系统状态中不可测量部分的估计值为

$$\begin{bmatrix}\tilde{x}_2\\ \tilde{x}_3\end{bmatrix}=\tilde{\boldsymbol{w}}+\begin{bmatrix}14\\ 5\end{bmatrix}y$$

值得注意的是，如果输出量在测量过程中存在不可忽略的噪声，则最好使用全阶观测器。因为观测器除了可以估计那些不可直接测量的状态变量外，也可对测量信号进行过滤。

【例 4.5.3】 考虑由图 4.5.4 表示的调节器系统(参考输入为零)。

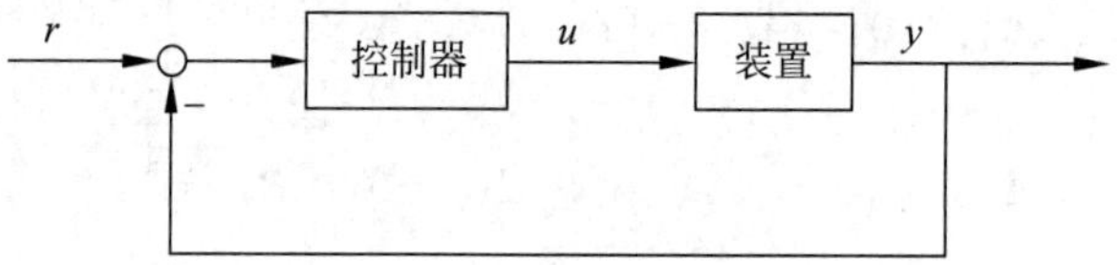

图 4.5.4 调节器系统

其中，装置的传递函数为

$$G(s)=\frac{10(s+2)}{s(s+4)(s+6)}$$

由于对象有一个极点在原点，故它不是渐近稳定的。假定只有系统的输出 y 是可以直接测量的，试设计一个控制器，使得闭环系统是渐近稳定的。

解：按如下步骤设计基于降阶观测器的输出反馈控制器。

(1) 导出系统的状态空间模型。对于给定装置的传递函数，它的一个状态空间实现为

$$\dot{\boldsymbol{x}}=\begin{bmatrix}0 & 1 & 0\\ 0 & 0 & 1\\ 0 & -24 & -10\end{bmatrix}\boldsymbol{x}+\begin{bmatrix}0\\ 10\\ -80\end{bmatrix}u$$

$$y=[1 \quad 0 \quad 0]\boldsymbol{x}$$

由于装置的传递函数没有零极点相消，故如上的状态空间模型是能控能观的。

(2) 选择期望的闭环极点进行极点配置，同时选择期望的观测器极点。由于只有系统的输出 y，也就是状态变量 x_1 是可直接测量的，可以通过设计一个基于降阶观测器的输出反馈控制器，使得闭环系统渐近稳定。为此，首先选择一组闭环极点

$$\lambda_{1,2}=-1\pm \mathrm{j}2, \quad \lambda_3=-5$$

容易看到降阶观测器是 2 阶的，故有两个观测器极点。选择观测器极点

$$\mu_1=-10,\mu_2=-10$$

(3) 确定状态反馈矩阵 $\boldsymbol{K}$ 和观测器增益矩阵 $\boldsymbol{L}$。借助 MATLAB 软件，通过编制一个 M 文件来计算状态反馈增益矩阵 $\boldsymbol{K}$ 和观测器增益矩阵 $\boldsymbol{L}$。以下 M 文件中的矩阵 J 和 V 分别表示期望的闭环极点和观测器极点。在 MATLAB 软件中，编写如下 M 文件(Example453a. m)：

```
% 系统状态矩阵
A = [0 1 0;0 0 1;0 - 24 - 10];
B = [0;10; - 80];
C = [1 0 0];
% 计算状态反馈增益矩阵
J = [ - 1 + 1i * 2 - 1 - 1i * 2 - 5];
K = acker(A,B,J)
% 计算观测器增益矩阵
Aaa = 0;Aab = [1 0];Aba = [0;0];Abb = [0 1; - 24 - 10];
Ba = 0;Bb = [10; - 80];
V = [ - 10 - 10];
L = (acker(Abb',Aab',V))'
```

运行 Example453a. m 文件，结果如下：

```
K =
    1.2500    1.2500    0.1938
L =
    10
   - 24
```

(4) 利用第(3)步得到的增益矩阵 $\boldsymbol{K}$ 和 $\boldsymbol{L}$，构造出基于观测器的输出反馈控制器。若控制器是稳定的，则检验闭环控制系统对初始条件的响应；若响应不满意，则调整闭环极点和观测器极点位置，直到获得满意的响应为止。式(4.5.4)给出了基于降阶观测器的输出反馈控制器，即

$$\dot{\tilde{\boldsymbol{w}}}=(\hat{\boldsymbol{A}}-\hat{\boldsymbol{F}}\boldsymbol{K}_{\mathrm{b}})\tilde{\boldsymbol{w}}+[\hat{\boldsymbol{B}}-\hat{\boldsymbol{F}}(\boldsymbol{K}_{\mathrm{a}}+\boldsymbol{K}_{\mathrm{b}}\boldsymbol{L})]\boldsymbol{y}$$

$$\boldsymbol{u}=-\boldsymbol{K}_{\mathrm{b}}\tilde{\boldsymbol{w}}-(\boldsymbol{K}_{\mathrm{a}}+\boldsymbol{K}_{\mathrm{b}}\boldsymbol{L})\boldsymbol{y}$$

据此可以求出其传递函数。在 MATLAB 软件中，编写如下 M 文件(Example453b. m)：

```
% 系统参数矩阵
A = [0 1 0;0 0 1;0 - 24 - 10];
B = [0;10; - 80];
Aaa = 0;Aab = [1 0];Aba = [0;0];Abb = [0 1; - 24 - 10];
Ba = 0;Bb = [10; - 80];
Ka = 1.24;Kb = [1.25 0.1938];
L = [10; - 24];
Ahat = Abb - L * Aab;
Bhat = Ahat * L + Aba - L * Aaa;
Fhat = Bb - L * Ba;
```

```
Atilde = Ahat - Fhat * Kb;
Btilde = Bhat - Fhat * (Ka + Kb * L);
Ctilde = - Kb;
Dtilde = - (Ka + Kb * L);
[num,den] = ss2tf(Atilde,Btilde, - Ctilde, - Dtilde)
```

运行 Example453b. m 文件，结果如下：

```
num =
    9.0888     73.2880     124.0000
den =
    1.0000     16.9960     - 30.0400
```

因此，控制器的传递函数为

$$G_c(s)=\frac{9.0888s^2+73.288s+124}{s^2+16.996s-30.04}$$

根据 Routh 稳定性判据，控制器传递函数分母多项式的两个根并不都在左半开复平面中(二阶多项式的根在左半开复平面的充分必要条件是该多项式的系数均是正的)，控制器是不稳定的。在实际应用中，不稳定的控制器往往是不可取的。因为对不稳定的控制器，在控制器自身的测试时会遇到困难。另外，若使用的控制器是不稳定的，则当系统增益变小时，闭环系统就会变得不稳定。因此，为了得到一个满意的控制系统，需要重新设计控制器，即需要修改闭环极点或观测器极点或两者同时修改。

返回第(2)步，闭环极点不变，观测器极点改为

$$\mu_1=-4.5,\mu_2=-4.5$$

即 $\boldsymbol{V}=[-4.5\quad -4.5]$。修改相应的 M 文件并执行，得到观测器增益矩阵为

$$\boldsymbol{L}=[-1\quad 6.25]^{\mathrm{T}}$$

进一步，可以得到控制器传递函数为

$$G_c(s)=\frac{1.2012s^2+11.1237s+25.11}{s^2+5.996s+2.1295}$$

显然，这是一个稳定的控制器。

若闭环系统的初始条件为

$$\begin{bmatrix}\boldsymbol{x}(0)\\ \boldsymbol{e}(0)\end{bmatrix}=\begin{bmatrix}1\\0\\0\\1\\0\end{bmatrix}$$

在 MATLAB 软件中，编写如下 M 文件(Example453c. m)：

```
% 输入系统矩阵参数
A = [0 1 0;0 0 1;0 - 24 - 10];
B = [0;10; - 80];
K = [1.25 1.25 0.1938];
Kb = [1.25 0.1938];
```

```
L = [ - 1;6.25];
Aab = [1 0];Abb = [0 1; - 24  - 10];
AA = [A - B * K B * Kb;zeros(2,3) Abb - L * Aab];
% 创建状态空间模型
sys = ss(AA,eye(5),eye(5),eye(5));
%定义采样时间和仿真总时长
t = 0:0.01:8;
% 系统零输入响应
x = initial(sys,[1;0;0;1;0],t);
% 求解各个状态量
x1 = [1 0 0 0 0] * x';
x2 = [0 1 0 0 0] * x';
x3 = [0 0 1 0 0] * x';
e1 = [0 0 0 1 0] * x';
e2 = [0 0 0 0 1] * x';
% 画图各个状态量响应曲线
subplot(3,2,1);plot(t,x1);grid
xlabel('时间/s');ylabel('x_1')
subplot(3,2,2);plot(t,x2);grid
xlabel('时间/s');ylabel('x_2')
subplot(3,2,3);plot(t,x3);grid
xlabel('时间/s');ylabel('x_3')
subplot(3,2,4);plot(t,e1);grid
xlabel('时间/s');ylabel('e_1')
subplot(3,2,5);plot(t,e2);grid
xlabel('时间/s');ylabel('e_2')
```

运行 Example453c.m 文件，得到闭环系统的初始状态响应曲线如图 4.5.5 所示。

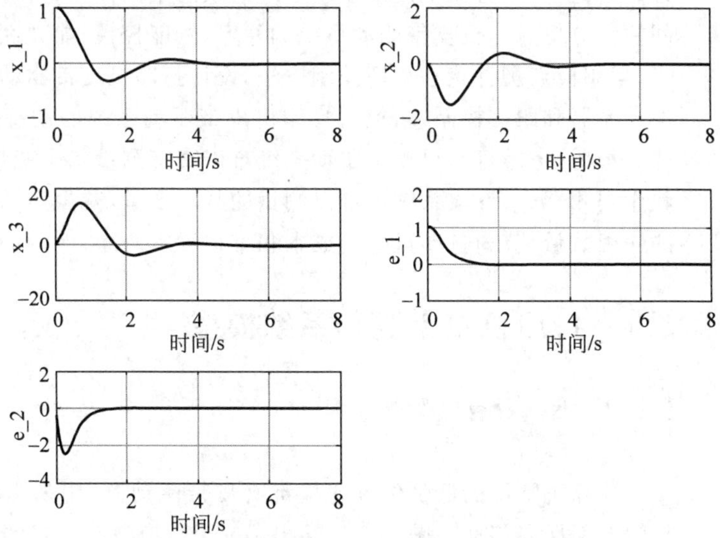

图 4.5.5　闭环系统的初始状态响应曲线

第5章 实例1：打印机驱动控制系统分析与设计

打印机(Printer)是计算机的重要输出设备之一，是由约翰·沃特和戴夫·唐纳德合作发明的，用于将计算机的运算结果或中间结果以人所能识别的数字、字母、符号和图像等，依照规定的格式打印在相关介质上的设备。打印分辨率、打印速度和噪声是衡量打印机质量的重要指标。打印机的分类很多，如按打印元件对介质是否有击打动作，分为击打式打印机与非击打式打印机；按打印字符结构，分为全形字打印机和点阵字符打印机；按一行字在纸上形成的方式，分为串式打印机与行式打印机；按采用的实现技术，分为喷墨式、激光式、热敏式、静电式、磁式、发光二极管式等打印机类型。目前，打印机正向轻、薄、短、小、低功耗、高速度和智能化方向发展。

打印机驱动系统是负责打印速度的重要单元，本章以打印机皮带驱动系统为例，采用MATLAB软件实现打印机驱动系统现代控制方法设计。首先，介绍打印机皮带驱动系统的状态空间模型，再对建立的状态空间模型分析打印机皮带驱动系统的稳定性、能控性、能观性等性能。进一步，运用极点配置状态反馈控制方法，设计打印机皮带驱动系统的状态反馈控制器和跟踪控制器，提高打印机皮带驱动系统的动态性能和鲁棒性能。最后，考虑打印机皮带驱动系统难以直接测量状态变量，设计系统的状态观测器，估计该系统中难以测量的状态变量，减少实际应用中传感器的使用数量，节约打印机生产成本和维护成本。

5.1 打印机皮带驱动系统模型

5.1.1 驱动系统微分方程

计算机常用的低价位打印机都有皮带驱动器，用来驱动打印设备沿打印页面横向移动。图5.1.1给出了一个装有直流电机的打印机皮带驱动系统示意图，其中，光传感器用来测量打印设备的位置，皮带张力变化用来调整滑轮的转动。

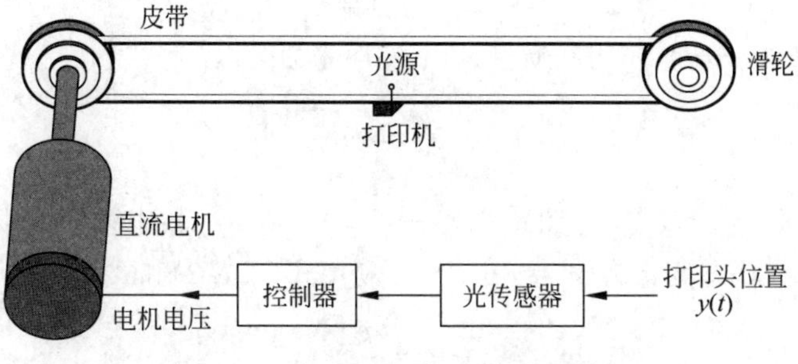

图 5.1.1 打印机皮带驱动系统示意图

为建立如图 5.1.1 所示的打印机皮带驱动系统的微分方程模型，设定打印机皮带驱动系统的皮带弹性系数为 k，滑轮半径为 r，电机轴转角为 θ，右滑轮转角为 θ_p，打印设备质量为 m。打印设备在时间 t 的位置值为 $y(t)$，可以通过光传感器测量位置变量 y。光传感器的输出电压 $v_1=k_1y$，控制器的输出电压为 v_2，v_2 与电机激励磁场相关。此外，控制器输出电压 v_2 是传感器输出电压 v_1 的函数，通常满足如下线性关系：

$$v_2=-\left[k_2\frac{\mathrm{d}v_1}{\mathrm{d}t}+k_3v_1\right] \tag{5.1.1}$$

其中，k_2 为微分系数，k_3 为比例系数。具体参数和受力分析如图 5.1.2 所示，其中，T_1 和 T_2 分别为皮带上下侧的张力，θ 和 θ_p 分别为电机和滑轮的转角。令电机和滑轮的总转动惯量为 $J=J_{电机}+J_{滑轮}$。通常采用中等功率的直流电机，如选定电机功率为典型的 $\frac{1}{8}$ 马力(1 马力=735.499W)情况下，有 $J=0.01\mathrm{kg}\cdot\mathrm{m}^2$。进一步，假设磁场电感忽略不计，磁场电阻 $R=2\Omega$，电机常数 $K_m=2\mathrm{N}\cdot\mathrm{m/A}$，而电机和滑轮的摩擦系数 $b=0.25\mathrm{N}\cdot\mathrm{ms/rad}$，滑轮半径 $r=0.15\mathrm{m}$。

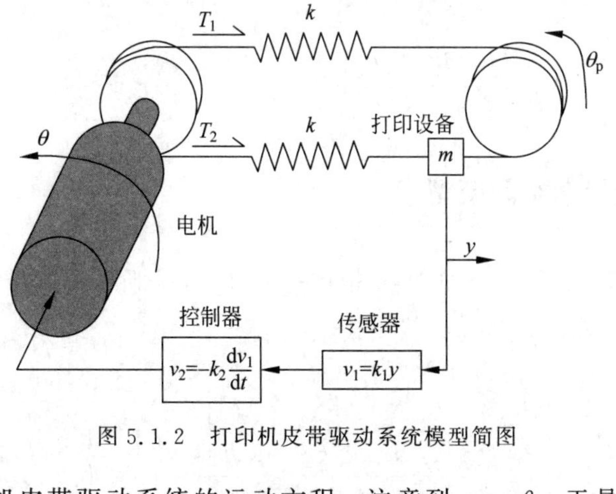

图 5.1.2 打印机皮带驱动系统模型简图

现在列写打印机皮带驱动系统的运动方程。注意到 $y=r\theta_p$，于是皮带张力 T_1 可表示为

$$T_1 = k(r\theta - r\theta_p) = k(r\theta - y) \tag{5.1.2}$$

张力 T_2 为 $T_2 = k(y - r\theta)$，作用在质量 m 上的净张力为

$$T_1 - T_2 = m\frac{\mathrm{d}^2 y}{\mathrm{d}t^2} \tag{5.1.3}$$

且 $T_1 - T_2 = k(r\theta - y) - k(y - r\theta) = 2k(r\theta - y) = 2kx_1$，其中第一个状态变量为 $x_1 = (r\theta - y)$。令第二个状态变量为 $x_2 = \mathrm{d}y/\mathrm{d}t$，并利用式(5.1.2)和式(5.1.3)可得

$$\frac{\mathrm{d}x_2}{\mathrm{d}t} = \frac{2k}{m}x_1 \tag{5.1.4}$$

当选择第三个状态变量为 $x_3 = \mathrm{d}\theta/\mathrm{d}t$ 时，x_1 的一阶导数为

$$\frac{\mathrm{d}x_1}{\mathrm{d}t} = r\frac{\mathrm{d}\theta}{\mathrm{d}t} - \frac{\mathrm{d}y}{\mathrm{d}t} = rx_3 - x_2 \tag{5.1.5}$$

接下来，寻求描述电机旋转运动的微分方程。当 $L=0$ 时，有电机磁场电流 $i = v_2/R$ 和电机转矩 $T_m = K_m i$。因此

$$T_m = \frac{K_m}{R}v_2 \tag{5.1.6}$$

而电机输出转矩提供了驱动皮带的转矩与扰动或者不希望的负载转矩之和，因此 $T_m = T + T_d$。转矩 T 驱动电机轴带动滑轮运动，满足

$$T = J\frac{\mathrm{d}^2\theta}{\mathrm{d}t^2} + b\frac{\mathrm{d}\theta}{\mathrm{d}t} + r(T_1 - T_2) \tag{5.1.7}$$

因此

$$\frac{\mathrm{d}x_3}{\mathrm{d}t} = \frac{\mathrm{d}^2\theta}{\mathrm{d}t^2} \tag{5.1.8}$$

所以有

$$\frac{\mathrm{d}x_3}{\mathrm{d}t} = \frac{-K_m k_1 k_2}{JR}x_2 - \frac{b}{J}x_3 - \frac{2kr}{J}x_1 - \frac{T_d}{J} \tag{5.1.9}$$

5.1.2 驱动系统状态空间模型

式(5.1.4)、式(5.1.5)、式(5.1.9)是描述系统的3个一阶微分方程，其矩阵形式为

$$\dot{\boldsymbol{x}} = \begin{bmatrix} 0 & -1 & r \\ \dfrac{2k}{m} & 0 & 0 \\ -\dfrac{2kr}{J} & -\dfrac{K_m k_1 k_2}{JR} & -\dfrac{b}{J} \end{bmatrix}\boldsymbol{x} + \begin{bmatrix} 0 \\ 0 \\ -\dfrac{1}{J} \end{bmatrix}T_d \tag{5.1.10}$$

假设某个打印机皮带驱动系统的结构参数取值如下：质量 $m=0.2\mathrm{kg}$，光传感器 $k_1=$

1V/m,半径 $r=0.15$m,电感 $L=0$,摩擦系数 $b=0.25$N·ms/rad,电阻 $R=2\Omega$,常数 $K_m=2$N·m/A,惯量 $J=0.01$kg·m^2,弹性系数 $k=20$ 和 $k_2=0.1$,且选择使用 $k_2=0.1$ 和 $k_3=0$(速度反馈)。把以上参数代入打印机皮带驱动系统的状态方程,可得

$$\dot{\boldsymbol{x}}=\begin{bmatrix}0 & -1 & 0.15\\ 200 & 0 & 0\\ -600 & -10 & -25\end{bmatrix}\boldsymbol{x}+\begin{bmatrix}0\\ 0\\ -100\end{bmatrix}u \tag{5.1.11}$$

定义系统输出变量为

$$y=-x_3$$

则连续时间驱动系统的状态空间模型为

$$\begin{cases}\dot{\boldsymbol{x}}=\begin{bmatrix}0 & -1 & 0.15\\ 200 & 0 & 0\\ -600 & -10 & -25\end{bmatrix}\boldsymbol{x}+\begin{bmatrix}0\\ 0\\ -100\end{bmatrix}u\\ y=\begin{bmatrix}0 & 0 & -1\end{bmatrix}\boldsymbol{x}\end{cases} \tag{5.1.12}$$

5.1.3 驱动系统状态空间模型的离散化

以 $T=0.05$s 为采样周期,采用 MATLAB 软件中的 c2d 函数,将打印机皮带驱动系统状态空间模型离散化。在 MATLAB 命令窗口中输入如下指令:

```
>> A = [0 -1 0.15;200 0 0; -600 -10 -25];            % 系统的状态矩阵
>> B = [0;0; -100];                                   % 系统的输入矩阵
>> [G,H] = c2d(A,B,0.05)                              % 调用 c2d 函数
```

运行结果如下:

```
G =
     0.6871    -0.0458     0.0037
     8.9114     0.7594     0.0241
   -16.2917     0.2372     0.2359
H =
    -0.0120
    -0.0452
    -2.7492
```

因此,所求的离散化状态空间模型为

$$\begin{cases}\boldsymbol{x}(k+1)=\begin{bmatrix}0.6871 & -0.0458 & 0.0037\\ 8.9114 & 0.7594 & 0.0241\\ -16.2917 & 0.2372 & 0.2359\end{bmatrix}\boldsymbol{x}(k)+\begin{bmatrix}-0.0120\\ -0.0452\\ -2.7492\end{bmatrix}u(k)\\ y(k)=\begin{bmatrix}0 & 0 & -1\end{bmatrix}\boldsymbol{x}(k)\end{cases} \tag{5.1.13}$$

若取采样周期为 $T=0.01$s,则类似可得相应的离散状态空间模型为

$$\begin{cases} \boldsymbol{x}(k+1)=\begin{bmatrix} 0.9858 & -0.01 & 0.0013 \\ 1.9905 & 0.99 & 0.0014 \\ -5.3739 & -0.0605 & 0.775 \end{bmatrix}\boldsymbol{x}(k)+\begin{bmatrix} -0.0007 \\ -0.0005 \\ -0.8835 \end{bmatrix}u(k) \\ y(k)=\begin{bmatrix} 0 & 0 & -1 \end{bmatrix}\boldsymbol{x}(k) \end{cases} \tag{5.1.14}$$

从以上两个离散状态空间模型可以看出，不同的采样周期所得到的离散模型是不同的。这也验证了离散状态空间模型依赖于所选取的采样周期的结论。

5.1.4 驱动系统状态空间模型转换为传递函数模型

采用 MATLAB 软件中的 ss2tf 函数，将打印机皮带驱动系统状态空间模型转换为传递函数模型。在 MATLAB 命令窗口中输入如下指令：

```
>> A = [0 - 1 0.15;200 0 0; - 600 - 10 - 25];          % 系统的状态矩阵
>> B = [0;0; - 100];                                   % 系统的输入矩阵
>> C = [0 0 - 1];                                      % 系统的输出矩阵
>> D = 0;                                              % 系统的直接转移矩阵
>> [num,den] = ss2tf(A,B,C,D)                          % 调用 ss2tf 函数
```

运行结果如下：

```
num =
   1.0e + 04 *
         0    0.0100         0    2.0000
den =
   1.0e + 03 *
    0.0010    0.0250    0.2900    5.3000
```

因此，所求系统的传递函数为

$$G(s)=\frac{100s^2+20000}{s^3+25s^2+290s+5300} \tag{5.1.15}$$

5.2 打印机皮带驱动系统性能分析

5.2.1 驱动系统运动响应分析

1. 驱动系统单位脉冲响应分析

为了获得打印机皮带驱动系统的单位脉冲响应，在 MATLAB 软件中调用 impulse 函数，编写如下 M 文件(Example521.m)：

```
% 系统的状态矩阵
A = [0 - 1 0.15;200 0 0; - 600 - 10 - 25];
```

```
% 系统的输入矩阵
B = [0;0; - 100];
% 系统的输出矩阵
C = [0 0 -1];
% 系统的直接转移矩阵
D = [0];
% 调用 impulse 函数
impulse(A,B,C,D)
ylabel('y')
xlabel('时间/s')
grid on
```

运行 Example521.m 文件，结果如图 5.2.1 所示。

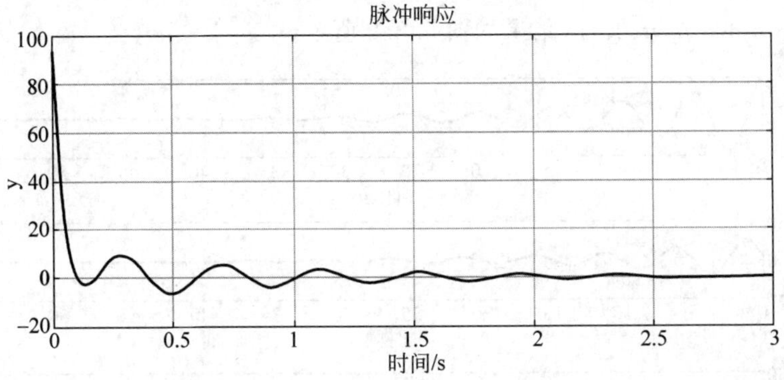

图 5.2.1　系统的单位脉冲响应曲线

2. 驱动系统初始状态响应分析

为了获得打印机皮带驱动系统的初始状态响应，在 MATLAB 软件中调用 initial 函数，编写如下 M 文件(Example522.m)：

```
% 系统的状态矩阵
A = [0 -1 0.15;200 0 0; - 600 -10 -25];
% 系统的输入矩阵
B = [0;0; - 100];
% 系统的输出矩阵
C = [0 0 -1];
% 系统的直接转移矩阵
D = [0];
% 系统的初始状态
x0 = [2,1,1];
% 调用 initial 函数
[y,x] = initial(A,B,C,D,x0);
t = 0:0.05:55.20;
%  创建子图
subplot(3,1,1)
```

```
% 调用plot画图函数
plot(t,x(:,1))
% 给x轴加标注
xlabel('时间/s')
% 给y轴加标注
ylabel('x_1')
subplot(3,1,2)
plot(t,x(:,2))
xlabel('时间/s')
ylabel('x_2')
subplot(3,1,3)
plot(t,x(:,3))
xlabel('time/s')
ylabel('x_3')
```

运行 Example522. m 文件,结果如图 5.2.2 所示。

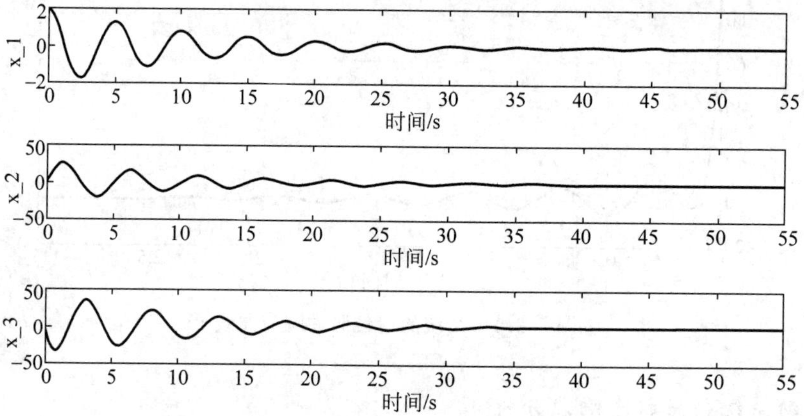

图 5.2.2 系统的初始状态响应曲线

5.2.2 驱动系统能控性和能观性分析

(1) 系统状态能控的充分必要条件为

$$\operatorname{rank}(\boldsymbol{\Gamma}_{\mathrm{c}}[\boldsymbol{A},\boldsymbol{B}])=\operatorname{rank}([\boldsymbol{B}\quad \boldsymbol{AB}\quad \cdots\quad \boldsymbol{A}^{n-1}\boldsymbol{B}])=n \tag{5.2.1}$$

即状态能控性判别矩阵$\boldsymbol{\Gamma}_{\mathrm{c}}[\boldsymbol{A},\boldsymbol{B}]$满秩意味着系统是能控的,系统能控意味着系统出现偏差时,总可以通过控制使得偏差为零。

在 MATLAB 软件命令行窗口输入如下指令:

```
% 系统的状态矩阵
>> A = [0 -1 0.15; 200 0 0; -600 -10 -25];
% 系统的输入矩阵
>> B = [0;0; -100];
% 系统的输出矩阵
```

```
>> C = [0 0 -1];
% 系统的直接转移矩阵
>> D = 0;
% 获取能控性判别矩阵的秩
>> n = rank(ctrb(A,B))
```

运行结果如下：

```
n =
    3
```

因此可得系统的状态能控性判别矩阵为

$$\mathrm{rank}(\boldsymbol{\Gamma}_c[\boldsymbol{A},\boldsymbol{B}])=\mathrm{rank}\left(\begin{bmatrix}0 & -15 & 375\\ 0 & 0 & -3000\\ -100 & 2500 & -53500\end{bmatrix}\right)=3 \tag{5.2.2}$$

可以看出，该状态能控性判别矩阵是满秩的，所以系统是能控的。

(2) 系统状态能观的充分必要条件为

$$\mathrm{rank}(\boldsymbol{\Gamma}_o[\boldsymbol{A},\boldsymbol{C}])=\mathrm{rank}\begin{bmatrix}\boldsymbol{C}\\ \boldsymbol{CA}\\ \vdots\\ \boldsymbol{CA}^{n-1}\end{bmatrix}=n \tag{5.2.3}$$

在 MATLAB 软件命令行窗口输入如下指令：

```
% 系统的状态矩阵
>> A = [0 -1 0.15; 200 0 0; -600 -10 -25];
% 系统的输入矩阵
>> B = [0;0; -100];
% 系统的输出矩阵
>> C = [0 0 -1];
% 系统的直接转移矩阵
>> D = 0;
% 获取能控性判别矩阵的秩
>> n = rank(obsv(A,C))
```

运行结果如下：

```
n =
    3
```

因此可得系统的状态能观性判别矩阵为

$$\mathrm{rank}(\boldsymbol{\Gamma}_o[\boldsymbol{A},\boldsymbol{C}])=\mathrm{rank}\left(\begin{bmatrix}1.0000 & 0 & 0\\ 0 & -1.0000 & 0.1500\\ -100 & 2500 & -53500\end{bmatrix}\right)=3 \tag{5.2.4}$$

可以看出，该状态能观性判别矩阵是列满秩的(即矩阵的秩等于列数)，所以系统是状态能观的，即可以通过系统的输出来观测系统中未知的状态，为观测器的设计提供了理论基础。

5.2.3 驱动系统稳定性分析

对于该系统，采用 Lyapunov 方程处理方法，即线性时不变系统在平衡点处渐近稳定的充分必要条件是对任意给定的对称正定矩阵 $\boldsymbol{Q}$，存在一个对称正定矩阵 $\boldsymbol{P}$，使得方程

$$\boldsymbol{A}^{\mathrm{T}}\boldsymbol{P}+\boldsymbol{P}\boldsymbol{A}=-\boldsymbol{Q} \tag{5.2.5}$$

成立，那么该系统是渐近稳定的。

取 $\boldsymbol{Q}$ 为三阶单位矩阵，在 MATLAB 命令窗口中输入如下指令：

```
 % 系统的状态矩阵
>> A = [0  - 1 0.15;200 0 0; - 600  - 10  - 25];
 % 对称正定的矩阵,这里取为三阶单位矩阵
>> Q = eye(3);
 % 调用 lyap 函数
>>   P = lyap(A',Q)
 % 调用 eig 函数求特征值
>> val = eig(P)
```

运行结果如下：

```
P =
    137.8737     0.6317     0.2114
      0.6317     0.6604    - 0.0132
      0.2114    - 0.0132     0.0213
val =
      0.0206
      0.6578
    137.8769
```

由运算结果可得，矩阵 $\boldsymbol{P}$ 的特征值都是正的，所以矩阵 $\boldsymbol{P}$ 正定，所以系统在原点处的平衡状态是渐近稳定的。

5.3 打印机皮带驱动系统控制器设计

5.3.1 驱动系统极点配置状态反馈控制器设计

运用现代控制理论中的状态反馈和极点配置方法，对打印机皮带驱动系统设计状态反馈控制器。因为驱动系统是状态能控的，因此该系统可以通过状态反馈任意配置闭环极点。所设定的闭环极点可根据不同的性能指标进行修改。设计由式(5.1.10)描述的驱动系统的状态反馈控制器为 $\boldsymbol{u}=-\boldsymbol{K}\boldsymbol{x}$，其中 $\boldsymbol{K}$ 的值由所配置的极点决定。

设计者希望通过引入状态反馈控制器使输出超调量 $\sigma\leqslant 5\%$，峰值时间 $t_{\mathrm{p}}\leqslant 0.5\mathrm{s}$。对

此，设系统有一对主导极点，并且有

$$\lambda_{1,2} = -\xi\omega_n \pm j\omega_n\sqrt{1-\xi^2} \tag{5.3.1}$$

其中，ξ 和 ω_n 是二阶系统的阻尼比和无阻尼自振频率。利用二阶系统的阻尼比 ξ、无阻尼自振频率 ω_n 等参数和超调量 σ、峰值时间 t_p 的关系，由

$$\sigma = \exp\left(-\frac{\xi\pi}{\sqrt{1-\xi^2}}\right) \leqslant 5\%, \quad t_p = \frac{\pi}{\omega_n\sqrt{1-\xi^2}} \leqslant 0.5 \tag{5.3.2}$$

可得

$$\xi \geqslant 0.707, \quad \omega_n \geqslant 9$$

通过式(5.3.2)求得闭环系统的主导极点，而第 3 个极点选取在远离主导极点的左半开复平面中。因此，选取第 3 个极点为

$$\text{pole} = [-7.07 + 7.07j \quad -7.07 - 7.07j \quad -100] \tag{5.3.3}$$

采用爱克曼公式法可以得到要设计的状态反馈控制器为

$$u = [-81.5980 \quad 4.3770 \quad -0.8914]\boldsymbol{x} \tag{5.3.4}$$

从而得到校正后的闭环系统为

$$\begin{cases} \dot{\boldsymbol{x}} = \begin{bmatrix} 0 & -1 & 0.15 \\ 200 & 0 & 0 \\ -8759.8 & 427.7 & -114.1 \end{bmatrix} \boldsymbol{x} + \begin{bmatrix} 0 \\ 0 \\ -100 \end{bmatrix} u \\ y = [0 \quad 0 \quad -1]\boldsymbol{x} \end{cases} \tag{5.3.5}$$

在 MATLAB 软件中，编写如下 M 文件(Example531. m)：

```
% 系统状态矩阵
A = [0 -1 0.15;200 0 0;-600 -10 -25];
% 系统输入矩阵
B = [0;0;-100];
% 系统输出矩阵
C = [0 0 -1];
% 系统直接转移矩阵
D = [0];
%系统的极点配置
J = [-100 -7.07 + 7.07 * j -7.07 - 7.07 * j];
%调用 acker 函数求取状态反馈增益矩阵
K = acker(A,B,J);
t = 0:0.01:4;
% 调用 step 函数,求配置极点后的系统阶跃响应
[y,x1,t] = step(A - B * K,B,C,D,1,t);
% 调用 step 函数,求原系统阶跃响应
[yy,x2,t] = step(A,B,C,D,1,t);
subplot(2,1,1)
plot(t,yy)
xlabel('时间/s')
ylabel('yy')
```

```
grid on
subplot(2,1,2);
plot(t,y)
grid on
xlabel('时间/s')
ylabel('y')
```

运行 Example531. m 文件，结果如图 5.3.1 所示。

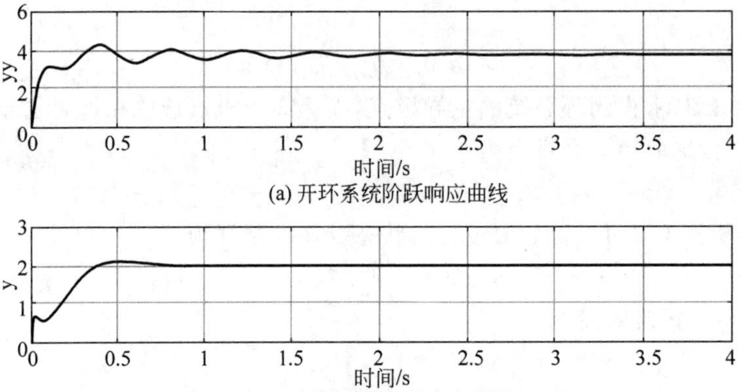

(a) 开环系统阶跃响应曲线

(b) 闭环系统阶跃响应曲线

图 5.3.1　开环系统与闭环系统的阶跃响应曲线

从图 5.3.1 可以看出，原系统阶跃响应有较为明显的振荡情况，从图 5.3.1(a)可以大致判断其调节时间约为 2.3s($\Delta=5$)，超调量为 15%。从控制对象来考虑，打印机打印头的控制容错率非常低，因此无论从调节时间还是超调量来看，原系统动态性能都非常差。因此需要配置极点使闭环系统具有更好的过渡过程性能，在根据需求配置极点后，得到图 5.3.1(b)的响应曲线。可以明显看到，配置极点后系统超调量非常小，调节时间不到 0.5s，系统动态性能显著提升，但此时的稳态值不再是原系统阶跃响应稳态值 3.774，出现了稳态误差。

5.3.2　驱动系统跟踪控制器设计

由原打印机驱动系统的阶跃响应和极点配置后闭环系统的阶跃响应曲线图 5.3.1 可知，校正后的系统存在稳态误差，即极点配置方法可能会使一个原来没有稳态误差的系统产生稳态误差。另一方面，实际驱动系统不可避免地存在外部扰动，比如外力碰撞打印机等。对于其中的确定性扰动，扰动的存在使得打印机驱动系统在稳态时不能很好地跟踪参考输入，从而产生输出稳态误差。因此，需要对打印机驱动系统设计能够实现无静差跟踪阶跃参考输入信号的渐近跟踪调节器，即跟踪控制器。

首先，建立原打印机驱动系统的增广系统

$$\begin{cases}\begin{bmatrix}\dot{\boldsymbol{x}}\\ \dot{q}\end{bmatrix}=\begin{bmatrix}\boldsymbol{A} & \boldsymbol{0}\\ \boldsymbol{C} & \boldsymbol{0}\end{bmatrix}\begin{bmatrix}\boldsymbol{x}\\ q\end{bmatrix}+\begin{bmatrix}\boldsymbol{B}\\ \boldsymbol{0}\end{bmatrix}\boldsymbol{u}\\ \boldsymbol{y}=[\boldsymbol{C} \quad \boldsymbol{0}]\begin{bmatrix}\boldsymbol{x}\\ q\end{bmatrix}\end{cases} \tag{5.3.6}$$

为了减小增广系统所增加的动态环节对原打印机驱动闭环系统性能的影响,要将增加的期望极点配置在打印机驱动闭环极点的左边,则再选择一个极点为－9。

在 MATLAB 软件中,编写如下 M 文件(Example532. m):

```
% 增广系统极点配置
A = [0 -1 0.15;200 0 0; -600 -10 -25];B = [0;0; -100];C = [0 0 -1];D = [0];
% 增广系统的状态矩阵
AA = [A zeros(3,1); C 0];
% 增广系统的输入矩阵
BB = [B;0];
% 增广系统极点配置
JJ = [ -100 -7.07 + 7.07 * 1i -7.07 - 7.07 * 1i -9];
% 调用 acker 函数求取状态反馈增益矩阵
KK = acker(AA,BB,JJ);
% 闭环系统参数矩阵
K1 = [KK(1) KK(2) KK(3)];K2 = KK(4);
% 增广闭环系统状态矩阵
Ac = [A - B * K1 -B * K2;C 0];
% 增广闭环系统输入矩阵
Bc = [0;0;0; - 3.774];
% 增广闭环系统输出矩阵
Cc = [C 0];
% 增广闭环系统直接转移矩阵
Dc = 0;
% 绘制闭环输出响应曲线
t = 0:0.01:4;
[yyy,x3,t] = step(Ac,Bc,Cc,Dc,1,t);
plot(t,yyy)
grid
xlabel('时间/s')
ylabel('y')
```

运行 Example532. m 文件,结果如图 5.3.2 所示。

在程序代码中,将跟踪的参考输出量设定为原系统阶跃响应稳态值 3.774,这样可以方便与原系统阶跃响应曲线进行比较。事实上,在实际系统中可以任意调整参考输出量来控制最后输出稳态值。从图 5.3.2 所示曲线可以看出,改进后的系统完美继承了原来由配置极点方法所设计闭环系统的动态性能,而且消除了稳态误差,从而进一步改善了系统性能。值得一提的是,通过设计跟踪控制器,原先由极点配置控制器得到的阶跃响应曲线

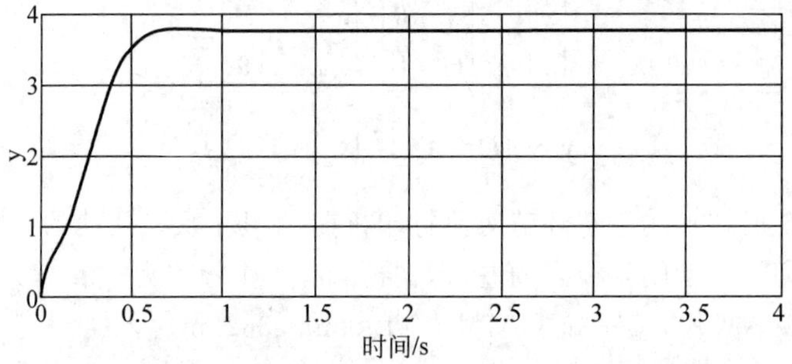

图 5.3.2　加入跟踪控制器后闭环系统的阶跃响应曲线

中无法消除的小尖峰也削除了，由此可得跟踪控制器增加的新极点对系统稳定性也有一定帮助。

5.3.3　驱动系统状态观测器设计

对打印机皮带驱动系统模型进行分析，可以发现系统内部的状态信号不完全是可以从外部直接测量得到的，或者某些信号非常不容易测量，如角加速度难以直接通过传感器测量，而且引入过多的传感器也会在一定程度上降低控制系统的可靠性。所以直接进行状态反馈的控制是不合适的。

从系统的性能分析中可知该系统是状态能观的，那么它所有的状态信息都必定在输出中得到反映，因此可以设计一个状态观测器，用系统的外部输入输出信息来确定其状态量，避免直接测量打印机皮带驱动系统的状态变量。

考虑由式(5.1.10)描述的打印机皮带驱动系统，设计龙伯格观测器为

$$\dot{\tilde{\boldsymbol{x}}} = \boldsymbol{A}\tilde{\boldsymbol{x}} + \boldsymbol{B}\boldsymbol{u} + \boldsymbol{L}(\boldsymbol{y} - \boldsymbol{C}\tilde{\boldsymbol{x}}) = (\boldsymbol{A} - \boldsymbol{L}\boldsymbol{C})\tilde{\boldsymbol{x}} + \boldsymbol{B}\boldsymbol{u} + \boldsymbol{L}\boldsymbol{y} \tag{5.3.7}$$

其中，误差 $\boldsymbol{e} = \boldsymbol{x} - \tilde{\boldsymbol{x}}$ 的动态变化为

$$\dot{\boldsymbol{e}} = (\boldsymbol{A} - \boldsymbol{L}\boldsymbol{C})\boldsymbol{e} \tag{5.3.8}$$

在建立观测器后，可以进一步通过仿真得出误差曲线来检验观测器的效果。

在 MATLAB 命令窗口中输入如下指令：

```
 % 系统的状态矩阵
>> A = [0 -1 0.15;200 0 0;-600 -10 -25];
   % 系统的输出矩阵
>> C = [0 0 -1];
   % V 为观测器极点
>> V = [-200 -14.14 + j * 14.14 -14.14 - j * 14.14];
   % L 为观测器增益矩阵
>> L = (acker(A',C',V))';
```

得到观测器的增益矩阵为

```
L =
     9.9993
   -23.3688
  -203.2800
```

且 $\boldsymbol{A}-\boldsymbol{LC}$ 得

```
AA =
          0        -1.0000     10.1493
   200.0000         0         -23.3688
  -600.0000       -10.0000    -228.2800
```

相应的观测器为

$$\dot{\tilde{\boldsymbol{x}}}=\begin{bmatrix}0 & -1 & 10.1493\\ 200 & 0 & -23.3688\\ -600 & -10 & -228.2800\end{bmatrix}\tilde{\boldsymbol{x}}+\begin{bmatrix}0\\ 0\\ -100\end{bmatrix}u+\begin{bmatrix}9.9993\\ -23.3688\\ -203.2800\end{bmatrix}y \tag{5.3.9}$$

状态估计的误差动态方程为

$$\dot{\boldsymbol{e}}=(\boldsymbol{A}-\boldsymbol{LC})\boldsymbol{e}=\begin{bmatrix}0 & -1 & 10.1493\\ 200 & 0 & -23.3688\\ -600 & -10 & -228.2800\end{bmatrix}\boldsymbol{e} \tag{5.3.10}$$

下面进一步通过仿真来检验观测器的效果。取初始误差为

$$\boldsymbol{e}(0)=[1 \quad 2 \quad 1.5]^{\mathrm{T}}$$

在 MATLAB 软件中，编写如下 M 文件(Example534.m)：

```
% AA 为误差系统状态矩阵
AA = [0 -1 10.1493;200 0 -23.3688; -600 -10 -228.28];
% BB 为误差系统输入矩阵
BB = [0;0;0];
C = [0 0 -1];
D = 0;
e0 = [1;2;1.5];                          % 初始误差向量
t = 0:0.01:4;
sys = ss(AA,BB,C,D);                     % 误差的状态空间模型
% 获得误差系统的初始状态响应
[y,t,e] = initial(sys,e0,t);
% 画出状态变量 1 的误差曲线
subplot(3,1,1),plot(t,e(:,1))
grid
ylabel('e1')
xlabel('时间/s')
subplot(3,1,2),plot(t,e(:,2))            % 画出状态变量 2 的误差曲线
grid
ylabel('e2')
xlabel('时间/s')
subplot(3,1,3)
```

```
plot(t,e(:,3))                              % 画出状态变量 3 的误差曲线
grid
ylabel('e3')
xlabel('时间/s')
```

运行 Example534.m 文件，可得到状态估计的误差曲线如图 5.3.3 所示。

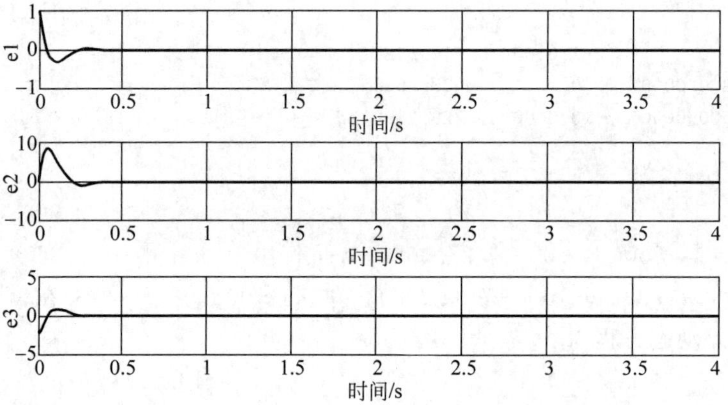

图 5.3.3　状态估计的误差曲线

从图 5.3.3 中可以看出，尽管系统的真实状态和观测器状态的初值有误差，但是随着时间的推移，它们之间的误差将衰减到零。由此可以得出，该观测器符合期望要求。采用这个观测器时，只需要测量输出 x_3 即角速度就可以估计系统的所有状态信息。

第6章 实例2：硬盘磁头定位控制系统分析与设计

硬盘是计算机系统的主要存储设备，并越来越多地应用于消费类电子产品，如数码相机、数码音乐播放器等。在硬盘里有一个或多个圆盘片（磁盘），这些磁盘套在一个转轴电机上，工作时它们以恒定速度旋转（如 7200r/min），在磁盘的表面刻有一个个同心圆圈（磁道），数据就保存在磁道上。为了准确读写磁道的数据，在每个盘面的音圈电机（Voice Coil Motor）处安装一个专用读写磁头，形成由转动臂、中枢轴承、线圈绕组和永磁磁铁等组成的组合体，同时转动臂的末端可在音圈电机的驱动下沿磁盘的半径方向移动，从而定位到对应的磁道（寻道）。随着存储介质、磁头、电机及半导体芯片等相关技术的不断发展，硬盘的存储容量成倍增长、磁道密度越来越高、读写速度不断提高。要保证可靠的读写性能，解决盘片的转速控制和磁头的定位控制问题具有重要意义。

6.1 硬盘磁头定位系统模型

6.1.1 磁头定位系统物理模型

硬盘磁头定位系统可分为单级驱动器模式和二级驱动器模式，本章只考虑单级驱动器模式。在分析单级驱动器时，把磁头臂当成一个理想的刚体，假设磁头臂在运动中受力作用后形状和大小不变。要完整描述一个硬盘驱动器系统的动态特性，所需的模型阶次可能会很高。特别地，音圈电机在不同工作模式下具有不同的动态特性，如旋转运动、电机转轴弯曲和悬臂弯曲，硬盘驱动器系统将产生高频模态，以及放大器、信号通道等噪声影响。因此，要将硬盘驱动器系统的所有频段动态特性准确建模是非常困难的。为此，本章主要考虑主导谐振频率时，音圈电机更加接近实际模型。考虑到电机的黏性阻尼和轴承的刚性，简化后的硬盘磁头系统模型如图 6.1.1 所示。其中，k_h 为轴承的刚性，b_h 为轴承的阻尼，m_h 为轴承的质量，x_h 为磁头的位移，l_c 为电机线圈相对于转轴的力臂，l_h 为磁头到转轴的力臂。

关于旋转中心(轴承)的力矩平衡方程为

$$J\ddot{\theta}=F_c l_c-b_h\dot{\theta}-k_h\theta \tag{6.1.1}$$

由于磁头的旋转角度很小，所以可以使用小角度线性化的方法进行线性化，其中，

$$J=m_h l_h^2,\quad \theta=\frac{x_h}{l_h} \tag{6.1.2}$$

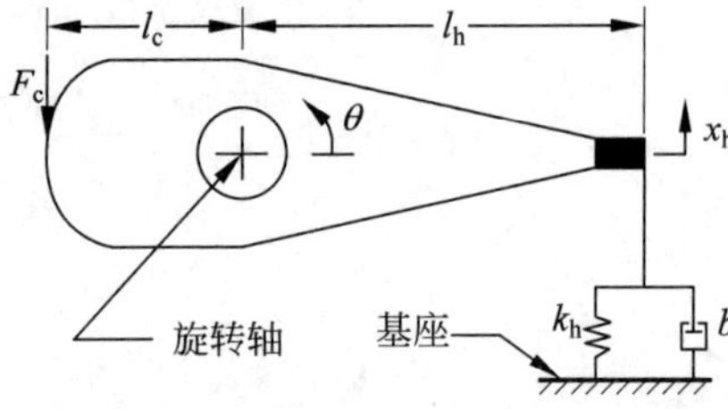

图 6.1.1 硬盘磁头系统简化模型

将式(6.1.2)代入式(6.1.1)中可得

$$m_h l_h^2\ddot{x}_h=F_c l_c l_h-b_h\dot{x}_h-k_h x_h \tag{6.1.3}$$

6.1.2 磁头定位系统状态空间模型

选取磁头位移 x_1 和速度 x_2 作为状态变量，输入量为音圈电机产生的驱动力 F_c，输出量是磁头的位移 y，建立磁头定位系统的状态空间模型为

$$\begin{cases}\begin{bmatrix}\dot{x}_1\\ \dot{x}_2\end{bmatrix}=\begin{bmatrix}0 & 1\\ -\dfrac{l_c}{m_h l_h} & 0\end{bmatrix}\begin{bmatrix}x_1\\ x_2\end{bmatrix}+\begin{bmatrix}0\\ 1\end{bmatrix}u\\ y=\begin{bmatrix}\dfrac{l_c}{m_h l_h} & 0\end{bmatrix}\begin{bmatrix}x_1\\ x_2\end{bmatrix}\end{cases} \tag{6.1.4}$$

假设某一硬盘磁头的结构参数为 $l_h=0.05\text{m}$，$l_c=0.02\text{m}$，$b_h=1.25$，$k_h=336$，$m_h=0.01\text{kg}$。考虑到放大器和执行器音圈电机的存在，将放大器、音圈电机和对象一起看作广义被控对象，此时将控制器的输出 u 作为广义系统的输入，放大器和音圈电机可等效为放大系数 K_c，其中 $K_c\approx 10000$，则得到实际系统的状态空间模型为

$$\begin{cases}\begin{bmatrix}\dot{x}_1\\ \dot{x}_2\end{bmatrix}=\begin{bmatrix}0 & 1\\ -672000 & -2500\end{bmatrix}\begin{bmatrix}x_1\\ x_2\end{bmatrix}+\begin{bmatrix}0\\ 1\end{bmatrix}u\\ y=\begin{bmatrix}400000 & 0\end{bmatrix}\begin{bmatrix}x_1\\ x_2\end{bmatrix}\end{cases} \tag{6.1.5}$$

6.1.3 磁头定位系统状态空间模型的离散化

磁头寻道时间通常小于 10ms，控制周期需要小于 10ms，则选取采样时间 $T=0.005\text{s}$。在 MATLAB 命令窗口中输入如下指令：

```
>> A = [0 1; - 672000 - 2500];                    % 系统的状态矩阵
```

```
>> B = [0;1];                              % 系统的输入矩阵
>> [G,H] = c2d(A,B,0.005)                  % 调用 c2d 函数
```

运行结果如下：

```
G =
    0.2513     0.0001
  -76.9636    -0.0351
H =
    1.0e-03 *
    0.0011
    0.1145
```

因此，所求的磁头定位系统的离散化状态空间模型为

$$\begin{cases}\boldsymbol{x}(k+1)=\begin{bmatrix}0.2513 & 0.0001\\ -76.9636 & -0.0351\end{bmatrix}\boldsymbol{x}(k)+\begin{bmatrix}0.0012\\ 0.0448\end{bmatrix}u(k)\\ y(k)=[400000 \quad 0]\,\boldsymbol{x}(k)\end{cases} \tag{6.1.6}$$

若取采样周期 $T=0.001\mathrm{s}$，则类似可得相应的离散化状态空间模型为

$$\begin{cases}\boldsymbol{x}(k+1)=\begin{bmatrix}0.8357 & 0.0003\\ -222.4057 & -0.0101\end{bmatrix}\boldsymbol{x}(k)+\begin{bmatrix}0.0002\\ 0.3310\end{bmatrix}u(k)\\ y(k)=[400000 \quad 0]\,\boldsymbol{x}(k)\end{cases} \tag{6.1.7}$$

从以上两个离散化状态空间模型可以看出，不同的采样周期所导出的离散化模型是不同的。这也验证了离散化状态空间模型依赖于所选取的采样周期的结论。

6.1.4 磁头定位系统状态空间模型转换为传递函数模型

在 MATLAB 命令窗口中输入如下指令：

```
>> A = [0 1; -672000 -2500];               % 系统的状态矩阵
>> B = [0;1];                              % 系统的输入矩阵
>> C = [400000 0];                         % 系统的输出矩阵
>> D = 0;                                  % 系统的直接转移矩阵
[num,den] = ss2tf(A,B,C,D)                 % 调用 ss2tf 函数
```

运行结果如下：

```
num =
    0           0        400000
den =
    1        2500        672000
```

因此，所求系统的传递函数为

$$G(s)=\frac{400000}{s^2+2500s+672000} \tag{6.1.8}$$

6.2 硬盘磁头定位系统性能分析

6.2.1 磁头定位系统运动响应分析

1. 磁头定位系统单位阶跃响应分析

为了获得磁头定位系统的单位阶跃响应曲线，在 MATLAB 软件中调用 step 函数，编写如下 M 文件(Example621. m)：

```
A = [0 1; - 672000  - 2500];            % 系统的状态矩阵
B = [0;1];                              % 系统的输入矩阵
C = [400000 0];                         % 系统的输出矩阵
D = 0;                                  % 系统的直接转移矩阵
step(A,B,C,D)                           % 调用 step 函数
axis([0 0.05 0 1])                      % 设置横纵坐标轴的最大值和最小值
xlabel('时间/s')                        % 给 x 轴加标注
ylabel('y')                             % 给 y 轴加标注
grid on                                 % 添加网格线
```

运行 Example621. m 文件，结果如图 6.2.1 所示。

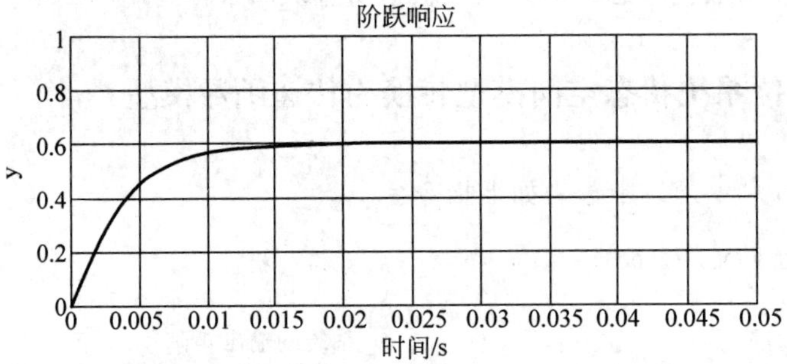

图 6.2.1　磁头定位系统的单位阶跃响应曲线

从如图 6.2.1 所示的曲线可以看到，系统达到稳态值的时间在 0.02s 左右，但是由于现在高速硬盘中要求的磁头寻道时间通常小于 10ms(以硬盘转速为 10000r/min 为例)，所以原系统的寻道时间远远达不到要求。

2. 磁头定位系统单位脉冲响应分析

为了获得磁头定位系统的单位脉冲响应，在 MATLAB 软件中调用 impulse 函数，编写如下 M 文件(Example622. m)：

```
A = [0 1; - 672000  - 2500];            % 系统的状态矩阵
```

```
B = [0;1];                                 % 系统的输入矩阵
C = [400000 0];                            % 系统的输出矩阵
D = 0;                                     % 系统的直接转移矩阵
impulse(A,B,C,D)                           % 调用函数
grid
```

运行 Example622. m 文件，结果如图 6.2.2 所示。

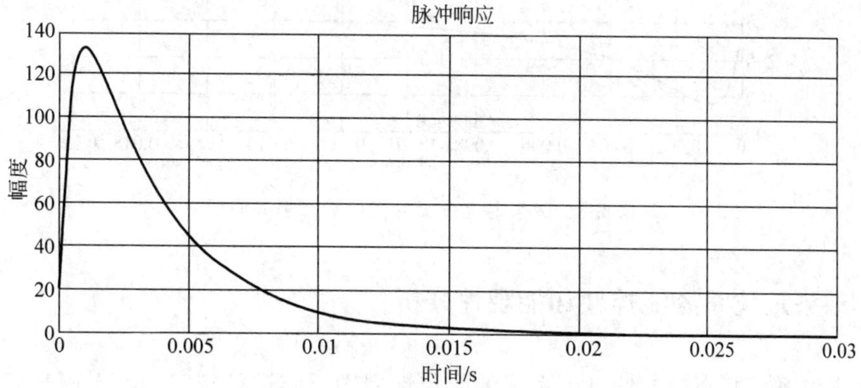

图 6.2.2　磁头定位系统的单位脉冲响应曲线

3. *磁头定位系统初始状态响应分析*

为了获得磁头定位系统的初始状态响应，在 MATLAB 软件中调用 initial 函数，编写如下 M 文件(Example623. m)：

```
A = [0 1; - 672000  - 2500];               % 系统的状态矩阵
B = [0;1];                                 % 系统的输入矩阵
C = [400000 0];                            % 系统的输出矩阵
D = 0;                                     % 系统的直接转移矩阵
step(A,B,C,D)                              % 调用 step 函数
x0 = [2,1];                                % 系统初始状态
[y,x,t] = initial(A,B,C,D,x0);             % 调用 initial 函数
subplot(2,1,1)                             % 创建子图
plot(t,x(:,1))                             % 调用 plot 画图函数
xlabel('时间/s')                           % 给 x 轴加注标
ylabel('x1')                               % 给 y 轴加注标
grid on                                    % 添加网格线
subplot(2,1,2)
plot(t,x(:,2))                             % 调用 plot 画图函数
xlabel('时间/s')                           % 给 x 轴加注标
ylabel('x2')                               % 给 y 轴加注标
grid on                                    % 添加网格线
```

运行 Example623. m 文件，结果如图 6.2.3 所示。

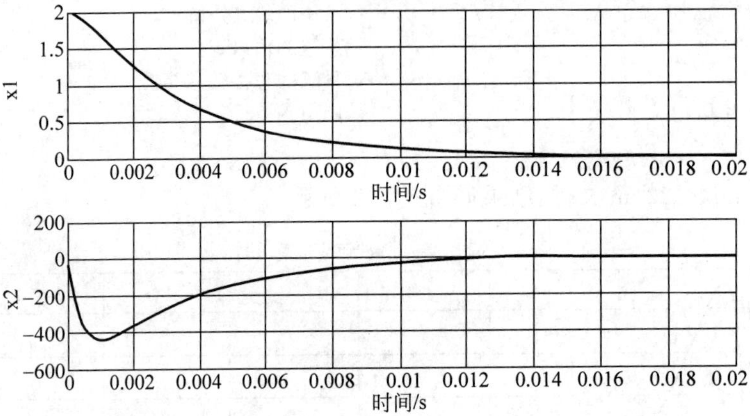

图 6.2.3 磁头定位系统的初始状态响应曲线

6.2.2 磁头定位系统能控性和能观性分析

磁头定位系统状态能控性可由系统的能控性判别矩阵进行判定，在 MATLAB 软件命令行窗口输入如下指令：

```
% 系统的状态矩阵
>> A = [0 1; - 672000 - 2500];
% 系统的输入矩阵
>> B = [0;1];
% 系统的输出矩阵
>> C = [400000 0];
% 系统的直接转移矩阵
>> D = 0;
% 获取能控性判别矩阵的秩
>> n = rank(ctrb(A,B))
```

运行结果如下：

```
n =
    2
```

能控性判别矩阵可写为

$$\boldsymbol{\Gamma}_{\mathrm{c}}[\boldsymbol{A},\boldsymbol{B}]=\begin{bmatrix}0 & 1\\1 & -2500\end{bmatrix}=2 \tag{6.2.1}$$

可以看到，能控性判别矩阵是满秩矩阵，所以该系统是状态能控的。系统能控意味着当磁头稍稍偏离目标磁头位置时，总可以通过控制音圈电机去驱动磁头回到目标位置。

同理可判断磁头定位系统的状态能观性判别矩阵是否满秩，在 MATLAB 软件命令行窗口输入如下指令：

```
% 系统的状态矩阵
>> A = [0 1; - 672000  - 2500];
% 系统的输入矩阵
>> B = [0;1];
% 系统的输出矩阵
>> C = [400000 0];
% 系统的直接转移矩阵
>> D = 0;
% 获取能控性判别矩阵的秩
>> n = rank(obsv(A,C))
```

运行结果如下：

```
n =
    2
```

能观性判别矩阵可写为

$$\boldsymbol{\Gamma}_{\mathrm{o}}[\boldsymbol{A},\boldsymbol{C}]=\begin{bmatrix}400000 & 0\\ 0 & 400000\end{bmatrix}=2 \qquad (6.2.2)$$

由能观性判别矩阵是满秩的可得该连续系统是能观的，这意味着该磁头的位移和磁头的速度可以通过输出量信息估计得到。

6.2.3 磁头定位系统稳定性分析

根据 Lyapunov 稳定性理论，线性时不变系统在平衡点 $\boldsymbol{x}_{\mathrm{e}}=\mathbf{0}$ 处渐近稳定的充分必要条件是对任意给定的对称正定矩阵 $\boldsymbol{Q}$，存在一个对称正定矩 $\boldsymbol{P}$，使得矩阵方程 $\boldsymbol{A}^{\mathrm{T}}\boldsymbol{P}+\boldsymbol{PA}=-\boldsymbol{Q}$ 成立。在 MATLAB 命令窗口中输入如下指令：

```
>> A = [0 1; - 672000  - 2500];          % 系统的状态矩阵
>> Q = [1 0;0 1];                        % 正定矩阵
>> P = lyap(A',Q)                        % 调用 lyap 函数
```

运行结果如下：

```
P =
  134.4021    0.0000
    0.0000    0.0002
```

由于矩阵 $\boldsymbol{P}$ 的所有特征值都是正的，故矩阵 $\boldsymbol{P}$ 是正定的，则该系统是渐近稳定的。

6.3 硬盘磁头定位系统控制器设计

磁头定位控制系统目标是控制磁头位置能够快速而精确地移动到目标磁道。磁头的移动通过一个音圈电机来驱动，磁头的位置由磁盘出厂时刻印在磁道上的信息获得，磁头定位

控制系统框图如图 6.3.1 所示。在某一时刻,由目标磁道和当前磁道的距离相减得到参考位移量 Δx,本节目标是设计相关控制器使得磁头能够快速而精确地移动参考位移量,到达目标磁道。

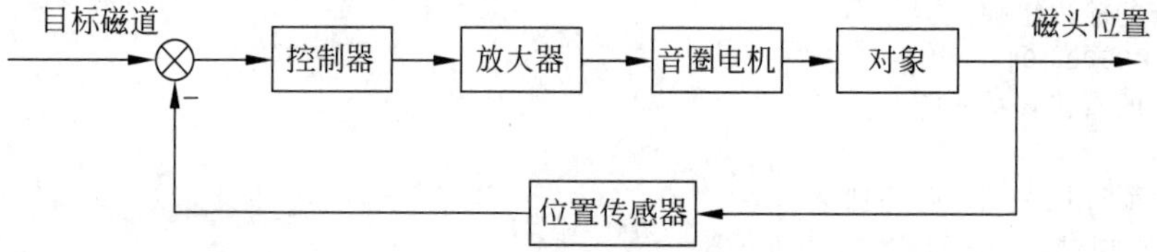

图 6.3.1　磁头定位控制系统框图

6.3.1　磁头定位系统极点配置状态反馈控制器设计

在实际磁头定位系统设计中,仅保证磁头定位闭环系统的稳定性是不够的,通常还需要使得闭环系统具有良好的过渡过程性能。注意到,系统的极点对闭环系统的性能起着决定性的作用。由 6.2.1 节的分析可知,磁头定位闭环系统的响应速度达不到高速硬盘的要求,因此,本节将采用极点配置的方法对磁头定位闭环系统的性能进行改进。

针对高速硬盘的要求,要求二阶系统的输出超调量 $\sigma \leqslant 5\%$,调节时间 $t_s \leqslant 0.01\mathrm{s}$。由于所考虑的是一个二阶系统,期望的两个极点可以这样设置:$\lambda_{1,2}=-\zeta\omega_n \pm \mathrm{j}\omega_n\sqrt{1-\xi^2}$,其中 ξ 和 ω_n 是二阶系统的阻尼比和无阻尼自然自振频率。由二阶系统的过渡过程性能指标的计算关系

$$\begin{cases}\sigma=\exp(-\xi\pi/\sqrt{1-\xi^2}\,)\leqslant 5\% \\ t_s=\dfrac{4}{\xi\omega_n}(\Delta=2\%)\end{cases} \tag{6.3.1}$$

计算可得

$$\xi \geqslant 0.707,\quad \omega_n \geqslant 565 \tag{6.3.2}$$

为计算方便,取 $\xi=0.707,\omega_n=600$,则主导极点为

$$\lambda_{1,2}=-424\pm \mathrm{j}424 \tag{6.3.3}$$

由直接法或变换法(或爱克曼公式法)可以得到要设计的状态反馈控制器为

$$u=-[312000\quad 1652]x \tag{6.3.4}$$

从而可导出校正后的闭环系统为

$$\begin{cases}\dot{\boldsymbol{x}}=\begin{bmatrix}0 & 1\\ -360000 & -848\end{bmatrix}\boldsymbol{x} \\ y=[400000\quad 0]\,\boldsymbol{x}\end{cases} \tag{6.3.5}$$

考虑闭环系统(见式(6.3.5)),为了获得其单位阶跃响应曲线,在 MABLAB 软件中编写如下 M 文件(Example631.m):

```
A=[0 1; -360000 -848];                  % 系统的状态矩阵
B=[0;1];                                % 系统的输入矩阵
C=[400000 0];                           % 系统的输出矩阵
D=0;                                    % 系统的直接转移矩阵
step(A,B,C,D)                           % 调用 step 函数
grid on;
```

运行 Example631.m 文件，结果如图 6.3.2 所示。

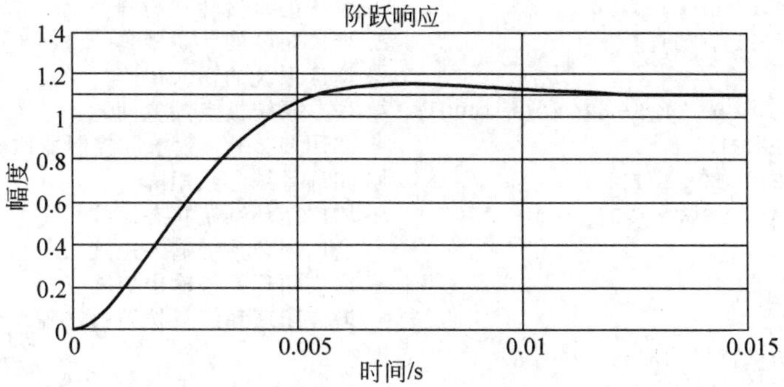

图 6.3.2　闭环系统的单位阶跃响应曲线

从图 6.3.2 中可以看到，通过极点配置法得到的闭环系统的单位阶跃响应超调量小于 5%，调节时间小于 0.01s，符合系统的设计要求，因此采用状态反馈控制器(见式(6.3.4))可以使得闭环系统具有满意的动态过程。

6.3.2　磁头定位系统跟踪控制器设计

家用硬盘的径向磁道密度为 600 条/mm，即一条磁道的宽度约为 1.67μm，由原系统的阶跃响应图 6.2.1 和极点配置后闭环系统的单位阶跃响应曲线图 6.3.2 可得，校正后的系统存在稳态误差，因而磁头不能准确移动到目标磁道，因此需要设计跟踪控制器来消除极点配置法中闭环系统输出稳态误差。

首先，建立原系统的增广系统为

$$\begin{cases}\begin{bmatrix}\dot{\boldsymbol{x}}\\ \dot{q}\end{bmatrix}=\begin{bmatrix}\boldsymbol{A} & \boldsymbol{0}\\ \boldsymbol{C} & \boldsymbol{0}\end{bmatrix}\begin{bmatrix}\boldsymbol{x}\\ q\end{bmatrix}+\begin{bmatrix}\boldsymbol{B}\\ \boldsymbol{0}\end{bmatrix}u+\begin{bmatrix}0\\ -1\end{bmatrix}y_{\mathrm{r}}\\ \qquad=\begin{bmatrix}0 & 1 & 0\\ -672000 & -2500 & 0\\ 400000 & 0 & 0\end{bmatrix}\begin{bmatrix}\boldsymbol{x}\\ q\end{bmatrix}+\begin{bmatrix}0\\ 1\\ 0\end{bmatrix}u+\begin{bmatrix}0\\ 0\\ -1\end{bmatrix}y_{\mathrm{r}}\\ y=\begin{bmatrix}\boldsymbol{C} & \boldsymbol{0}\end{bmatrix}\begin{bmatrix}\boldsymbol{x}\\ q\end{bmatrix}=\begin{bmatrix}400000 & 0 & 0\end{bmatrix}\begin{bmatrix}\boldsymbol{x}\\ q\end{bmatrix}\end{cases}\tag{6.3.6}$$

为了保持原系统期望的动态性能，即输出超调量 $\sigma\leqslant5\%$，调节时间 $t_{\mathrm{s}}\leqslant0.01\mathrm{s}$，应保持原闭

环极点 $\lambda_{1,2}=-424\pm j424$，同时为了减少增广系统所增加的动态环节对原系统性能的影响，选择增加的期望极点在要配置的闭环极点左边，可选为 $\lambda_3=-1000$。

在 MATLAB 软件中编写如下 M 文件(Example632. m)：

```
%% 增广系统极点配置
A = [0 1; - 360000 - 848];                      % 系统的状态矩阵
B = [0;1];                                      % 系统的输入矩阵
C = [400000 0];                                 % 系统的输出矩阵
D = 0;                                          % 系统的直接转移矩阵
AA = [A zeros(2,1);C 0];                        % 增广矩阵的状态矩阵
BB = [B;0];                                     % 增广系统的输入矩阵
J = [ - 424 + 424 * j - 424 - 424 * j - 1000];  % 增广系统极点配置问题
K = acker(AA,BB,J);                             % 调用 acker 函数求取控制器增益
K1 = [K(1) K(2)]; K2 = K(3);                    % 闭环系统参数矩阵
Ac = [A - B * K1 - B * K2; C 0];                % 增广闭环系统状态矩阵
Bc = [0;0; - 1];                                % 增广闭环系统输入矩阵
Cc = [C 0];                                     % 增广闭环系统输出矩阵
Dc = 0;                                         % 增广闭环系统直接转移矩阵
% 绘制闭环系统输出响应
[y,x,t] = step(Ac,Bc,Cc,Dc);
figure
plot(t,y)
xlabel('时间/s')
ylabel('y')
grid
```

可得 $\boldsymbol{K}=[5.3555 \quad -0.0065 \quad 0.0090]$，因此控制器为

$$u=[5.3555 \quad -0.0065]\,\boldsymbol{x}-0.0090\int_0^t e(\tau)\mathrm{d}\tau \tag{6.3.7}$$

运行 Example632. m 文件，得到相应的闭环系统的单位阶跃响应曲线如图 6.3.3 所示。

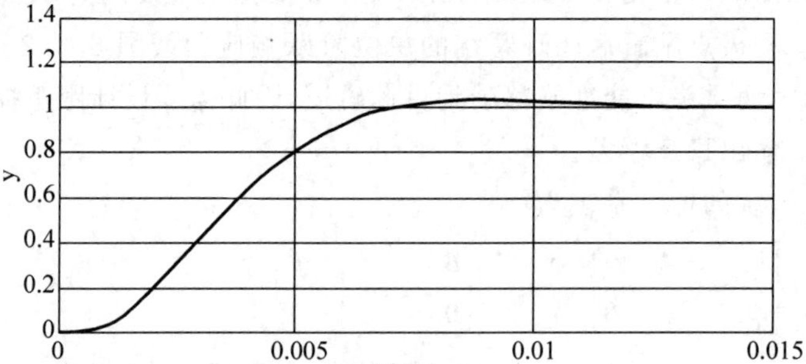

图 6.3.3 无静差闭环系统的单位阶跃响应曲线

从图 6.3.3 可看出，跟踪控制器设计的闭环系统调节时间小于 10ms，与原来的阶跃响应曲线(见图 6.2.1)相比，消除了稳定误差，使磁头能够准确地移动到目标磁道。

6.3.3 磁头定位系统基于状态观测器的控制器设计

在系统建模时，本章选择位移和速度作为状态变量，磁头的位移可以通过位移位置传感器得到，但磁头的速度测量成本高，测量比较困难，状态反馈控制器（见式(6.3.4)）在实际中是不可实现的，因此，有必要设计观测器来实时估计系统的状态，在此基础上设计反馈控制器。

考虑磁头定位系统，设计龙伯格观测器为

$$\dot{\tilde{\boldsymbol{x}}}=(\boldsymbol{A}-\boldsymbol{LC})\tilde{\boldsymbol{x}}+\boldsymbol{B}u+\boldsymbol{L}y \tag{6.3.8}$$

其中，误差 $\boldsymbol{e}=\boldsymbol{x}-\tilde{\boldsymbol{x}}$ 的动态变化情况为

$$\dot{\boldsymbol{e}}=\dot{\boldsymbol{x}}-\dot{\tilde{\boldsymbol{x}}}=(\boldsymbol{A}-\boldsymbol{LC})\boldsymbol{e} \tag{6.3.9}$$

其中，$(\boldsymbol{A}-\boldsymbol{LC})$称为观测器状态矩阵。要使式(6.3.8)能够称为磁头定位系统（见式(6.3.5)）观测器，必须保证观测器状态矩阵的特征值都具有负实部，且观测器极点的模长小于反馈控制器极点的模长，即观测器的响应速度要快于反馈控制器的响应速度。令观测器矩阵的特征多项式为 $\lambda^2+(400000l_1+2500)\lambda+(10000000000+400000l_2+672000)$，为了计算方便，将其配置成 $(\lambda+\omega_0)^2$ 的形式，ω_0 称为观测器带宽，则观测器的极点为 $\lambda_{1,2}=-\omega_0$，因而矩阵 $\boldsymbol{L}$ 的选择问题就转为观测器带宽的选取问题。选取 $\omega_0=20$，在 MATLAB 命令窗口中输入如下指令：

```
>> A = [0 1; - 672000  - 2500];          % 系统的状态矩阵
>> C = [400000 0];                       % 系统的输出矩阵
>> V = [ - 20  - 20];                    % 观测器的极点
>> L = (acker(A',C',V))'                 % 调用 acker 函数求取观测器的增益矩阵
```

运行结果如下：

```
L =
    - 0.0062
    13.6960
```

将 $\boldsymbol{L}$ 代入式(6.3.8)，有

$$\begin{aligned}\dot{\tilde{\boldsymbol{x}}}&=(\boldsymbol{A}-\boldsymbol{LC})\tilde{\boldsymbol{x}}+\boldsymbol{B}u+\boldsymbol{L}y\\&=\begin{bmatrix}2480 & 1\\-6150400 & -2500\end{bmatrix}\tilde{\boldsymbol{x}}+\begin{bmatrix}0\\1\end{bmatrix}u+\begin{bmatrix}-0.0063\\13.8450\end{bmatrix}y\end{aligned} \tag{6.3.10}$$

状态估计的误差动态矩阵为

$$\dot{\boldsymbol{e}}=\dot{\boldsymbol{x}}-\dot{\tilde{\boldsymbol{x}}}=(\boldsymbol{A}-\boldsymbol{LC})\boldsymbol{e}=\begin{bmatrix}2480 & 1\\-6150400 & -2500\end{bmatrix}\boldsymbol{e} \tag{6.3.11}$$

则应用观测器（见式(6.3.10)）和极点配置状态反馈控制器（见式(6.3.4)），可得基于观测器的输出反馈控制器，其中闭环系统的状态方程为

$$\begin{cases}\dot{\boldsymbol{x}}=\boldsymbol{A}\boldsymbol{x}+\boldsymbol{B}u=\boldsymbol{A}\boldsymbol{x}-\boldsymbol{B}\boldsymbol{K}\tilde{\boldsymbol{x}}\\ \dot{\tilde{\boldsymbol{x}}}=(\boldsymbol{A}-\boldsymbol{L}\boldsymbol{C}-\boldsymbol{B}\boldsymbol{K})\tilde{\boldsymbol{x}}+\boldsymbol{L}\boldsymbol{C}\boldsymbol{x}\end{cases} \tag{6.3.12}$$

可将它们写成矩阵向量形式，可得

$$\begin{bmatrix}\dot{\boldsymbol{x}}\\ \dot{\tilde{\boldsymbol{x}}}\end{bmatrix}=\begin{bmatrix}\boldsymbol{A} & -\boldsymbol{B}\boldsymbol{K}\\ \boldsymbol{L}\boldsymbol{C} & \boldsymbol{A}-\boldsymbol{L}\boldsymbol{C}-\boldsymbol{B}\boldsymbol{K}\end{bmatrix}\begin{bmatrix}\boldsymbol{x}\\ \tilde{\boldsymbol{x}}\end{bmatrix} \tag{6.3.13}$$

选取$[\boldsymbol{x}^{\mathrm{T}}\quad \boldsymbol{e}^{\mathrm{T}}]^{\mathrm{T}}$为闭环系统状态向量，由式(6.3.11)可知，则有

$$\begin{bmatrix}\dot{\boldsymbol{x}}\\ \dot{\boldsymbol{e}}\end{bmatrix}=\begin{bmatrix}\boldsymbol{A}-\boldsymbol{B}\boldsymbol{K} & -\boldsymbol{B}\boldsymbol{K}\\ \boldsymbol{0} & \boldsymbol{A}-\boldsymbol{L}\boldsymbol{C}\end{bmatrix}\begin{bmatrix}\boldsymbol{x}\\ \boldsymbol{e}\end{bmatrix} \tag{6.3.14}$$

取初始状态误差$\boldsymbol{x}(0)=[1\quad 2]^{\mathrm{T}}$，初始误差向量$\boldsymbol{e}(0)=[1\quad 2]^{\mathrm{T}}$。在 MATLAB 软件中编写以下 M 文件：

```
%% 输入误差系统的状态空间模型
AA = [0 1; - 672000  - 2500];                    % 误差系统的状态矩阵
B = [0;1];                                        % 误差系统的输入矩阵
C = [400000 0];                                   % 误差系统的输出矩阵
D = 0;
J = [ - 424 + 424 * 1i  - 424 + 424 * 1i];       % 极点配置的极点
V = [ - 20  - 20];                                % 观测器的极点
% 调用 acker 函数求取观测器的增益矩阵
L = (acker(AA',C',V))';
% 调用 acker 函数求取控制器增益
K = acker(AA,B,J);
Ac = [AA - B * K B * K;zeros(2,2) AA - L * C];   % 闭环系统状态矩阵
sys = ss(Ac,eye(4),eye(4),eye(4));
t = 0:0.01:1.5;
x = initial(sys,[2;1;1;2],t);
x1 = [1 0 0 0] * x';
x2 = [0 1 0 0] * x';
e1 = [0 0 1 0] * x';
e2 = [0 0 0 1] * x';
figure(1)
% 误差变量 e1 的曲线
subplot(2,1,1)
plot(t,e1)
grid
xlabel('时间/s')
ylabel('e_1')
% 误差变量 e2 的曲线
subplot(2,1,2)
plot(t,e2)
grid
xlabel('时间/s')
ylabel('e_2')
```

运行得到相应的闭环系统状态估计的误差曲线如图 6.3.4 所示。

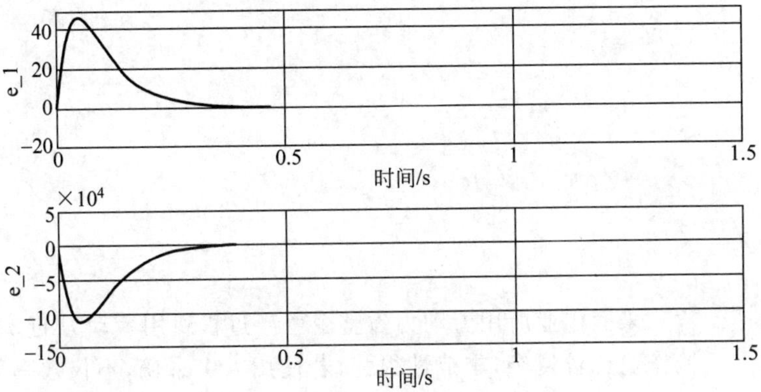

图 6.3.4　状态估计的误差曲线

由图 6.3.4 所示的状态估计误差曲线可以看出，尽管系统的真实状态和观测器状态的初值有误差，但随着时间的推移，它们之间的误差将衰减到零。

第7章 实例3：果实采摘机器人控制系统分析与设计

采摘作业所用劳动力占整个生产过程所用劳动力的33%～50%，采摘作业比较复杂，季节性很强，若使用人工采摘，不仅效率低、劳动量大，而且容易造成果实的损伤。使用采摘机械不仅能提高采摘效率，而且能降低损伤率，节省人工成本，提高了果农的经济效益。因此，提高采摘作业机械化程度有重要的意义。随着农业从业者的减少及老龄化趋势不断加大，采摘机械的开发利用具有巨大的经济效益和广阔的市场前景。自从20世纪60年代(1968年)美国人Schertz和Brown提出用机器人采摘果实之后，采摘机器人的研究受到广泛重视。1983年第一台采摘机器人在美国诞生，此后的30多年，美国、德国、英国、以色列、日本、韩国等国家相继展开了各种采摘机器人的研究，主要的研究对象有苹果、黄瓜、番茄、草莓、葡萄、西瓜等。我国采摘机器人的研究起步虽然比较晚，但也逐步发展起来。目前，比较典型的有番茄采摘机器人、草莓采摘机器人、葡萄采摘机器人及林木球果采摘机器人等，其中番茄采摘机器人如图7.0.1所示[①]。

图7.0.1　番茄采摘机器人

本章以果实采摘机器人控制系统为例，采用MATLAB工具设计果实采摘系统现代控制方法。果实采摘机机械臂上的摄像机与控制机械臂

① https://www.sohu.com/a/279423193_175192

的微机形成反馈回路,首先介绍这一过程的传递函数,然后得到该系统的状态空间模型,再对建立的状态空间模型分析果实采摘系统的稳定性、能控性、能观性等性能。进一步,运用极点配置状态反馈控制方法,设计果实采摘系统的状态反馈控制器和跟踪控制器,提高机械果实采摘控制系统的动态性能和鲁棒性能。最后,考虑果实采摘系统难以直接测量状态变量,设计系统的状态观测器,估计该系统中难以测量的状态变量,减少实际应用中传感器的使用数量,节约生产成本和维护成本。

7.1 果实采摘控制系统模型

7.1.1 采摘控制系统物理模型

目前的果实采摘机器人一般可分为移动机构、机械手、识别和定位系统、末端执行器等4部分。摘取果实过程主要采用机械臂上的闭环视觉伺服系统,先通过视觉传感器将成熟果实从复杂的背景中辨别出来,并提取其特征以便确定其空间位置,为机械手提供相应的运动参数。然后机械手逐渐逼近采摘目标,过程中不断比较夹具位置与目标位置的距离,最终稳定在目标点位置。最后通过压力传感器来实现果实的夹紧,利用旋转操作扭断果实柄,并取下果实。以日本冈山大学的Kondo等人研制的番茄采摘机器人为例,进行简单介绍。番茄采摘机器人结构简图如图7.1.1所示。

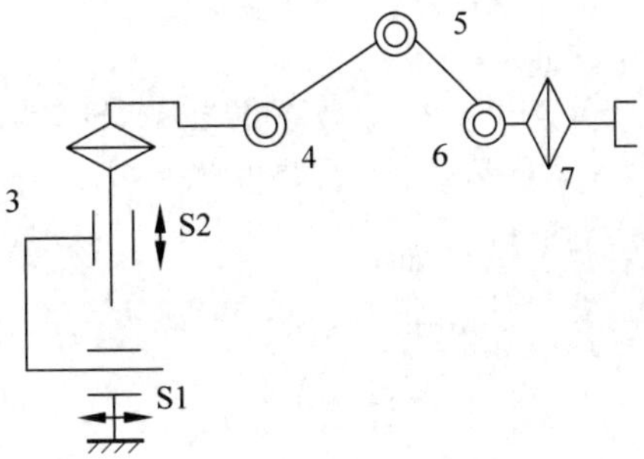

图7.1.1 番茄采摘机器人结构简图

图7.1.1中,S1指前后延伸棱柱关节,S2指上下延伸棱柱关节,3、4、5、6、7指旋转关节。该机器人采用由彩色摄像头和图像处理卡组成的视觉系统来寻找和识别成熟果实。考虑到番茄的果实经常被叶茎遮挡,为了能灵活避开障碍物,该机器人采用了具有冗余度的7自由度机械手。用彩色摄像头和图像处理卡组成的视觉系统,可寻找和识别成熟果实。为了不损伤果实,其末端执行器配有2个带有橡胶的手指和1个气动吸嘴,把果实吸住抓紧后,利用机械手的腕关节把果实拧下。行走机构有4个轮子,能在田间自动行走。该番茄采摘机器人的采摘速度大约是15s/个,成功率在70%左右。

7.1.2 采摘控制系统传递函数

如图7.1.2所示,摄像机用来与控制机械臂的微机形成反馈回路。这一过程的传递函数为

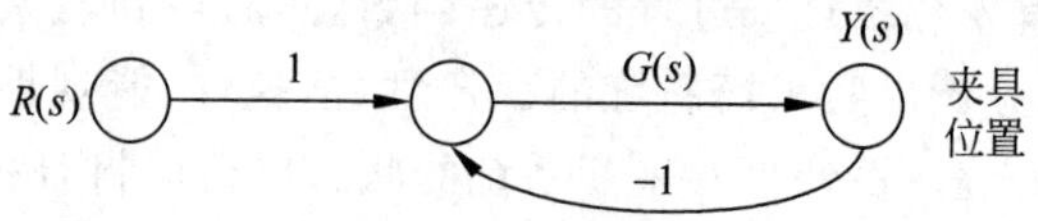

图 7.1.2　机械果实采摘控制系统节点图

$$G(s)=\frac{1}{s^2+6s+9} \tag{7.1.1}$$

7.1.3　采摘控制系统传递函数转换为状态空间模型

为了将果实采摘系统的传递函数(见式(7.1.1))转换为连续时间状态空间模型，在 MATLAB 软件中的命令行窗口输入如下指令：

```
% 传递函数分子多项式系数
>> num = [1];
% 传递函数分母多项式系数
>> den = [1 6 9];
% 调用 tf2ss 函数,将传递函数转换为状态空间模型
>> [A,B,C,D] = tf2ss(num,den)
```

运行结果如下：

```
A =
   -6    -9
    1     0
B =
    1
    0
C =
    0     1
D =
    0
```

因此，所求系统的状态空间模型为

$$\begin{cases}\begin{bmatrix}\dot{x}_1\\ \dot{x}_2\end{bmatrix}=\begin{bmatrix}-6 & -9\\ 1 & 0\end{bmatrix}\begin{bmatrix}x_1\\ x_2\end{bmatrix}+\begin{bmatrix}1\\ 0\end{bmatrix}u\\ y=\begin{bmatrix}0 & 1\end{bmatrix}\begin{bmatrix}x_1\\ x_2\end{bmatrix}\end{cases} \tag{7.1.2}$$

其中，状态量 x_1 为夹具移动速度，状态量 x_2 为夹具和果实的相对位置，输出 y 为夹具和果实的相对位置，输入量 u 为果实的参考位置。

7.1.4 采摘控制系统状态空间模型的离散化

连续时间状态空间模型(见式(7.1.2))的离散化方程可以写为

$$\begin{cases}\boldsymbol{x}(k+1)=\boldsymbol{G}(T)\boldsymbol{x}(k)+\boldsymbol{H}(T)\boldsymbol{u}(k)\\ \boldsymbol{y}(k)=\boldsymbol{C}\boldsymbol{x}(k)\end{cases} \tag{7.1.3}$$

其中,T 为采样时间。要求得离散时间状态空间模型,需要先求得 $\boldsymbol{G}(T)$ 和 $\boldsymbol{H}(T)$,而 $\boldsymbol{G}(T)$ 和 $\boldsymbol{H}(T)$ 的计算公式如下:

$$\begin{cases}\boldsymbol{G}(T)=\mathrm{e}^{\boldsymbol{A}T}\\ \boldsymbol{H}(T)=\left(\int_0^T \mathrm{e}^{\boldsymbol{A}\sigma}\mathrm{d}\sigma\right)\boldsymbol{B}\end{cases} \tag{7.1.4}$$

其中

$$\mathrm{e}^{\boldsymbol{A}T}=L^{-1}[(s\boldsymbol{I}-\boldsymbol{A})^{-1}] \tag{7.1.5}$$

已知系统的连续时间状态空间模型,MATLAB 提供了计算离散化状态空间模型中状态矩阵 $\boldsymbol{G}(T)$ 和输入矩阵 $\boldsymbol{H}(T)$ 的函数 c2d,选取采样时间 T 为 0.5s,在 MATLAB 软件命令行窗口输入如下指令:

```
% 系统的状态矩阵
>> A = [-6 -9;1 0];
% 系统的输入矩阵
>> B = [1;0];
% 调用 c2d 函数,将连续状态空间模型离散化
>> [G,H] = c2d(A,B,0.5)
```

运行结果如下:

```
G =
   -0.1116   -1.0041
    0.1116    0.5578
H =
    0.1116
    0.0491
```

因此,所求的离散状态空间模型为

$$\begin{cases}\boldsymbol{x}(k+1)=\begin{bmatrix}-0.1116 & -1.0041\\ 0.1116 & 0.5578\end{bmatrix}\boldsymbol{x}(k)+\begin{bmatrix}0.1116\\ 0.5578\end{bmatrix}u(k)\\ y(k)=[0\quad 1]\,\boldsymbol{x}(k)\end{cases} \tag{7.1.6}$$

若取采样周期 $T=0.1$s,则可通过 MATLAB 得到相应的离散化状态空间模型为

$$\begin{cases}\boldsymbol{x}(k+1)=\begin{bmatrix}0.5186 & -0.6667\\ 0.0741 & 0.9631\end{bmatrix}\boldsymbol{x}(k)+\begin{bmatrix}0.0741\\ 0.0041\end{bmatrix}u(k)\\ y(k)=[0\quad 1]\,\boldsymbol{x}(k)\end{cases} \tag{7.1.7}$$

从以上两个离散化状态空间模型可以看出，不同的采样周期所导出的离散化模型是不同的，这也验证了离散化状态空间模型依赖于所选取的采样周期。

7.2 果实采摘控制系统性能分析

7.2.1 采摘控制系统运动响应分析

1. 采摘控制系统单位阶跃响应分析

考虑由式(7.1.2)描述的连续时间系统，在 MATLAB 软件中调用 step 函数获得其单位阶跃响应，编写如下 M 文件(Example721.m)：

```
A = [ - 6  - 9;1 0];            % 系统的状态矩阵
B = [1;0];                      % 系统的输入矩阵
C = [0 1];                      % 系统的输出矩阵
D = 0;                          % 系统的直接转移矩阵
step(A,B,C,D)                   % 调用 step 函数,获取阶跃响应
xlabel('时间/s')                % 给 x 轴加标注
ylabel('y')                     % 给 y 轴加标注
grid                            % 添加网格线
```

运行 Example721.m 文件，结果如图 7.2.1 所示。

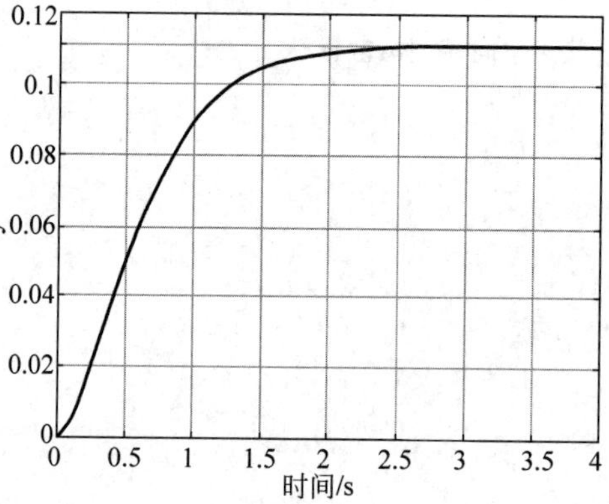

图 7.2.1　果实采摘控制系统的单位阶跃响应曲线

果实采摘控制系统的单位阶跃响应曲线如图 7.2.1 所示，可以观察到该系统是稳定的且达到稳态值的时间在 2.5s 左右，这对果实采摘来说，到达稳态值的时间偏长，需要对该系统进行改进。

2. 采摘控制系统单位脉冲响应分析

考虑由式(7.1.2)描述的连续时间系统，在 MATLAB 软件中调用 impulse 函数获得其

单位脉冲响应,编写如下 M 文件(Example722. m):

```
A = [ - 6  - 9;1 0];                    % 系统的状态矩阵
B = [1;0];                              % 系统的输入矩阵
C = [0 1];                              % 系统的输出矩阵
D = 0;                                  % 系统的直接转移矩阵
impulse(A,B,C,D)                        % impulse(脉冲响应)函数
xlabel('时间/s')                        % 给 x 轴加标注
ylabel('y')                             % 给 y 轴加标注
grid                                    % 添加网格线
```

运行 Example722. m 文件,结果如图 7.2.2 所示。

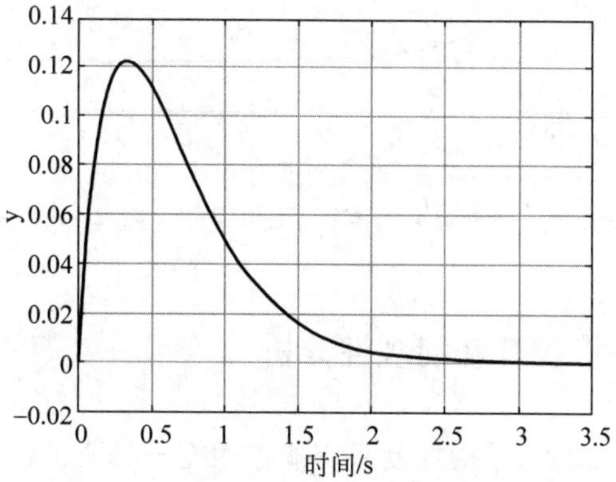

图 7.2.2　果实采摘控制系统的单位脉冲响应曲线

3. 采摘控制系统初始状态响应分析

考虑由式(7.1.2)描述的连续时间系统,在 MATLAB 软件中调用 initial 函数获得其初始状态响应,编写如下 M 文件(Example723. m):

```
A = [ - 6  - 9;1 0];                    % 系统的状态矩阵
B = [1;0];                              % 系统的输入矩阵
C = [0 1];                              % 系统的输出矩阵
D = 0;                                  % 系统的直接转移矩阵
x0 = [2;2];                             % 系统的初始状态
[y,x,t] = initial(A,B,C,D,x0)           % 调用 initial 函数
subplot(2,1,1)                          % 创建子图 1
plot(t,x(:,1))
xlabel('时间/s')
ylabel('x_1')
grid
subplot(2,1,2)                          % 创建子图 2
plot(t,x(:,2))
xlabel('时间/s')
ylabel('x_2')
grid
```

运行 Example723. m 文件，结果如图 7.2.3 所示。

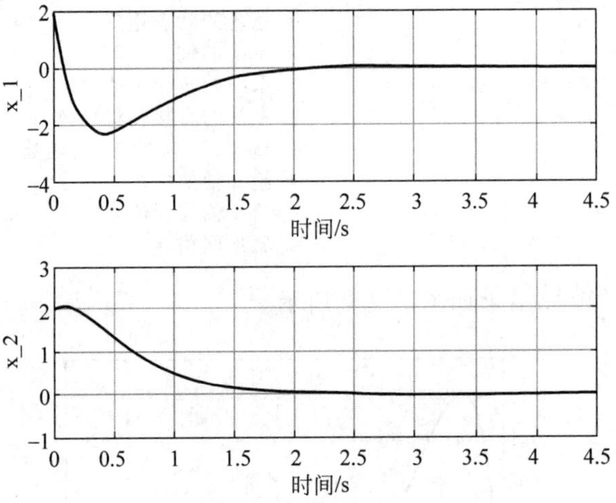

图 7.2.3　果实采摘控制系统的初始状态响应曲线

7.2.2　采摘控制系统能控性和能观性分析

根据现代控制理论的知识，采摘控制系统能控的充分必要条件为

$$\operatorname{rank}(\boldsymbol{\Gamma}_{\mathrm{c}}[\boldsymbol{A},\boldsymbol{B}])=\operatorname{rank}([\boldsymbol{B}\quad \boldsymbol{AB}])=2 \tag{7.2.1}$$

即能控性判别矩阵$\boldsymbol{\Gamma}_{\mathrm{c}}[\boldsymbol{A},\boldsymbol{B}]$满秩意味着系统是能控的，系统能控意味着当夹具位置和果实位置出现偏差时，总可以通过控制机械臂使得偏差为零。

同理，系统能观的充分必要条件为

$$\operatorname{rank}(\boldsymbol{\Gamma}_{\mathrm{o}}[\boldsymbol{A},\boldsymbol{C}])=\operatorname{rank}\begin{bmatrix}\boldsymbol{C}\\ \boldsymbol{CA}\end{bmatrix}=2 \tag{7.2.2}$$

即能观性判别矩阵$\boldsymbol{\Gamma}_{\mathrm{o}}[\boldsymbol{A},\boldsymbol{C}]$满秩意味着系统状态是能观的，系统能观意味着该系统的状态都能够测量。

在 MATLAB 软件命令行窗口输入如下指令：

```
 % 系统的状态矩阵
>> A = [ - 6 - 9;1 0];
 % 系统的输入矩阵
>> B = [1;0];
 % 系统的输出矩阵
>> C = [0 1];
 % 系统的直接转移矩阵
>> D = 0;
 % 获取能控性判别矩阵的秩
>> n = rank(ctrb(A,B))
```

运行结果如下：

```
n =
     2
```

可以看出能控性判别矩阵是满秩的，则果实采摘系统状态完全能控。

在 MATLAB 软件命令行窗口输入如下指令：

```
>> A = [ - 6  - 9;1 0];
 % 系统的输入矩阵
>> B = [1;0];
 % 系统的输出矩阵
>> C = [0 1];
 % 系统的直接转移矩阵
>> D = 0;
 % 获取能观性判别矩阵的秩
>> n = rank(obsv(A,C))
```

运行结果如下：

```
n =
    2
```

可以看出能观性判别矩阵是满秩的，则果实采摘系统状态完全能观。

7.2.3 采摘控制系统稳定性分析

根据 Lyapunov 稳定性理论可知，果实采摘系统在平衡点 $\boldsymbol{x}_e = \boldsymbol{0}$ 处渐近稳定的充分必要条件是对任意给定的对称正定矩阵 $\boldsymbol{Q}$，存在一个对称正定矩阵 $\boldsymbol{P}$，使得矩阵方程 $\boldsymbol{A}^{\mathrm{T}}\boldsymbol{P}+\boldsymbol{PA}=-\boldsymbol{Q}$ 成立。在 MATLAB 软件中调用 lyap 函数，在命令行窗口输入如下指令：

```
 % 系统的状态矩阵
>> A = [ - 6  - 9;1 0];
 % 任意给定正定矩阵
>> Q = [1 0;0 1];
 % 调用 lyap 函数
>> P = lyap(A',Q)
```

运行结果如下：

```
P =
    0.0926    0.0556
    0.0556    1.1667
```

由于矩阵 $\boldsymbol{P}$ 的所有特征值都是正的，故矩阵 $\boldsymbol{P}$ 是正定的，则该果实采摘系统是渐近稳定的。

7.3 果实采摘系统控制器设计

7.3.1 采摘系统极点配置状态反馈控制器设计

在实际果实采摘系统设计中，仅仅保证闭环系统的稳定性是不够的，通常还需要使得闭环系统具有良好的过渡过程性能，而极点对果实采摘闭环系统的性能起着决定性的作用。由7.2.1节的分析可知，果实采摘系统达到稳态时间较慢，因此本章将采用极点配置的方法对闭环系统的性能进行改进。

若要求二阶系统的输出超调量$\sigma \leqslant 5\%$，调节时间$t_s \leqslant 1s$，由于所考虑的果实采摘系统是一个二阶控制系统，期望的两个极点可以设计如下：

$$\lambda_{1,2} = -\zeta\omega_n \pm j\omega_n\sqrt{1-\xi^2} \tag{7.3.1}$$

其中，ξ和ω_n分别是二阶系统的阻尼比和无阻尼自然自振频率，由二阶系统的过渡过程性能指标的计算关系

$$\sigma = \exp(-\xi\pi/\sqrt{1-\xi^2}) \leqslant 5\%, t_s = \frac{4}{\xi\omega_n}(\Delta = 2\%) \tag{7.3.2}$$

计算可得

$$\xi \geqslant 0.707, \omega_n \geqslant 5.65 \tag{7.3.3}$$

结合式(7.3.2)可得出主导极点为

$$\lambda_{1,2} = -4 \pm j4 \tag{7.3.4}$$

采用爱克曼公式法可以得到要设计的状态反馈控制器为

$$u = -\boldsymbol{Kx} = -[2 \quad 23]\,\boldsymbol{x} \tag{7.3.5}$$

从而可以导出校正后的果实采摘闭环系统为

$$\begin{cases} \dot{\boldsymbol{x}} = (\boldsymbol{A} - \boldsymbol{BK})\boldsymbol{x} + \boldsymbol{C}u = \begin{bmatrix} -8 & -32 \\ 1 & 0 \end{bmatrix}\boldsymbol{x} + \begin{bmatrix} 1 \\ 0 \end{bmatrix}u \\ y = [0 \quad 1]\,\boldsymbol{x} \end{cases} \tag{7.3.6}$$

在MATLAB软件中调用acker、step函数，编写如下M文件(Example731.m)：

```
A = [-6 -9;1 0];                        % 系统的状态矩阵
B = [1;0];                              % 系统的输入矩阵
C = [0 1];                              % 系统的输出矩阵
A = [-6 -9;1 0];                        % 系统的状态矩阵
B = [1;0];                              % 系统的输入矩阵
J = [-4+4*1i -4-4*1i];                  % 系统的期望极点
K=acker(A,B,J);                         % 调用acker函数获取状态反馈增益矩阵
step(A-B*K,B,C,D)                       % 调用step函数获取配置极点后系统阶跃响应
xlabel('时间/s')
ylabel('y')
grid
```

运行 Example731. m 文件,结果如图 7.3.1 所示。

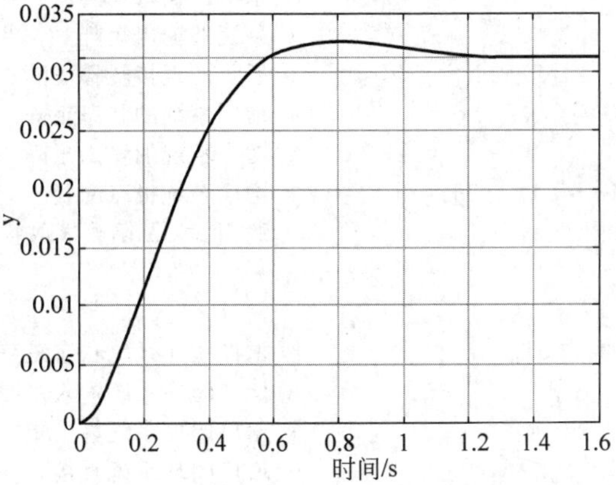

图 7.3.1　闭环系统的单位阶跃响应曲线

可观察到采用极点配置后的闭环系统的单位阶跃响应曲线如图 7.3.1 所示,从图中可以看到,该系统的单位阶跃响应超调量小于 5%,调节时间小于 1s,符合系统的设计要求,因此采用如式(7.3.5)的状态反馈控制器可以使得闭环系统具有满意的动态过程。

7.3.2　采摘系统跟踪控制器设计

由采摘控制系统的阶跃响应图 7.2.1 和极点配置后闭环系统的阶跃响应图 7.3.1 可得,校正后的系统存在稳态误差,因此需要设计跟踪控制器来消除极点配置法中闭环系统输出稳态误差。

首先,建立采摘控制系统的增广系统为

$$\begin{cases} \begin{bmatrix} \dot{\boldsymbol{x}} \\ \dot{q} \end{bmatrix} = \begin{bmatrix} \boldsymbol{A} & \boldsymbol{0} \\ \boldsymbol{C} & \boldsymbol{0} \end{bmatrix} \begin{bmatrix} \boldsymbol{x} \\ q \end{bmatrix} + \begin{bmatrix} \boldsymbol{B} \\ \boldsymbol{0} \end{bmatrix} \boldsymbol{u} \\ \boldsymbol{y} = [\boldsymbol{C} \quad \boldsymbol{0}] \begin{bmatrix} \boldsymbol{x} \\ q \end{bmatrix} \end{cases} \tag{7.3.7}$$

其中,q 为输出跟踪偏差向量 $\boldsymbol{e}_y = \boldsymbol{y} - \boldsymbol{y}_r$ 的积分。

$$q(t) = \int_0^t \boldsymbol{e}_y(\tau)\mathrm{d}\tau = \int_0^t [\boldsymbol{y}(\tau) - \boldsymbol{y}_r(\tau)]\mathrm{d}\tau \tag{7.3.8}$$

其中,$\boldsymbol{y}_r$ 为参考输出轨迹。

为了保持采摘控制系统期望的动态性能,即输出超调量 $\sigma \leqslant 5\%$,调节时间 $t_s \leqslant 1\mathrm{s}$,应保持原闭环极点为 $-4 \pm \mathrm{j}4$,同时为了减少增广系统所增加的动态环节对原系统性能的影响,选择增加的期望极点在要配置的闭环极点左边,可选为 -8。在 MATLAB 软件中调用 acker 和 step 函数,编写如下 M 文件(Example732. m):

```
A = [ - 6  - 9;1 0];                          % 系统的状态矩阵
B = [1;0];                                    % 系统的输入矩阵
C = [0 1];                                    % 系统的输出矩阵
D = 0;                                        % 系统的直接转移矩阵
AA = [A zeros(2,1); C 0];                     % 增广系统的状态矩阵
BB = [B;0];                                   % 增广系统的输入矩阵
JJ = [ - 4 + 4 * 1i  - 4 - 4 * 1i  - 8];      % 增广系统极点配置
KK = acker(AA,BB,JJ)                          % 调用 acker 函数求取状态反馈增益矩阵
K1 = [KK(1) KK(2)];
K2 = KK(3);
Ac = [A - B * K1  - B * K2;C 0];              % 增广闭环系统状态矩阵
Bc = [0;0; - 1];                              % 增广闭环系统输入矩阵
Cc = [C 0];                                   % 增广闭环系统输出矩阵
Dc = 0;                                       % 增广闭环系统直接转移矩阵
Step(Ac,Bc,Cc,Dc);
xlabel('时间/s')
ylabel('y')
grid
```

运行 Example732.m 文件,结果如下:

```
KK =
   10    87   256
```

因此,跟踪控制器为

$$u = [10 \quad 87]\boldsymbol{x} - 256\int_0^t \boldsymbol{e}_y(\tau)\mathrm{d}\tau \tag{7.3.9}$$

相应的闭环系统单位阶跃响应曲线如图 7.3.2 所示。

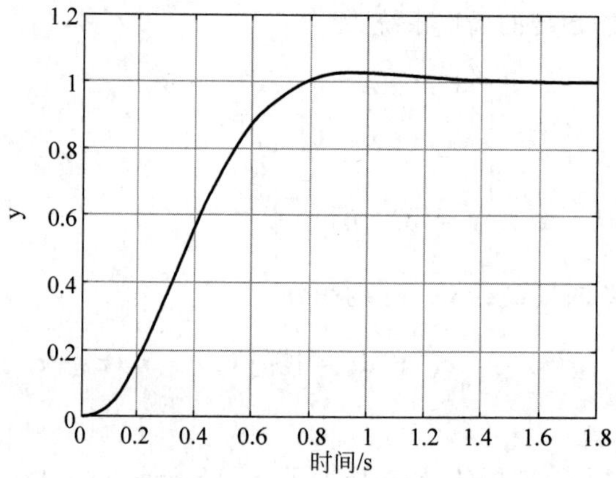

图 7.3.2 跟踪控制器闭环系统的单位阶跃响应曲线

7.3.3 采摘系统基于状态观测器的控制器设计

在采摘控制系统建模时,选择夹具移动的速度、夹具和果实的相对位置作为状态变量,尽管这些信号都可以通过传感器测量得到,但要测量所有的信号一方面会造成采摘控制系统成本的提高;另一方面,大量的传感器引入也会使得采摘控制系统的可靠性降低。因此,有必要设计观测器来实时估计采摘控制系统的状态,在此基础上设计反馈控制器。

考虑由式(7.1.2)描述的采摘控制系统,设计龙伯格观测器为

$$\dot{\tilde{\boldsymbol{x}}}=\boldsymbol{A}\tilde{\boldsymbol{x}}+\boldsymbol{Bu}+\boldsymbol{L}(\boldsymbol{y}-\boldsymbol{C}\tilde{\boldsymbol{x}})=(\boldsymbol{A}-\boldsymbol{LC})\tilde{\boldsymbol{x}}+\boldsymbol{Bu}+\boldsymbol{Ly} \tag{7.3.10}$$

其误差 $\boldsymbol{e}$ 的动态变化情况为

$$\dot{\boldsymbol{e}}=(\boldsymbol{A}-\boldsymbol{LC})\boldsymbol{e} \tag{7.3.11}$$

其中,$\boldsymbol{A}-\boldsymbol{LC}$ 称为观测器状态矩阵,要使所设计的龙伯格观测器(见式(7.3.10))能够称为采摘控制系统的观测器,必须保证观测器状态矩阵的特征值都具有负实部,作为一般规则,观测器的极点应该比采摘控制系统极点快 2~5 倍,从而使得状态估计误差的衰减比系统响应快 2~5 倍,可让该系统观测器的极点为 −2 和 −2。在 MATLAB 软件命令行窗口输入如下指令:

```
>> A = [ - 6  - 9;1 0];
>> B = [1;0];
>> C = [0 1];
 % 状态观测器的极点
>> V = [ - 2; - 2];
 % 调用 acker 函数求取观测器增益矩阵
>> L = (acker(A',C',V))'
```

运行结果如下:

```
L =
      7
    - 2
```

则相应的观测器为

$$\dot{\tilde{\boldsymbol{x}}}=\begin{bmatrix}-6 & -16\\ 1 & 2\end{bmatrix}\tilde{\boldsymbol{x}}+\begin{bmatrix}1\\0\end{bmatrix}u+\begin{bmatrix}7\\-2\end{bmatrix}y \tag{7.3.12}$$

状态估计的误差方程为

$$\dot{\boldsymbol{e}}=\dot{\boldsymbol{x}}-\dot{\tilde{\boldsymbol{x}}}=(\boldsymbol{A}-\boldsymbol{LC})\boldsymbol{e}=\begin{bmatrix}-6 & -16\\ 1 & 2\end{bmatrix}\boldsymbol{e} \tag{7.3.13}$$

初始误差向量为

$$\boldsymbol{e}(0)=[2\quad 2] \tag{7.3.14}$$

在 MATLAB 软件中调用 ss 函数和 initial 函数,编写如下 M 文件(Example733.m):

```
A = [ - 6  - 9;1 0];                          % 系统的状态矩阵
B = [1;0];                                    % 系统的输入矩阵
C = [0 1];                                    % 系统的输出矩阵
V = [ - 2; - 2];                              % 状态观测器的极点
AA = [ - 6   - 16 ;1  2];                     % 误差系统的状态矩阵
BB = [0;0];                                   % 误差系统的输入矩阵
C = [1 0];                                    % 误差系统的输出矩阵
D = 0;                                        % 系统的直接转移矩阵
e0 = [2;2];
t = 0:0.1:5;
sys = ss(AA,BB,C,D);
[y,t,e] = initial(sys,e0,t);                  % 调用 initial 函数求取系统的初始状态响应
subplot(2,1,1)                                % 误差 e1 图
plot(t,e(:,1))
xlabel('时间/s')
ylabel('e_1')
grid
subplot(2,1,2)                                % 误差 e2 图
plot(t,e(:,2))
xlabel('时间/s')
ylabel('e_2')
grid
```

运行 Example733.m 文件,结果如图 7.3.3 所示。

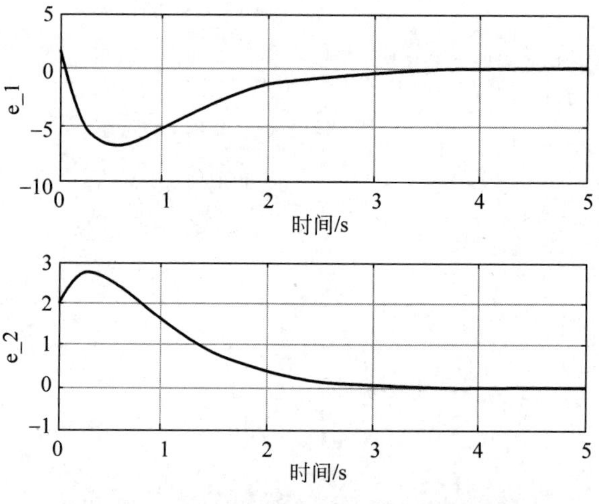

图 7.3.3　果实采摘系统的状态估计误差曲线

由图 7.3.3 所示的状态估计误差曲线可以看出,尽管系统的真实状态和观测器状态的初值有误差,但随着时间的推移,它们之间的误差将衰减到零。

第8章 实例4：磁悬浮控制系统分析与设计

磁悬浮[Electromagnetic Levitation(EML)，Electromagnetic Suspension (EMS)]技术利用磁场力使物体沿着或绕着某一基准框架的轴保持固定位置，应用于轨道列车将大大提高列车的运行性能。磁悬浮列车和磁悬浮铁球示例如图 8.0.1 所示①。由于悬浮体和支撑之间没有任何接触，克服了由摩擦带来的能量消耗和速度限制，因此磁悬浮系统具有寿命长、能耗低、无污染、无噪声和安全可靠等优点，目前磁悬浮系统在国内外得到了广泛研究。随着控制理论的不断完善和发展，采用先进控制技术对磁悬浮系统进行设计和控制，使系统具备更好的悬浮运动性能，特别是电子计算机和先进控制技术的发展，带动了磁悬浮控制系统向智能化方向的快速发展。

(a) 磁悬浮列车　　(b) 磁悬浮铁球

图 8.0.1　磁悬浮系统示例

本章在分析磁悬浮系统构成及工作原理的基础上，建立数学模型，并结合自动控制原理和现代控制理论有关的知识，分别从传递函数和状态空间模型入手，分析系统的运动特性、能控性和能观性，以及系统的稳定性，再开展控制器和观测器的设计，并通过 MATLAB 软件仿真验证设计结果，使得原本抽象的性质显得直观易懂。

---

① https://image.baidu.com/

8.1 磁悬浮控制系统模型

8.1.1 磁悬浮控制系统物理模型

为了建立磁悬浮控制系统的模型，将复杂的磁悬浮系统（如图 8.0.1 所示）简化为如图 8.1.1 所示的电磁悬浮系统示意图。电磁铁位于实验系统的上方，利用电磁力 F，希望将铁球悬浮起来。

考虑图 8.1.1 所示磁悬浮系统，可以看出处于磁悬浮系统中的铁球受重力和电磁力的作用。根据牛顿第二运动定律可以得到铁球的运动方程为

$$m\frac{\mathrm{d}^2 d_g(t)}{\mathrm{d}t^2}=mg-F(i_g,d_g) \tag{8.1.1}$$

其中，d_g 为铁球运动过程中与电磁铁之间的间隙，i_g 为铁球运动过程中磁悬浮系统电路中流过的电流，m 为铁球质量，g 为重力加速度。

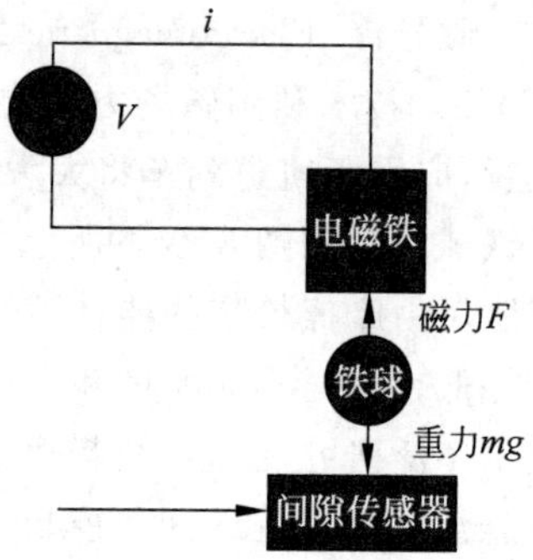

图 8.1.1 电磁悬浮系统示意图

已知电磁力的计算公式

$$F(i_g,d_g)=k\frac{i_g^2}{d_g^2} \tag{8.1.2}$$

其中，k 为电磁系数。对电磁力进行如下二元函数泰勒展开：

$$F(i_g,d_g)=F(I_0,D_0)+\frac{\partial F(I_0,D_0)}{\partial i_g}(i_g-I_0)+\frac{\partial F(I_0,D_0)}{\partial d_g}(d_g-D_0) \tag{8.1.3}$$

其中，D_0 为铁球处于稳定状态下与电磁铁之间的间隙，即工作点的间隙，I_0 铁球处于稳定状态下电路中流过的电流，即工作点的电流。定义系数 $k_i=\frac{\partial F(I_0,D_0)}{\partial i_g}$ 为磁悬浮系统的电流刚度系数，系数 $k_x=\frac{\partial F(I_0,D_0)}{\partial x_g}$ 为磁悬浮系统的位移刚度系数。

当小球处于平衡状态时，对小球受力分析可知

$$mg=F(I_0,D_0)=\frac{kI_0^2}{D_0^2} \tag{8.1.4}$$

则将式(8.1.2)～式(8.1.4)代入式(8.1.1)可得

$$m\frac{\mathrm{d}^2 d_g(t)}{\mathrm{d}t^2}+k_i(i_g-I_0)+k_x(d_g-D_0)=0 \tag{8.1.5}$$

设加在线圈两端的电压为 u，对磁悬浮系统应用基尔霍夫电压定律可得

$$u(t)=Ri_g(t)+L\frac{\mathrm{d}i_g(t)}{\mathrm{d}t} \tag{8.1.6}$$

其中，R 为线圈等效电阻，L 为线圈等效电感。令 $i=i_g-I_0$，$d=d_g-D_0$，则有

$$\begin{cases} m\ddot{d}=-k_i i-k_x d \\ L\dot{i}=-Ri+u(t) \end{cases} \tag{8.1.7}$$

其中，i 为磁悬浮系统中的电流变化量，d 为磁悬浮系统中铁球与电磁铁之间的间隙变化量。

8.1.2 磁悬浮控制系统状态空间模型

考虑磁悬浮系统(见式(8.1.7))，选择状态变量 $x_1=d$，$x_2=\dot{d}$，$x_3=i$ 和输出变量 $y=d$，则该磁悬浮系统的状态空间模型为

$$\begin{cases} \dot{\boldsymbol{x}}=\begin{bmatrix}\dot{x}_1\\ \dot{x}_2\\ \dot{x}_3\end{bmatrix}=\begin{bmatrix}0 & 1 & 0\\ -k_x/m & 0 & -k_i/m\\ 0 & 0 & -R/L\end{bmatrix}\begin{bmatrix}x_1\\ x_2\\ x_3\end{bmatrix}+\begin{bmatrix}0\\ 0\\ 1/L\end{bmatrix}u \\ y=\begin{bmatrix}1 & 0 & 0\end{bmatrix}\boldsymbol{x} \end{cases} \tag{8.1.8}$$

其中，$k_x=-2kI_0^2D_0^{-3}$，$k_i=2kI_0D_0^{-2}$。

考虑一个磁悬浮系统的模型参数如下：质量 $m=1.75\text{kg}$、电阻 $R=23.2\Omega$、电感 $L=0.508\text{H}$、$D_0=0.00436\text{m}$、$I_0=1.06\text{A}$、$k=2.9\times10^{-4}\text{N}\cdot\text{m}^2/\text{A}^2$，则把参数代入磁悬浮系统的状态空间模型(见式(8.1.8))，可得

$$\begin{cases} \dot{\boldsymbol{x}}=\begin{bmatrix}0 & 1 & 0\\ 4493 & 0 & -18.5\\ 0 & 0 & -45.7\end{bmatrix}\boldsymbol{x}+\begin{bmatrix}0\\ 0\\ 2\end{bmatrix}u \\ y=\begin{bmatrix}1 & 0 & 0\end{bmatrix}\boldsymbol{x} \end{cases} \tag{8.1.9}$$

8.1.3 磁悬浮控制系统状态空间模型的离散化

为了获得由式(8.1.9)描述的磁悬浮连续时间系统的离散状态空间模型，以 0.05s 采样周期为例，在 MATLAB 软件命令行窗口输入如下指令：

```
 % 系统的状态矩阵
>> A = [0 1 0;4493 0 -18.5; 0 0 -45.7];
 % 系统的输入矩阵
>> B = [0;0;2];
 % 调用 c2d 函数，将连续状态空间模型离散化
>> [G,H] = c2d(A,B,0.05)
```

运行结果如下：

```
G =
    14.2902     0.2127    -0.0344
   955.5193    14.2902    -2.3629
          0          0     0.1018
H =
    -0.0009
    -0.0688
     0.0393
```

故所求的磁悬浮系统的离散化状态空间模型为

$$\begin{cases} \boldsymbol{x}(k+1)=\begin{bmatrix} 14.2902 & 0.2127 & -0.0344 \\ 955.5193 & 14.2902 & -2.3629 \\ 0 & 0 & 0.1018 \end{bmatrix}\boldsymbol{x}(k)+\begin{bmatrix} -0.0009 \\ -0.0688 \\ -0.0393 \end{bmatrix}u(k) \\ y(k)=\begin{bmatrix} 1 & 0 & 0 \end{bmatrix}\boldsymbol{x}(k) \end{cases} \tag{8.1.10}$$

若取采样周期为0.01s，则可通过MATLAB得到相应的磁悬浮系统的离散化状态空间模型为

$$\begin{cases} \boldsymbol{x}(k+1)=\begin{bmatrix} 1.2332 & 0.0108 & -0.0008 \\ 48.3709 & 1.2332 & -0.1612 \\ 0 & 0 & 0.6332 \end{bmatrix}\boldsymbol{x}(k)+\begin{bmatrix} -0.0000 \\ -0.0017 \\ 0.0161 \end{bmatrix}u(k) \\ y(k)=\begin{bmatrix} 1 & 0 & 0 \end{bmatrix}\boldsymbol{x}(k) \end{cases} \tag{8.1.11}$$

从以上两个离散时间状态空间模型可以看出，不同的采样周期所得到的离散时间模型是不同的，验证了离散时间状态空间模型依赖于所选取的采样周期的结论。

8.1.4 磁悬浮控制系统状态空间模型转换为传递函数模型

为了获得由式(8.1.9)描述的磁悬浮连续时间系统的传递函数模型，在MATLAB软件中调用ss2tf函数，在命令行窗口输入如下指令：

```
% 系统的状态矩阵
>> A = [0 1 0;4493 0 -18.5; 0 0 -45.7];
% 系统的输入矩阵
>> B = [0;0;2];
% 系统的输出矩阵
>> C = [1 0 0];
% 系统的直接转移矩阵
>> D = 0;
% 调用 ss2tf 函数
>> [num,den] = ss2tf(A,B,C,D)
```

运行结果如下：

```
num = [0 0 0 -37]
den = [1 45.7 -4493 -205330]
```

故该磁悬浮连续时间系统的传递函数为

$$G(s)=\frac{-37}{s^3+45.7s^2-4493s-205330} \tag{8.1.12}$$

8.2 磁悬浮控制系统性能分析

8.2.1 磁悬浮控制系统运动响应分析

1. 磁悬浮控制系统单位阶跃响应分析

考虑由式(8.1.9)描述的磁悬浮连续时间系统，在 MATLAB 软件中调用 step 函数获得其单位阶跃响应曲线，编写如下 M 文件(Example821.m)：

```
A = [0 1 0;4493 0 -18.5;0 0 -45.7];          % 系统的状态矩阵
B = [0;0;2];                                  % 系统的输入矩阵
C = [1 0 0];                                  % 系统的输出矩阵
D = [0];                                      % 系统的直接转移矩阵
step(A,B,C,D)                                 % 调用 step 函数
xlabel('时间/s')                              % 给横坐标加标注
ylabel('y')                                   % 给纵坐标加标注
grid                                          % 添加网格线
```

运行 Example821.m 文件，结果如图 8.2.1 所示。

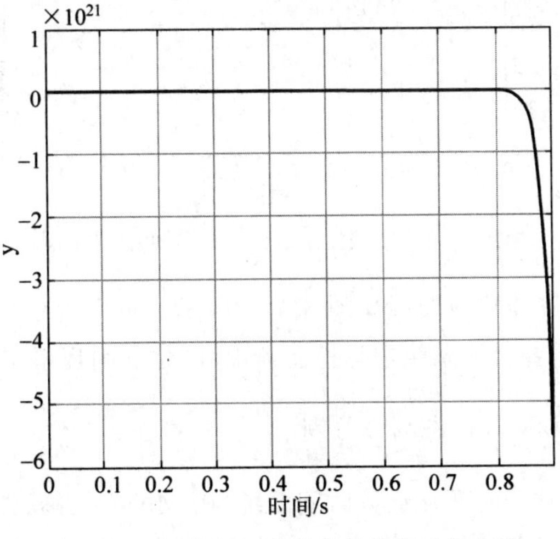

图 8.2.1 磁悬浮系统的单位阶跃响应曲线

磁悬浮系统的单位阶跃响应曲线如图 8.2.1 所示。可以观察得到，该系统是不稳定的，因此需要对该系统进行控制器设计，建立闭环系统的稳定性。

2. 磁悬浮控制系统单位脉冲响应分析

考虑由式(8.1.9)描述的磁悬浮连续时间系统，在 MATLAB 软件中调用 impulse 函数获得其单位脉冲响应曲线，编写如下 M 文件(Example822.m)：

```
A=[0 1 0;4493 0 -18.5;0 0 -45.7];          % 系统的状态矩阵
B=[0;0;2];                                  % 系统的输入矩阵
C=[1 0 0];                                  % 系统的输出矩阵
D=[0];                                      % 系统的直接转移矩阵
impulse(A,B,C,D)                            % 调用 impulse 函数
xlabel('时间/s')                            % 给横坐标加标注
ylabel('y')                                 % 给纵坐标加标注
grid                                        % 添加网格线
```

运行 Example822.m 文件，结果如图 8.2.2 所示。

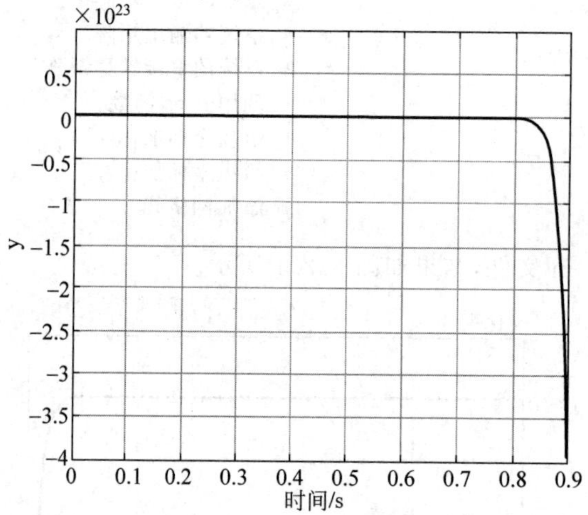

图 8.2.2　磁悬浮系统的单位脉冲响应曲线

磁悬浮系统的单位脉冲响应曲线如图 8.2.2 所示。可以观察得到，该系统的单位脉冲响应是不稳定的，因此需要对该系统进行控制器设计，建立闭环系统的稳定性。

3. 磁悬浮控制系统初始状态响应分析

考虑由式(8.1.9)描述的磁悬浮连续时间系统，在 MATLAB 软件中调用 initial 函数获得其初始状态响应，其中测试的初始状态为 $\boldsymbol{x}_0=(2,1,1)$，编写如下 M 文件(Example823.m)：

```
A = [0 1 0;4493 0 - 18.5;0 0 - 45.7];          % 系统的状态矩阵
B = [0;0;2];                                   % 系统的输入矩阵
C = [1 0 0];                                   % 系统的输出矩阵
D = [0];                                       % 系统的直接转移矩阵
x0 = [2;1;1];                                  % 系统的初始状态
[y,x,t] = initial(A,B,C,D,x0);                 % 调用 initial 函数
subplot(3,1,1)
plot(t,x(:,1))
xlabel('时间/s')
ylabel('x_1')
grid
subplot(3,1,2)
plot(t,x(:,2))
xlabel('时间/s')
ylabel('x_2')
grid
subplot(3,1,3)
plot(t,x(:,3))
xlabel('时间/s')
ylabel('x_3')
grid
```

运行 Example823.m 文件，结果如图 8.2.3 所示。

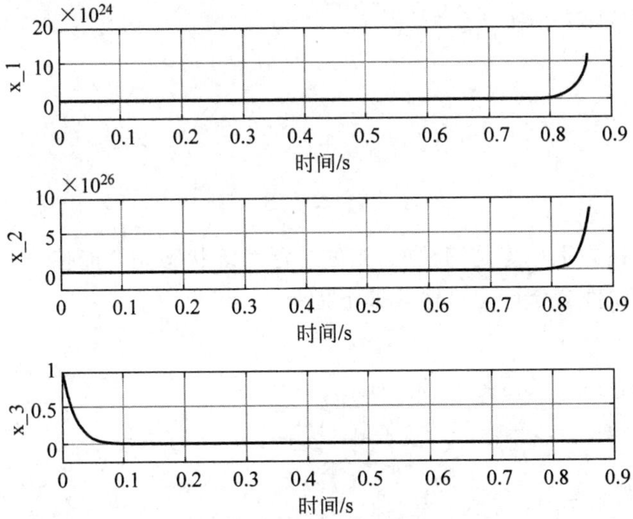

图 8.2.3　磁悬浮系统的初始状态响应曲线

磁悬浮系统的初始状态响应曲线如图 8.2.3 所示。可以观察得到，该系统的初始状态响应是不稳定的，因此需要对该系统进行控制器设计，建立闭环系统的稳定性。

8.2.2 磁悬浮控制系统能控性和能观性分析

根据现代控制理论的知识,磁悬浮系统状态能控性的充分必要条件为

$$\mathrm{rank}(\boldsymbol{\Gamma}_c[\boldsymbol{A},\boldsymbol{B}])=\mathrm{rank}([\boldsymbol{B}\quad \boldsymbol{AB}\quad \boldsymbol{A}^2\boldsymbol{B}])=3 \tag{8.2.1}$$

即能控性判别矩阵$\boldsymbol{\Gamma}_c[\boldsymbol{A},\boldsymbol{B}]$满秩意味着系统是状态能控的。

同理,系统能观性的充分必要条件为

$$\mathrm{rank}(\boldsymbol{\Gamma}_o[\boldsymbol{A},\boldsymbol{C}])=\mathrm{rank}\begin{bmatrix}\boldsymbol{C}\\ \boldsymbol{CA}\\ \boldsymbol{CA}^2\end{bmatrix}=3 \tag{8.2.2}$$

即能观性判别矩阵$\boldsymbol{\Gamma}_o[\boldsymbol{A},\boldsymbol{C}]$满秩意味着系统状态是状态能观的,系统状态能观意味着该系统的状态都能够测量。

在 MATLAB 软件命令行窗口输入如下指令:

```
% 系统的状态矩阵
>> A = [0 1 0;4493 0 - 18.5;0 0 - 45.7];
% 系统的输入矩阵
>> B = [0;0;2];
% 系统的输出矩阵
>> C = [1 0 0];
% 系统的直接转移矩阵
>> D = [0];
% 获取能控性判别矩阵的秩
>> n = rank(ctrb(A,B))
```

运行结果如下:

```
n =
     3
```

可以看出能控性判别矩阵是满秩的,则磁悬浮系统状态完全能控。

在 MATLAB 软件命令行窗口输入如下指令:

```
% 系统的状态矩阵
>> A = [0 1 0;4493 0 - 18.5;0 0 - 45.7];
% 系统的输入矩阵
>> B = [0;0;2];
% 系统的输出矩阵
>> C = [1 0 0];
% 系统的直接转移矩阵
>> D = [0];
% 获取能观性判别矩阵的秩
>> n = rank(obsv(A,C))
```

运行结果如下：

```
n =
     3
```

可以看出能观性判别矩阵是满秩的，则磁悬浮系统状态完全能观，即可以通过系统的输出来观测系统中未知的状态，为该系统观测器的设计提供了理论基础。

8.2.3 磁悬浮控制系统稳定性分析

对于由式(8.1.8)描述的磁悬浮系统，采用 Lyapunov 方程处理方法，即线性时不变系统在平衡点处渐近稳定的充分必要条件是对任意给定的对称正定矩阵 $\boldsymbol{Q}$，存在一个对称正定矩阵 $\boldsymbol{P}$，使得方程

$$\boldsymbol{A}^{\mathrm{T}}\boldsymbol{P}+\boldsymbol{P}\boldsymbol{A}=-\boldsymbol{Q} \tag{8.2.3}$$

成立，那么该系统是渐近稳定的。取 $\boldsymbol{Q}$ 为三阶单位矩阵，在 MATLAB 软件中使用 lyap 函数求解式(8.2.3)，在命令行窗口输入如下指令：

```
>> A = [0 1 0;4493 0 - 18.5; 0 0 - 45.7];
>> Q = eye(3);
>> P = lyap(A,Q)
```

运行结果如下：

```
??? Error using ==> lyap
The solution of this Lyapunov equation does not exist or is not unique.
```

$\boldsymbol{P}$ 有非唯一解或无解，故磁悬浮开环系统是不稳定的，需要进行控制器设计。

8.3 磁悬浮系统控制器设计

8.3.1 磁悬浮系统极点配置状态反馈控制器设计

运用现代控制理论中的状态反馈和极点配置方法，为磁悬浮系统设计状态反馈控制器。考虑到磁悬浮系统是能控的，则该系统可以通过状态反馈任意配置闭环极点，所设定的闭环极点可根据不同的性能指标进行修改。设计磁悬浮系统的状态反馈控制器为 $\boldsymbol{u}=-\boldsymbol{K}\boldsymbol{x}$，其中 $\boldsymbol{K}$ 的值由所配置的极点决定。

控制目标是通过引入磁悬浮系统状态反馈控制器，使磁悬浮系统输出超调量 $\sigma \leqslant 5\%$，峰值时间 $t_{\mathrm{p}} \leqslant 0.5\mathrm{s}$，设系统有一对主导极点，并且有

$$\lambda_{1,2}=-\xi\omega_{\mathrm{n}} \pm \mathrm{j}\omega_{\mathrm{n}}\sqrt{1-\xi^{2}} \tag{8.3.1}$$

其中，ξ 和 ω_{n} 分别是二阶系统的阻尼比和无阻尼自振频率。利用二阶系统的阻尼比 ξ 、无

阻尼自振频率 ω_n 等参数和超调量 σ、峰值时间 t_p 的关系，由

$$\sigma=\exp\left(-\frac{\xi\pi}{\sqrt{1-\xi^2}}\right)\leqslant 5\%,\quad t_p=\frac{\pi}{\omega_n\sqrt{1-\xi^2}}\leqslant 0.5 \tag{8.3.2}$$

可得

$$\xi\geqslant 0.707,\omega_n\geqslant 9$$

通过式(8.3.1)求得闭环磁悬浮系统的主导极点，而另一极点选取在远离主导极点的左半开复平面中。

综上，选取磁悬浮闭环系统的极点为

$$\text{pole}=[-7.07+\text{j}7.07\quad -7.07-\text{j}7.07\quad -100] \tag{8.3.3}$$

采用爱克曼公式法，可以得到要设计的状态反馈控制器为

$$u=-[-14130\quad -162.3505\quad 34.2200]\boldsymbol{x} \tag{8.3.4}$$

从而可以导出校正后的闭环系统为

$$\begin{cases}\dot{\boldsymbol{x}}=\begin{bmatrix}0 & 1 & 0\\ 4493 & 0 & -19\\ 28261 & 325 & -114\end{bmatrix}\boldsymbol{x}+\begin{bmatrix}0\\0\\2\end{bmatrix}u\\ y=[1\quad 0\quad 0]\boldsymbol{x}\end{cases} \tag{8.3.5}$$

通过以上控制器设计原理，在 MATLAB 软件中编写如下 M 文件(Example831.m)：

```
A = [0 1 0;4493 0 -18.5;0 0 -45.7];           % 系统的状态矩阵
B = [0;0;2];                                   % 系统的输入矩阵
C = [1 0 0];                                   % 系统的输出矩阵
D = [0];                                       % 系统的直接转移矩阵
J = [ -100 -7.07 + 7.07 * 1i -7.07 - 7.07 * 1i]; % 系统的期望极点
% 调用 acker 函数,获取状态反馈增益矩阵
K = acker(A,B,J);
t = 0:0.01:4;
% 调用 step 函数,获取配置极点后系统阶跃响应
[y,x1,t] = step(A - B * K,B,C,D,1,t);
% 调用 step 函数,获取原系统阶跃响应
[yy,x2,t] = step(A,B,C,D,1,t);
figure(1)
plot(t,yy)
xlabel('时间/s')
ylabel('y')
grid
figure(2)
plot(t,y)
xlabel('时间/s')
ylabel('y')
grid
```

运行 Example831.m 文件，结果如图 8.3.1 所示。

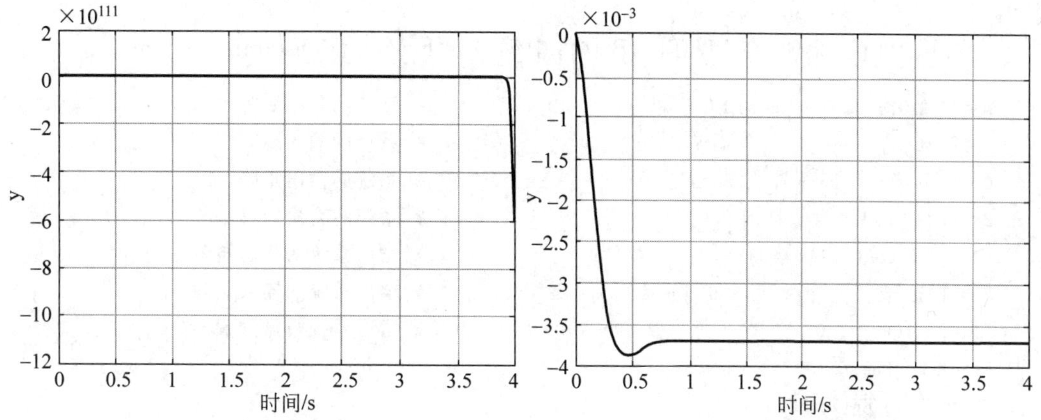

(a) 开环系统阶跃响应　　(b) 闭环系统阶跃响应

图 8.3.1　开环与闭环系统的单位阶跃响应曲线

由状态反馈控制器作用前后的单位阶跃响应曲线图 8.3.1 对比可知，开环不稳定的磁悬浮系统通过状态反馈控制器作用后，磁悬浮闭环系统演变为稳定系统，且系统在 0.75s 内达到了稳态，同时闭环系统的过渡时间小于 1s，具有较好的动态性能。但分析闭环系统的稳态误差可知，引入状态反馈控制器后，磁悬浮闭环控制系统存在校大的稳态误差，故需要设计相应的跟踪控制器。

8.3.2　磁悬浮系统跟踪控制器设计

由磁悬浮开环系统和极点配置后闭环系统的单位阶跃响应曲线(如图 8.3.1 所示)可知，磁悬浮闭环控制系统存在稳态误差。另一方面，实际磁悬浮系统不可避免地存在外部扰动。对于其中的确定性扰动，扰动的存在使得磁悬浮系统在稳态时不能很好地跟踪参考输入，从而产生输出稳态误差。因此，需要设计能实现磁悬浮系统无静差跟踪阶跃参考输入信号的渐近跟踪控制器。

首先，建立磁悬浮开环系统的增广系统为

$$\begin{cases} \begin{bmatrix} \dot{\boldsymbol{x}} \\ \dot{q} \end{bmatrix} = \begin{bmatrix} \boldsymbol{A} & \boldsymbol{0} \\ \boldsymbol{C} & \boldsymbol{0} \end{bmatrix} \begin{bmatrix} \boldsymbol{x} \\ q \end{bmatrix} + \begin{bmatrix} \boldsymbol{B} \\ \boldsymbol{0} \end{bmatrix} \boldsymbol{u} \\ \boldsymbol{y} = [\boldsymbol{C} \quad \boldsymbol{0}] \begin{bmatrix} \boldsymbol{x} \\ q \end{bmatrix} \end{cases} \tag{8.3.5}$$

其中，q 为输出跟踪偏差向量 $\boldsymbol{e}_y = \boldsymbol{y} - \boldsymbol{y}_r$ 的积分

$$q(t) = \int_0^t \boldsymbol{e}_y(\tau)\mathrm{d}\tau = \int_0^t [\boldsymbol{y}(\tau) - \boldsymbol{y}_r(\tau)]\mathrm{d}\tau \tag{8.3.6}$$

其中 $\boldsymbol{y}_r$ 为参考输出轨迹。为了减小增广系统所增加的动态环节对磁悬浮闭环系统性能

的影响，将增加的期望极点要配置在磁悬浮系统闭环极点的左边，则再选择一个极点为－9。

通过以上设计原理，在MATLAB软件中编写如下M文件(Example832.m)：

```
A = [0 1 0;4493 0 - 18.5;0 0 - 45.7];                    % 系统的状态矩阵
B = [0;0;2];                                              % 系统的输入矩阵
C = [1 0 0];                                              % 系统的输出矩阵
D = [0];                                                  % 系统的直接转移矩阵
AA = [A zeros(3,1); C 0];                                 % 增广系统的状态矩阵
BB = [B;0];                                               % 增广系统的输入矩阵
JJ = [ - 100 - 7.07 + 7.07 * 1i - 7.07 - 7.07 * 1i - 9]; % 增广系统极点配置
KK = acker(AA,BB,JJ);
K1 = [KK(1) KK(2) KK(3)];
K2 = KK(4);
Ac = [A - B * K1 - B * K2;C 0];                           % 增广闭环系统状态矩阵
Bc = [0;0;0; - 1];                                        % 增广闭环系统输入矩阵
Cc = [C 0];                                               % 增广闭环系统输出矩阵
Dc = 0;                                                   % 增广闭环系统直接转移矩阵
t = 0:0.01:4;
[yyy,x3,t] = step(Ac,Bc,Cc,Dc,1,t);
plot(t,yyy)
xlabel('时间/s')
ylabel('y')
grid
```

运行Example832.m文件，结果如图8.3.2所示。

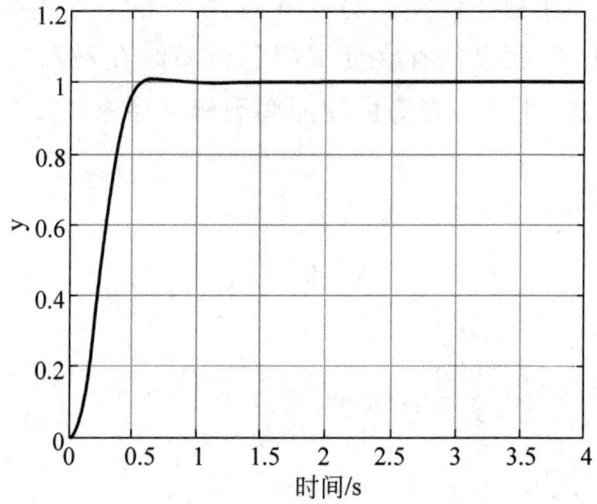

图8.3.2 跟踪控制器闭环系统的单位阶跃响应曲线

由图 8.3.2 可以看出，通过应用跟踪控制器后，磁悬浮闭环控制系统完美继承了原来由配置极点方法所设计闭环系统的动态性能，并且消除了稳态误差，进一步改善了系统整体性能。

8.3.3 磁悬浮系统状态观测器设计

在前面的系统分析中都是假设磁悬浮系统的状态变量是直接可以测得的，然而在实际系统中，系统的状态变量并非都是物理量。因此，系统的所有状态变量未必都可以直接测量得到。虽然在本系统中，状态变量 x_1、x_2、x_3 分别是铁球距间隙传感器的位置、铁球的位置变化速率以及流过电磁铁的电流，都是实际可测的物理量，这些信号都可以通过传感器测量得到。但要测量所有的信号一方面会造成系统成本的提高，另一方面，大量传感器的引入也会使系统的可靠性降低。因此在实际系统中要实现状态反馈，可以借助观测器得到的状态估计值来代替系统的真实状态。

从系统的性能分析中可以得出这个系统是能观的，那么它所有的状态信息都必定在输出中得到反映，那么就可以设计一个闭环的状态观测器，用系统的外部输入输出来确定其状态，以避免直接测量某些变量。

考虑由式(8.1.8)描述的磁悬浮系统，设计龙伯格观测器为

$$\dot{\tilde{\boldsymbol{x}}}=\boldsymbol{A}\tilde{\boldsymbol{x}}+\boldsymbol{B}u+\boldsymbol{L}(y-\boldsymbol{C}\tilde{\boldsymbol{x}})=(\boldsymbol{A}-\boldsymbol{L}\boldsymbol{C})\tilde{\boldsymbol{x}}+\boldsymbol{B}u+\boldsymbol{L}y \tag{8.3.7}$$

其中，误差 $\boldsymbol{e}=\boldsymbol{x}-\tilde{\boldsymbol{x}}$ 的动态变化情况为

$$\dot{\boldsymbol{e}}=(\boldsymbol{A}-\boldsymbol{L}\boldsymbol{C})\boldsymbol{e} \tag{8.3.8}$$

据此，在建立观测器后，可以进一步通过仿真得出误差曲线来检验观测器的效果。

通过以上设计原理，在 MATLAB 软件中命令行窗口输入如下指令：

```
% 系统的状态矩阵
>> A = [0 1 0;4493 0 - 18.5;0 0 - 45.7];
% 系统的输出矩阵
>> C = [1 0 0];
% 观测器极点
>> V = [ - 200  - 14.14 + 1i * 14.14  - 14.14 - 1i * 14.14];
% L 为观测器增益矩阵
>> L = (acker(A',C',V))'
```

运行结果如下：

```
L =
    182.6
    2205.0
    - 9975.1
```

且运行

```
>> AA = A - L * C
```

计算得

```
AA =
      - 182.6      1          0
      2288.0       0       - 18.5
      9975.1       0       - 45.7
```

相应的观测器为

$$\dot{\tilde{\boldsymbol{x}}} = \begin{bmatrix} -182.6 & 1 & 0 \\ 2288.0 & 0 & -18.5 \\ 9975.1 & 0 & -45.7 \end{bmatrix} \tilde{\boldsymbol{x}} + \begin{bmatrix} 0 \\ 0 \\ 2 \end{bmatrix} u + \begin{bmatrix} 182.6 \\ 2205.0 \\ -9975.1 \end{bmatrix} y \tag{8.3.9}$$

状态估计的误差动态方程为

$$\dot{\boldsymbol{e}} = (\boldsymbol{A} - \boldsymbol{LC})\boldsymbol{e} = \begin{bmatrix} -182.6 & 1 & 0 \\ 2288 & 0 & -18.5 \\ 9975.1 & 0 & -45.7 \end{bmatrix} \boldsymbol{e} \tag{8.3.10}$$

下面进一步通过仿真来检验观测器的效果。取初始误差为

$$\boldsymbol{e}(0) = \begin{bmatrix} 1 \\ 2 \\ 1.5 \end{bmatrix}$$

在 MATLAB 软件中编写如下 M 文件(Example833. m)：

```
AA = [ - 182.6 1 0;2288.0 0 - 18.5;9975.1 0 - 45.7]; % 误差系统状态矩阵
BB = [0;0;0];                                        % 误差系统输入矩阵
C = [1 0 0];                                         % 误差系统输出矩阵
D = 0;                                               % 误差系统直接转移矩阵
e0 = [1;2;1.5];                                      % 初始误差向量
t = 0:0.01:1;
sys = ss(AA,BB,C,D);                                 % 误差的状态空间模型
[y,t,e] = initial(sys,e0,t);                         % 误差系统的初始状态响应
 % 画出状态变量 1 的误差曲线
subplot(3,1,1)
plot(t,e(:,1))
ylabel('e_1')
xlabel('时间/s')
grid
 % 画出状态变量 2 的误差曲线
subplot(3,1,2)
plot(t,e(:,2))
```

```
ylabel('e_2')
xlabel('时间/s')
grid
% 画出状态变量 3 的误差曲线
subplot(3,1,3)
plot(t,e(:,3))
ylabel('e_3')
xlabel('时间/s')
grid
```

运行 Example833.m 文件，结果如图 8.3.3 所示。

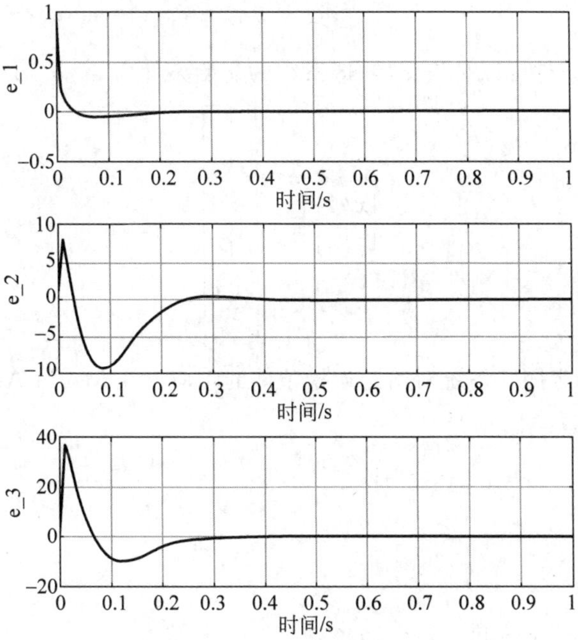

图 8.3.3 状态估计的误差曲线

从图 8.3.3 中可以看出，尽管系统的真实状态和观测器状态的初值有误差，但是随着时间的推移，它们之间的误差将衰减到零。

由此可以得出，该观测器符合设计的期望。采用这个观测器时，只需要测量输出 x_1 即铁球距间隙传感器的位置就可以估计系统的状态。

8.3.4 磁悬浮系统基于状态观测器的控制器设计

有观测器解决了状态反馈中的状态难以测量的问题，可以通过观测器获取的状态估计值 $\hat{x}$ 来进行对控制器的设计。在这种情况下，基于观测器的控制器模型为

$$\begin{cases}\dot{\tilde{x}}=(A-LC-BK)\tilde{x}+Ly\\ u=-K\tilde{x}\end{cases} \tag{8.3.11}$$

闭环系统的动态特性由如下方程描述：

$$\begin{bmatrix}\dot{x}\\ \dot{e}\end{bmatrix}=\begin{bmatrix}A-BK & BK\\ 0 & A-LC\end{bmatrix}\begin{bmatrix}x\\ e\end{bmatrix} \tag{8.3.12}$$

其中，$e=x-\tilde{x}$ 为误差向量。

进一步检验闭环系统对初始条件的响应。假定对象和误差的初始条件分别为

$$x(0)=\begin{bmatrix}1\\ 1\\ 5\end{bmatrix},\quad e(0)=\begin{bmatrix}1\\ 2\\ 1.5\end{bmatrix}$$

事实上，误差的初始条件可以是任意的，即系统的初始条件为

$$\begin{bmatrix}x(0)\\ e(0)\end{bmatrix}=\begin{bmatrix}1\\ 1\\ 5\\ 1\\ 2\\ 1.5\end{bmatrix}$$

根据式(8.3.11)来确定闭环系统对给定初始条件的响应。在 MATLAB 软件中编写如下 M 文件(Example834.m)：

```
AA = [0 1 0;4493 0 -18.5;0 0 -45.7];
B = [0;0;2];
C = [1 0 0];
D = 0;
J = [-100 -7.07+7.07*1i -7.07-7.07*1i];
V = [-200 -14.14+1i*14.14 -14.14-1i*14.14];
L = (acker(AA',C',V))';
K = acker(AA,B,J);
Ac = [AA-B*K B*K;zeros(3,3) AA-L*C];
sys = ss(Ac,eye(6),eye(6),eye(6));
t = 0:0.01:1.5;
x = initial(sys,[1;1;5;1;2;1.5],t);
x1 = [1 0 0 0 0 0]*x';
x2 = [0 1 0 0 0 0]*x';
x3 = [0 0 1 0 0 0]*x';
e1 = [0 0 0 1 0 0]*x';
e2 = [0 0 0 0 1 0]*x';
```

```
e3 = [0 0 0 0 0 1] * x';
% 画出状态变量 1 的初始状态响应曲线
figure(1)
subplot(3,1,1)
plot(t,x1)
grid
xlabel('时间/s')
ylabel('x_1')
% 画出状态变量 2 的初始状态响应曲线
subplot(3,1,2)
plot(t,x2)
grid
xlabel('时间/s')
ylabel('x_2')
% 画出状态变量 3 的初始状态响应曲线
subplot(3,1,3)
plot(t,x3)
grid
xlabel('时间/s')
ylabel('x_3')
% 画出误差变量 1 的初始状态响应曲线
figure(2)
subplot(3,1,1)
plot(t,e1)
grid
xlabel('时间/s')
ylabel('e_1')
% 画出误差变量 2 的初始状态响应曲线
subplot(3,1,2)
plot(t,e2)
grid
xlabel('时间/s')
ylabel('e_2')
% 画出误差变量 3 的初始状态响应曲线
subplot(3,1,3)
plot(t,e3)
grid
xlabel('时间/s')
ylabel('e_3')
```

运行 Example834. m 文件,结果如图 8.3.4 所示。

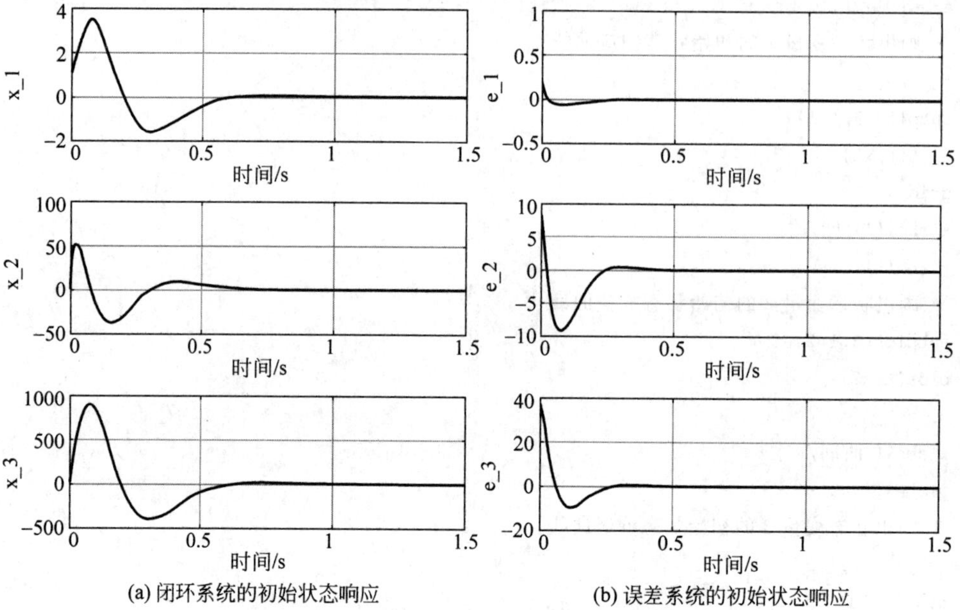

图 8.3.4　闭环系统和误差系统的初始状态响应曲线

从图 8.3.4 可以看出系统已经趋于稳定，并且对所有的状态信息都做到了能观的效果。同时本设计中观测器的极点取得要比状态反馈增益矩阵的极点大上两倍左右，因此在图中可以看到跟踪误差的衰减速度要比闭环极点的稳定速度快。

8.3.5　磁悬浮系统线性二次型最优控制器设计

上述基于观测器的状态反馈控制器的设计保证了系统的稳定性和动态性能，然而没有考虑到控制器的能量问题。系统性能和控制能量的要求可以用如下二次型性能指标来描述：

$$J=\int_0^{\infty}[\boldsymbol{x}^{\mathrm{T}}(t)\boldsymbol{Q}\boldsymbol{x}(t)+Ru^2(t)]\mathrm{d}t \tag{8.3.13}$$

其中 $\boldsymbol{Q}$ 是加权矩阵，反映对控制器能量和控制性能的要求。为了获得快速响应，状态的加权系数应远大于控制信号的加权系数 R，故选取

$$\boldsymbol{Q}=\begin{bmatrix}800 & 0 & 0\\ 0 & 800 & 0\\ 0 & 0 & 800\end{bmatrix},\quad R=0.0001$$

通过以上设计原理，在 MATLAB 软件中命令行窗口输入以下指令：

```
>> A = [0 1 0;4493 0 - 18.5;0 0 - 45.7];
>> B = [0;0;2];
>> Q = [800 0 0;0 800 0;0 0 800];
```

```
>> R = [0.0001];
% 调用 lqr 函数求取最优反馈增益
>> K = lqr(A,B,Q,R)
```

运行结果如下：

```
K =
      - 1390300   - 20934   2873.3
```

因此，系统的最优状态反馈控制器为

$$u = -[-1390300 \quad -20934 \quad 2873.3]\boldsymbol{x} \tag{8.3.14}$$

下面进一步检验闭环系统对初始条件的响应。假定系统的初始条件为 $\boldsymbol{x}_0 = [2 \quad 1 \quad 1]^T$，在 MATLAB 软件中编写如下 M 文件(Example835. m)：

```
A = [0 1 0;4493 0 - 18.5;0 0 - 45.7];          % 系统的状态矩阵
B = [0;0;2];                                     % 系统的输入矩阵
K = [ - 1390300 - 20934 2873.3];                 % 最优反馈增益
sys = ss(A - B * K,eye(3),eye(3),eye(3));
t = 0:0.01:0.5;
x = initial(sys,[2;1;1],t);
x1 = [1 0 0] * x';
x2 = [0 1 0] * x';
x3 = [0 0 1] * x';
% 画出状态变量 1 的曲线
figure(1)
plot(t,x1)
grid
xlabel('时间/s')
ylabel('x_1')
% 画出状态变量 2 的曲线
figure(2)
plot(t,x2)
grid
xlabel('时间/s')
ylabel('x_2')
% 画出状态变量 3 的曲线
figure(3)
plot(t,x3)
grid
xlabel('时间/s')
ylabel('x_3')
```

运行 Example835. m 文件，结果如图 8.3.5 所示。

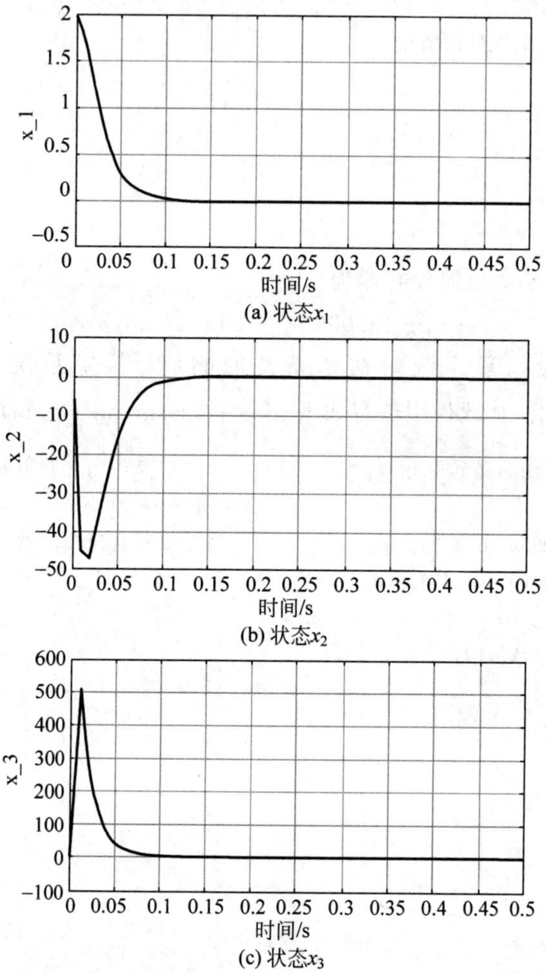

图 8.3.5　线性二次型最优控制器闭环系统的初始状态响应曲线

从图 8.3.5 分析可以看出，磁悬浮系统在线性二次型最优控制器作用下，闭环系统的初始状态响应在小于 0.1s 的时间内趋于稳定，具有良好的稳态和动态性能。

第9章 实例5：车辆半主动悬架控制系统分析与设计

悬架系统是车辆的重要组成部分，它对车辆行驶的平顺性和操纵稳定性等多种性能有着重要影响。目前，车辆上普遍采用的是由弹性元件和减振器组成的被动悬架，被动悬架难以同时改善车辆在不平道路上高速行驶时的稳定性和平顺性。为了克服被动悬架对车辆性能改善的限制，近年来出现的半主动悬架成为改善车辆悬架性能的一条新途径。半主动悬架能够根据路面激励情况及车辆运行的实际情况进行优化控制，使车辆整体性能达到较佳。

本章以二自由度车辆悬架控制系统为实例，采用 MATLAB 工具实现车辆半主动悬架控制系统的分析与设计。首先，在介绍车辆悬架系统物理模型的基础上，建立相应的车辆悬架系统状态空间模型，接着分析车辆悬架系统的稳定性、能控性和能观性等性能。进一步，设计车辆悬架系统极点配置状态反馈控制器、跟踪控制器和线性二次型最优控制器，以提高车辆悬架控制系统的动态性能和稳态性能。最后为仿真验证各种控制器的性能，给出了 MATLAB 仿真程序。

9.1 车辆悬架控制系统模型

9.1.1 悬架控制系统物理模型

选取车辆 1/4 悬架系统二自由度模型来进行研究。模型在原被动悬架系统模型的基础上加装了一个可以产生作用力的动力装置，理论上这个动力装置产生的作用力根据需要可以在极短的时间内由零变化到无穷大，而实际上由于动力装置消耗功率的限制，它总是在一定的范围内连续变化。在实际的控制中还可以给有关控制参数（如车身加速度）限制阈值，只有在控制参数超过阈值时动力装置才开始工作，这样可以减少悬架系统的能耗。

车辆是一个复杂的震动系统，应根据分析的问题进行简化。本章研究车辆二自由度悬架，对应悬架系统简化示意图如图9.1.1所示，其中各参数的含义：M_2为车身质量，M_1为车轮质量，k_2为弹簧刚度，k_1为车轮刚度，c_0为减震阻尼系数，z_2为车身位移，z_1为车轮位移，z_0为地面的不平度q。对图9.1.1中的模型进行受力分析，由牛顿第二运动定律可得

$$M_2\ddot{z}_2+c_0(\dot{z}_2-\dot{z}_1)+k_2(z_2-z_1)=0 \tag{9.1.1}$$

$$M_1\ddot{z}_1+c_0(\dot{z}_1-\dot{z}_2)+k_2(z_1-z_2)+k_1(z_1-z_0)=0 \tag{9.1.2}$$

考虑采用可调阻尼器实现作用力的改变，而可调阻尼器可以等效为一个定值阻尼器与一个力发生器的组合，所以为了方便计算和仿真，可以在轮胎与车身之间多加一个力F的作用，通过改变F的大小改变阻尼值，图9.1.1可进一步简化为图9.1.2。联立式(9.1.1)和式(9.1.2)可得

$$M_2\ddot{z}_2+c_0(\dot{z}_2-\dot{z}_1)+k_2(z_2-z_1)+F=0 \tag{9.1.3}$$

$$M_1\ddot{z}_1+c_0(\dot{z}_1-\dot{z}_2)+k_2(z_1-z_2)+k_1(z_1-z_0)-F=0 \tag{9.1.4}$$

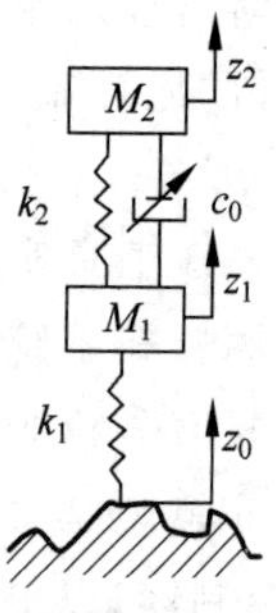

图9.1.1　二自由度车辆半主动悬架系统示意图

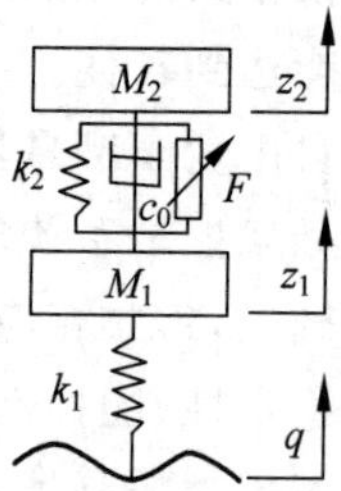

图9.1.2　半主动悬架系统等价物理模型

9.1.2　悬架控制系统状态空间模型

设置悬架系统的状态变量为$x_1=z_1,x_2=\dot{z}_1,x_3=z_2,x_4=\dot{z}_2$，取第3个变量为输出变量$y=[0\quad 0\quad 1\quad 0]\boldsymbol{x}$，则悬架系统的状态方程为

$$\begin{cases}\dot{x}_1=x_2\\ \dot{x}_2=-\dfrac{k_1+k_2}{M_1}x_1-\dfrac{c_0}{M_1}x_2+\dfrac{k_2}{M_1}x_3+\dfrac{c_0}{M_1}x_4+\dfrac{k_1}{M_1}z_0+\dfrac{1}{M_1}F\\ \dot{x}_3=x_4\\ \dot{x}_4=\dfrac{k_2}{M_2}x_1+\dfrac{c_0}{M_2}x_2-\dfrac{k_2}{M_2}x_3-\dfrac{c_0}{M_2}x_4-\dfrac{1}{M_2}F\end{cases} \tag{9.1.5}$$

其中，F定义为该系统的输入u。方程中各参数设定如下：$M_1=30\text{kg},M_2=300\text{kg},k_2=16\text{K}\cdot\text{N/m},k_1=160\text{K}\cdot\text{N/m},z_0=q=0\text{m}$，则得到相应的状态空间模型为

$$\begin{cases}\begin{bmatrix}\dot{x}_1\\ \dot{x}_2\\ \dot{x}_3\\ \dot{x}_4\end{bmatrix}=\begin{bmatrix}0 & 1 & 0 & 0\\ -5.867 & -0.033 & 5.33 & 0.033\\ 0 & 0 & 0 & 1\\ 0.53 & 0.0033 & -0.53 & -0.0033\end{bmatrix}\begin{bmatrix}x_1\\ x_2\\ x_3\\ x_4\end{bmatrix}+\begin{bmatrix}0\\ 0.033\\ 0\\ -0.0033\end{bmatrix}u \\ y=\begin{bmatrix}0 & 0 & 1 & 0\end{bmatrix}\boldsymbol{x}\end{cases}\tag{9.1.6}$$

9.1.3 悬架控制系统状态空间模型离散化

为了获得由式(9.1.6)描述的连续时间悬架系统的离散化状态空间模型，以0.1s为采样周期为例，在MATLAB软件命令行窗口输入如下指令：

```
% 系统的状态矩阵
>> A = [0 1 0 0; - 5.867 - 0.033 5.33 0.033;
0 0 0 1;0.53 0.0033 - 0.53 - 0.0033];
% 系统的输入矩阵
>> B = [0;0.033;0; - 0.0033];
% 调用 c2d 函数,将连续状态空间模型离散化
>> [G,H] = c2d(A,B,0.1)
```

运行结果如下：

```
G =
      0.9709   0.0989     0.0265   0.0010
    - 0.5795   0.9676     0.5264   0.0297
      0.0026   0.0001     0.9974   0.0999
      0.0523   0.0030   - 0.0524   0.9970
H =
    0.0002
    0.0033
  - 0.0000
  - 0.0003
```

故所求的离散化状态空间模型为

$$\begin{cases}\boldsymbol{x}(k+1)=\begin{bmatrix}0.9709 & 0.0989 & 0.0265 & 0.0010\\ -0.5795 & 0.9676 & 0.5264 & 0.0297\\ 0.0026 & 0.0001 & 0.9974 & 0.0999\\ 0.0523 & 0.0030 & -0.0524 & 0.9970\end{bmatrix}\boldsymbol{x}(k)+\begin{bmatrix}0.0002\\ 0.0033\\ -0.0000\\ -0.0003\end{bmatrix}u(k) \\ y(k)=\begin{bmatrix}0 & 0 & 1 & 0\end{bmatrix}\boldsymbol{x}(k)\end{cases}$$

(9.1.7)

9.1.4 悬架控制系统状态空间模型转换为传递函数模型

为了获得由式(9.1.6)描述的车辆悬架系统的传递函数模型，在MATLAB软件中调用ss2tf函数，在命令行窗口输入如下指令：

```
% 系统的状态矩阵
>> A = [0 1 0 0; - 5.867 - 0.033 5.33 0.033;
0 0 0 1;0.53 0.0033 - 0.53 - 0.0033];
% 系统的输入矩阵
>> B = [0;0.033;0; - 0.0033];
% 系统的输出矩阵
>> C = [0 0 1 0];
% 系统的直接转移矩阵
>> D = 0;
% 调用 ss2tf 函数
>> [num,den] = ss2tf(A,B,C,D)
```

运行结果如下：

```
num =
        0         0   - 0.0033   - 0.0000   - 0.0019
den =
    1.0000    0.0363    6.3970    0.0018    0.2846
```

故所求系统的传递函数模型为

$$G(s)=\frac{-0.0033s^2-0.0019}{s^4+0.0363s^3+6.397s^2+0.0018s+0.2846}$$

9.2 车辆悬架控制系统性能分析

9.2.1 悬架控制系统运动响应分析

1. 悬架控制系统单位阶跃响应分析

考虑由式(9.1.6)描述的连续时间悬架系统，在MATLAB软件中调用step函数获得其单位阶跃响应，编写如下M文件(Example921.m)：

```
A = [0 1 0 0; - 5.867 - 0.033 5.33 0.033;
0 0 0 1;0.53 0.0033 - 0.53 - 0.0033];          % 系统的状态矩阵
B = [0;0.033;0; - 0.0033];                     % 系统的输入矩阵
C = [0 0 1 0];                                 % 系统的输出矩阵
```

```
D = [0];                                   % 系统的直接转移矩阵
[y x t] = step(A,B,C,D);                   % 调用 step 函数
plot(t,y)                                  % 画图
xlabel('时间/s')                           % 给横坐标加标注
ylabel('y')                                % 给纵坐标加标注
grid                                       % 添加网格线
```

运行 Example921.m 文件，得到悬架控制系统的单位阶跃响应曲线如图 9.2.1 所示。可以观察到，该系统到达稳态值的时间偏长，需要对该系统进行改进。

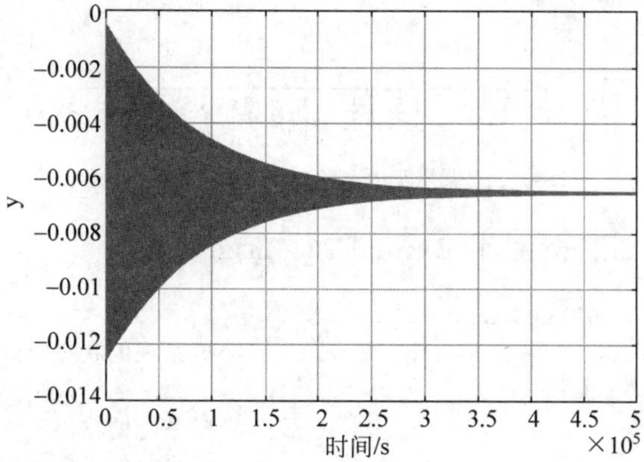

图 9.2.1 悬架系统的单位阶跃响应曲线

2. 悬架控制系统单位脉冲响应分析

考虑由式(9.1.6)描述的连续时间悬架系统，在 MATLAB 软件中调用 impulse 函数获得其单位脉冲响应，编写如下 M 文件(Example922.m)：

```
A = [0 1 0 0; - 5.867  - 0.033 5.33 0.033;
0 0 0 1;0.53 0.0033  - 0.53  - 0.0033];     % 系统的状态矩阵
B = [0;0.033;0; - 0.0033];                 % 系统的输入矩阵
C = [0 0 1 0];                             % 系统的输出矩阵
D = [0];                                   % 系统的直接转移矩阵
[y x t] = impulse(A,B,C,D);                % 调用 impulse 函数
plot(t,y)                                  % 画图
xlabel('时间/s')                           % 给横坐标加标注
ylabel('y')                                % 给纵坐标加标注
grid                                       % 添加网格线
```

运行 Example922.m 文件，得到悬架系统的单位脉冲响应如图 9.2.2 所示。

3. 悬架控制系统初始状态响应分析

考虑由式(9.1.6)描述的连续时间悬架系统，在 MATLAB 软件中调用 initial 函数获得

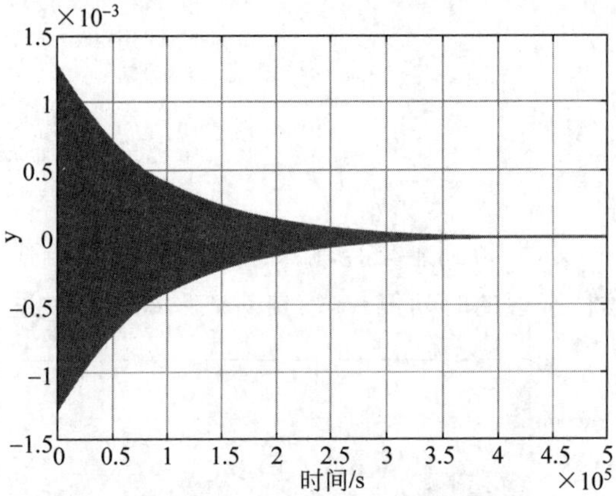

图 9.2.2 悬架系统的单位脉冲响应曲线

其初始状态响应,编写如下 M 文件(Example923. m):

```
A = [0 1 0 0; - 5.867  - 0.033 5.33 0.033;
0 0 0 1;0.53 0.0033  - 0.53  - 0.0033];            % 系统的状态矩阵
B = [0;0.033;0; - 0.0033];                          % 系统的输入矩阵
C = [0 0 1 0];                                      % 系统的输出矩阵
D = [0];                                            % 系统的直接转移矩阵
x0 = [2;1;2;1];                                     % 系统的初始状态
[y,x,t] = initial(A,B,C,D,x0);                      % 调用 initial 函数
subplot(4,1,1)
plot(t,x(:,1))
xlabel('时间/s')
ylabel('x_1')
grid
subplot(4,1,2)
plot(t,x(:,2))
xlabel('时间/s')
ylabel('x_2')
grid
subplot(4,1,3)
plot(t,x(:,3))
xlabel('时间/s')
ylabel('x_3')
grid
subplot(4,1,4)
plot(t,x(:,4))
xlabel('时间/s')
ylabel('x_4')
grid
```

运行 Example923. m 文件,结果如图 9.2.3 所示。

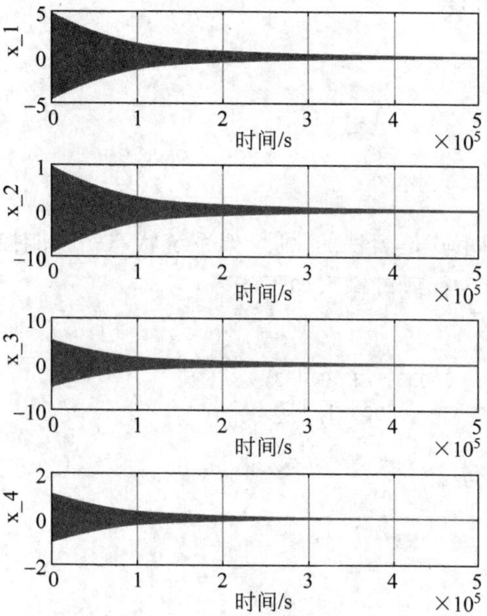

图 9.2.3　悬架系统的初始状态响应曲线

9.2.2　悬架控制系统能控性和能观性分析

根据现代控制理论的知识,悬架控制系统状态能控的充分必要条件为

$$\operatorname{rank}(\boldsymbol{\Gamma}_c[\boldsymbol{A},\boldsymbol{B}])=\operatorname{rank}([\boldsymbol{B}\quad \boldsymbol{AB}\quad \boldsymbol{A}^2\boldsymbol{B}\quad \boldsymbol{A}^3\boldsymbol{B}])=4$$

即能控性判断矩阵$\boldsymbol{\Gamma}_c[\boldsymbol{A},\boldsymbol{B}]$满秩则意味着系统是能控的。系统能观的充分必要条件为

$$\operatorname{rank}(\boldsymbol{\Gamma}_o[\boldsymbol{A},\boldsymbol{C}])=\operatorname{rank}\begin{bmatrix}\boldsymbol{C}\\ \boldsymbol{CA}\\ \boldsymbol{CA}^2\\ \boldsymbol{CA}^3\end{bmatrix}=4$$

即能观性判别矩阵$\boldsymbol{\Gamma}_o[\boldsymbol{A},\boldsymbol{C}]$满秩则意味着系统状态是能观的。

在 MATLAB 软件命令行窗口输入如下指令：

```
% 系统的状态矩阵
>> A = [0 1 0 0; - 5.867  - 0.033 5.33 0.033;
0 0 0 1;0.53 0.0033  - 0.53  - 0.0033];
% 系统的输入矩阵
>> B = [0;0.033;0; - 0.0033];
% 系统的输出矩阵
>> C = [0 0 1 0];
% 系统的直接转移矩阵
>> D = 0;
```

```
% 获取能控性判别矩阵的秩
>> n = rank(ctrb(A,B))
```

运行结果如下：

```
n =
    4
```

可以看出能控性判别矩阵是满秩的，则悬架系统状态完全能控。

在 MATLAB 软件命令行窗口输入如下指令：

```
% 系统的状态矩阵
>> A = [0 1 0 0; - 5.867  - 0.033 5.33 0.033;
0 0 0 1;0.53 0.0033  - 0.53  - 0.0033];
% 系统的输入矩阵
>> B = [0;0.033;0; - 0.0033];
% 系统的输出矩阵
>> C = [0 0 1 0];
% 系统的直接转移矩阵
>> D = 0;
% 获取能观性判别矩阵的秩
>> n = rank(obsv(A,C))
```

运行结果如下：

```
n =
    4
```

可以看出能观性判别矩阵是满秩的，则悬架系统状态完全能观，该系统的状态都能够测量。

9.2.3 悬架控制系统稳定性分析

悬架控制系统是线性时不变系统，则根据 Lyapunov 稳定性理论可知，该系统在平衡点 $\boldsymbol{x}_e = \boldsymbol{0}$ 处渐近稳定的充分必要条件是对任意给定的对称正定矩阵 $\boldsymbol{Q}$，存在一个对称正定矩阵 $\boldsymbol{P}$，使得悬架控制系统的矩阵方程 $\boldsymbol{A}^{\mathrm{T}}\boldsymbol{P}+\boldsymbol{PA}=-\boldsymbol{Q}$ 成立。在 MATLAB 软件中调用 lyap 函数，在命令行窗口输入如下指令：

```
% 系统的状态矩阵
>> A = [0 1 0 0; - 5.867  - 0.033 5.33 0.033;
0 0 0 1;0.53 0.0033  - 0.53  - 0.0033];
% 任意给定正定矩阵
>> Q = eye(4);
% 调用 lyap 函数
>> P = lyap(A',Q)
```

运行结果如下：

```
P =
    1.0e+05 *
    3.6350   -0.0000    3.9703    0.0001
   -0.0000    0.1644   -0.0001    0.1777
    3.9703   -0.0001    4.3370   -0.0000
    0.0001    0.1777   -0.0000    0.1943
```

进一步,获取矩阵 $\boldsymbol{P}$ 的特征值,命令行窗口输入如下指令:

```
% 获取矩阵 P 的特征值
>> eig(P)
```

运行结果如下:

```
ans =
   1.0e+05 *
    0.0002
    0.0010
    0.3578
    7.9718
```

可以看出矩阵 $\boldsymbol{P}$ 的所有特征值都是正的,故矩阵 $\boldsymbol{P}$ 是正定的,从而可得该车辆悬架系统是渐近稳定的。

9.3 车辆悬架系统控制器设计

9.3.1 悬架系统极点配置状态反馈控制器设计

运用现代控制理论中的状态反馈和极点配置方法,针对车辆悬架控制系统设计状态反馈控制器。因为悬架控制系统是状态能控的,该系统可以通过状态反馈任意配置闭环极点,所设定的闭环极点可根据不同的性能指标进行修改。设计悬架控制系统系统的状态反馈控制器为 $\boldsymbol{u}=-\boldsymbol{Kx}$,其中 $\boldsymbol{K}$ 的值由所配置的极点决定。

根据现代控制理论知识,如果悬架控制系统是能控的,则其状态空间模型(见式(9.1.6))可以等价变换成能控标准型,即存在线性变换 $\tilde{\boldsymbol{x}}=\boldsymbol{Tx}$,使得

$$\boldsymbol{TAT}^{-1}=\widetilde{\boldsymbol{A}},\quad \boldsymbol{TB}=\widetilde{\boldsymbol{B}}$$

其中,

$$\widetilde{\boldsymbol{A}}=\begin{bmatrix}0&1&0&0\\0&0&1&0\\0&0&0&1\\-a_0&-a_1&-a_2&-a_3\end{bmatrix},\quad \widetilde{\boldsymbol{B}}=\begin{bmatrix}0\\0\\0\\1\end{bmatrix}$$

$$\boldsymbol{T}=\boldsymbol{\Gamma}_{\mathrm{c}}[\widetilde{\boldsymbol{A}}\widetilde{\boldsymbol{B}}](\boldsymbol{\Gamma}_{\mathrm{c}}[\boldsymbol{AB}])^{-1}$$

记 $\boldsymbol{AA}=\widetilde{\boldsymbol{A}}$ 和 $\boldsymbol{BB}=\widetilde{\boldsymbol{B}}$。利用系统矩阵 $\boldsymbol{A}$ 的特征多项式

$$\det(\lambda I-\boldsymbol{A})=\lambda^4+a_3\lambda^3+a_2\lambda^2+a_1\lambda+a_0$$

计算得到

$$a_0=0.2846,\quad a_1=0.0018,\quad a_2=6.397,\quad a_3=0.0363$$

在 MATLAB 软件中的命令行窗口输入如下指令：

```
 % 系统的状态矩阵
>> A = [0 1 0 0; - 5.867 - 0.033 5.33 0.033;
0 0 0 1;0.53 0.0033 - 0.53 - 0.0033];
 % 系统的输入矩阵
>> B = [0;0.033;0; - 0.0033];
 % 能控标准型状态矩阵
>> AA = [0 1 0 0; 0 0 1 0;0 0 0 1; - 0.2846 - 0.0018 - 6.397 - 0.0363];
>> BB = [0;0;0;1];
 % 获取状态变换矩阵
>> T = ctrb(AA,BB) * inv(ctrb(A,B))
```

运行结果如下：

```
T =
     - 53.1632      0.0000 - 531.6321      0.0000
      - 0.0000  - 53.1632    - 0.0000 - 531.6321
       30.1435    - 0.0000    - 1.5949    - 0.0000
        0.0015     30.1435      0.0148    - 1.5949
```

假设期望极点为 $-1\pm\mathrm{j}\sqrt{2}$，-8，-8，则得到期望的闭环特征多项式为

$$\begin{aligned}&(\lambda-(-1-\mathrm{j}\sqrt{2}))(\lambda-(-1+\mathrm{j}\sqrt{2}))(\lambda+8)(\lambda+8)\\&=\lambda^4+18\lambda^3+51\lambda^2+176\lambda+192\end{aligned}$$

所以

$$b_0=192,\quad b_1=176,\quad b_2=51,\quad b_3=18$$

所以极点配置的状态反馈增益为

$$\begin{aligned}\boldsymbol{K}&=\begin{bmatrix}b_0-a_0 & b_1-a_1 & b_2-a_2 & b_3-a_3\end{bmatrix}\boldsymbol{T}\\&=-\begin{bmatrix}8850 & 8820 & 101990 & 93590\end{bmatrix}\end{aligned}$$

则相应的闭环系统状态变量图如图 9.3.1 所示。

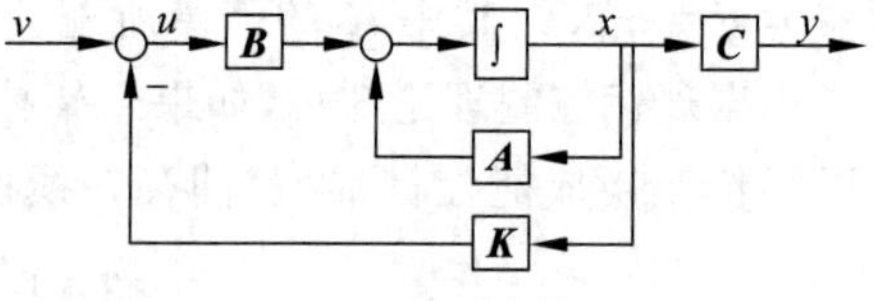

图 9.3.1　闭环系统的状态变量图

通过以上设计原理，在 MATLAB 软件中编写如下 M 文件(Example931.m)：

```
A = [0 1 0 0; - 5.867 - 0.033 5.33 0.033;
0 0 0 1;0.53 0.0033 - 0.53 - 0.0033];                  % 系统的状态矩阵
B = [0;0.033;0; - 0.0033];                             % 系统的输入矩阵
C = [0 0 1 0];                                         % 系统的输出矩阵
D = [0];                                               % 系统的直接转移矩阵
```

```
AA = [0 1 0 0; 0 0 1 0;0 0 0 1;                          % 能控标准型状态矩阵
 - 0.2846  - 0.0018  - 6.397  - 0.0363];
BB = [0;0;0;1];                                          % 能控标准型输入矩阵
T = ctrb(AA,BB) * inv(ctrb(A,B));                        % 状态变换矩阵
AC = A - B * K;                                          % 闭环系统状态矩阵
BC = B;
CC = C;
DC = D;
[y,x,t] = step(AC,BC,CC,DC);                             % 闭环系统阶跃响应
plot(t,y)
xlabel('时间/s')
ylabel('y')
grid
```

运行 Example931.m 文件,结果如图 9.3.2 所示。

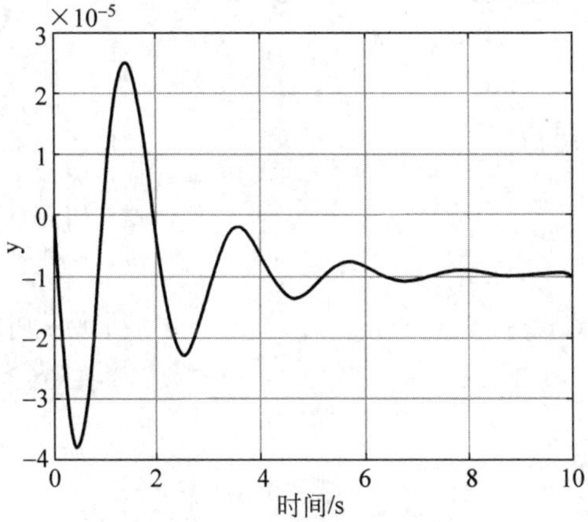

图 9.3.2　极点配置状态反馈控制器闭环系统的单位阶跃响应曲线

从图 9.3.2 可以看出,虽然通过重新配置闭环系统的极点可改善闭环系统的动态特性,但这使得闭环系统产生了稳态误差,其稳态性能变差。或者说极点配置方法可能会使一个原来没有稳态误差的系统,产生稳态误差。为了解决这一矛盾,9.3.2 节将讨论跟踪控制器的设计。

9.3.2　悬架系统跟踪控制器设计

由原系统的阶跃响应图 9.2.1 和极点配置后闭环系统的阶跃响应图 9.3.2 可得,校正后的系统存在稳态误差。另一方面,实际系统不可避免地存在外部扰动,对于其中的确定性扰动,扰动的存在使得系统在稳态时不能很好地跟踪参考输入,从而产生稳态误差。因此,需要设计能实现无静差跟踪阶跃参考输入信号的渐近跟踪控制器。

由 9.2.3 节可知,悬架系统状态能控,则建立原系统的增广矩阵,即

$$\boldsymbol{AA}=\begin{bmatrix}\boldsymbol{A} & \boldsymbol{0}\\ \boldsymbol{C} & \boldsymbol{0}\end{bmatrix},\quad \boldsymbol{BB}=\begin{bmatrix}\boldsymbol{B}\\ \boldsymbol{0}\end{bmatrix}$$

为了减小增广系统所增加的动态环节对原系统性能的影响,选择增加的期望极点要配置在闭环极点的左边,则再选择一个极点为−8。

通过以上原理,在 MATLAB 软件中编写如下 M 文件(Example932.m):

```
A = [0 1 0 0; - 5.867  - 0.033 5.33 0.033;
0 0 0 1;0.53 0.0033  - 0.53  - 0.0033];              % 系统的状态矩阵
B = [0;0.033;0; - 0.0033];                           % 系统的输入矩阵
C = [0 0 1 0];                                       % 系统的输出矩阵
D = [0];                                             % 系统的直接转移矩阵
AA = [A zeros(4,1);C 0];                             % 增广系统的状态矩阵
BB = [B;0];                                          % 增广系统的状态矩阵
JJ = [ - 1 + 2^0.5 * 1i  - 1 - 2^0.5 * 1i  - 8  - 8  - 8];  % 增广系统极点配置
% 调用 acker 函数,获取状态反馈增益矩阵
KK = acker(AA,BB,JJ);
K1 = KK(1:4);
K2 = KK(5);
AC = [A - B * K1  - B * K2;C 0];                     % 增广闭环系统状态矩阵
BC = [0;0;0;0; - 1];                                 % 增广闭环系统输入矩阵
CC = [C 0];                                          % 增广闭环系统输出矩阵
DC = 0;                                              % 增广闭环系统直接转移矩阵
t = 0:0.1:9
[y,x,t] = step(AC,BC,CC,DC,1,t);                     % 获取增广闭环系统阶跃响应
plot(t,y)
xlabel('时间/s')
ylabel('y')
grid
```

运行 Example932.m 文件,结果如图 9.3.3 所示。

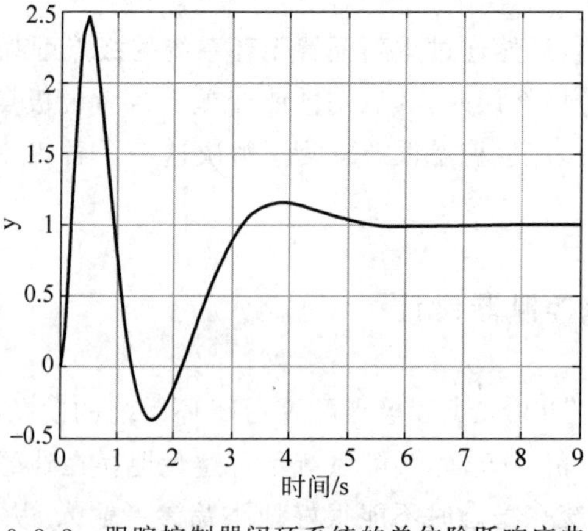

图 9.3.3　跟踪控制器闭环系统的单位阶跃响应曲线

从图 9.3.3 可以看出,系统完美继承了原来由配置极点方法所设计闭环系统的动态性能,而且消除了稳态误差,同时相比于开环系统,过渡时间大大缩短,很好地改善了系统动态和稳态性能。

9.3.3 悬架系统线性二次型最优控制器设计

前面两种控制器设计,通过将闭环系统的极点配置在预先给定的位置来保证系统控制具有期望的稳定性和动态性能,然而没有考虑控制器的能量问题,但在实际控制器设计中,具有较小控制能量的控制方案更具实际意义。这种控制能量最小化的要求可以用一个适当的二次型性能指标的最小化来反映。因此,系统性能和控制能量的要求常用如下二次型性能指标来描述:

$$J=\int_0^{\infty}[\boldsymbol{x}^{\mathrm{T}}(t)\boldsymbol{Q}\boldsymbol{x}(t)+Ru^2(t)]\mathrm{d}t$$

其中,$\boldsymbol{Q}$ 是加权矩阵,R 是加权系数,反映了设计者对状态变量 $\boldsymbol{x}$ 和控制输入 u 中各分量重要性的关注程度。

线性二次型最优控制问题是指对一个由线性时不变状态空间模型描述的系统和一个给定的二次型性能指标,设计一个控制器,使得闭环系统渐近稳定,且使得二次型性能指标最小化的问题。

考虑由式(9.1.6)描述的车辆悬架系统,选取加权矩阵和加权系数为

$$\boldsymbol{Q}=\begin{bmatrix}1&0&0&0\\0&1&0&0\\0&0&100&0\\0&0&0&1\end{bmatrix},\quad R=0.01$$

通过以上介绍,在 MATLAB 软件中命令行窗口输入以下指令:

```
>> A = [0 1 0 0; - 5.867  - 0.033 5.33 0.033;
0 0 0 1;0.53 0.0033  - 0.53  - 0.0033];
>> B = [0;0.033;0; - 0.0033];
 % 加权矩阵 Q
>> Q = [1 0 0 0;0 1 0 0;0 0 100 0;0 0 0 1];
 % 加权矩阵 R
>> R = [0.0001];
 % 调用 lqr 函数求取最优反馈增益
>> K = lqr(A,B,Q,R)
```

运行结果如下:

```
K =
    - 0.8420   - 28.4429   - 29.8834  - 425.8406
```

因此,系统的最优状态反馈控制器为

$$u = -[0.8420 \quad -28.4429 \quad -29.8834 \quad -425.8406]\boldsymbol{x}$$

进一步检验车辆悬架闭环系统的阶跃响应效果，在 MATLAB 软件中编写如下 M 文件（Example933. m）：

```
A = [0 1 0 0; - 5.867 - 0.033 5.33 0.033;
0 0 0 1;0.53 0.0033 - 0.53 - 0.0033];                    % 系统的状态矩阵
B = [0;0.033;0; - 0.0033];                              % 系统的输入矩阵
C = [0 0 1 0];                                          % 系统的输出矩阵
D = [0];                                                % 系统的直接转移矩阵
K = [ - 0.8420 - 28.4429 - 29.8834 - 425.8406];        % 反馈增益矩阵
AA = A - B * K;
BB = B * K(1);
CC = C;
DD = D;
[y,x,t] = step(AC,BC,CC,DC);                            % 获取闭环系统阶跃响应
plot(t,y)
xlabel('时间/s')
ylabel('y')
grid
```

运行 Example933. m 文件，结果如图 9.3.4 所示。

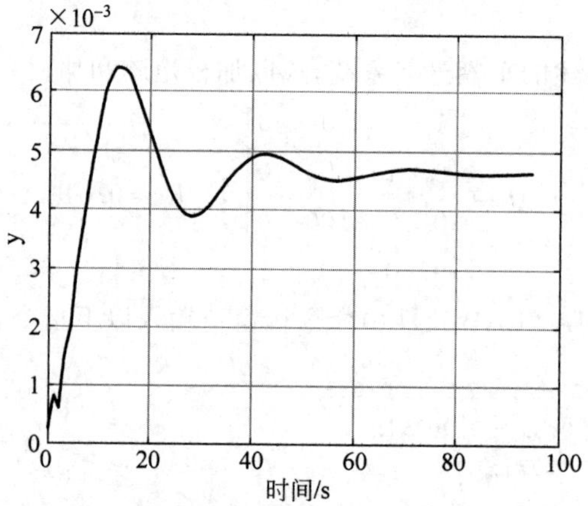

图 9.3.4　线性二次型最优控制器闭环系统的单位阶跃响应曲线

从图 9.3.4 中可以看出，悬架系统采用线性二次型最优控制器也会存在稳态误差，可以通过调整加权矩阵 $\boldsymbol{Q}$ 和 $\boldsymbol{R}$ 来达到需要的性能指标。

第10章 实例6：网联汽车自动巡航控制系统分析与设计

汽车自动巡航控制(Automated Cruise Control,ACC)系统是定速巡航控制系统的提升和扩展,它不但具有定速巡航控制系统的全部功能,还可以通过雷达、摄像头等车载传感器和车联网系统监测汽车前方的道路交通环境,并根据本车与前车之间的相对距离及相对速度等信息,自动调节汽车的节气门开度或制动力矩,控制车辆纵向速度,使本车与前车保持合适的安全间距。采用ACC系统对于提高汽车行驶的安全性、舒适性和节能性,降低驾驶员的工作负担,提高道路的通行能力具有重要意义。

目前,国内外对于ACC系统的研究集中在车载传感器和自动巡航控制策略等方面,控制策略是实现自动巡航功能及其实用化的关键所在,其自动巡航控制系统设计的好坏直接决定汽车巡航系统的动态和稳态性能。

10.1 汽车自动巡航控制系统原理

汽车自动巡航控制系统主要由信息感知单元、控制单元、执行单元和人机交互界面组成,其中,信息感知单元由雷达传感器、转向传感器、速度传感器和其他传感器及车联网系统构成。汽车ACC系统的基本组成如图10.1.1所示。

信息感知单元：用于采集信息,包括本车状态、行车环境、人机界面输入等。

控制单元：用于对行车信息的处理,确定车辆控制命令,是ACC系统的核心单元。

执行单元：由制动踏板、加速踏板及车辆传动控制执行器组成,实现车辆加速或减速。

人机界面：用于驾驶员对ACC系统起用与否的决定、对参数的设定、系统状态的显示及紧急情况的报警等。

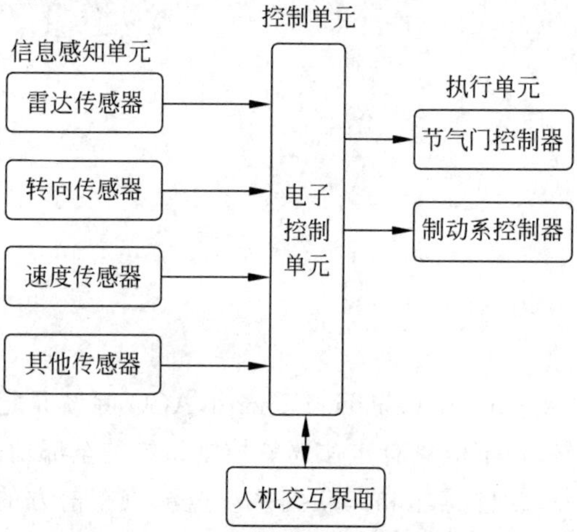

图 10.1.1　汽车自动巡航控制系统框图

汽车自动巡航控制系统工作原理如图 10.1.2 所示，驾驶员设定好相关参数，包括巡航速度及车头时距。距离感知模块开始检测前方车辆位置，如果没有前车或前车离得很远且速度很快，控制模式选择模块就会激活巡航控制模式，ACC 系统将根据驾驶员设定的速度和实际车速自动调节加速踏板等，使车辆达到设定巡航速度并匀速行驶。如果前车存在且离得较近且速度很慢，控制系统选择模式就会激活跟车控制模式，ACC 系统将根据驾驶员设定的车头时距和实际车速计算出期望间距，并与实际间距比较，自动调节踏板使车辆以安全间距稳定跟车行驶。同时，ACC 系统会将车辆的状态参数显示在人机界面上，还装有紧急报警系统，在 ACC 系统无法避免碰撞时及时警告驾驶员并由驾驶员处理紧急状况。间距策略和控制算法是 ACC 控制器的核心模块。

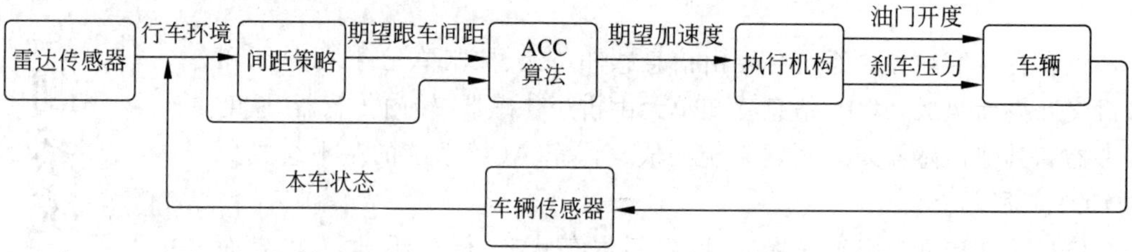

图 10.1.2　汽车自动巡航控制系统工作原理

间距策略决定了车辆跟随前车过程中采用的安全车间距，即期望跟车间距。一个期望的跟车间距应该满足当前车突然刹车时，本车仍能保证避免追尾的最小车间距。间距策略分为两大类，即恒定间距策略和时变间距策略。恒定间距策略结构简单，计算量少，易于实现，但无法适应变化的行车环境。基于车头时距的时变间距策略又分为固定车头时距(Constant Time Headway，CTH)策略和时变车头时距(Variant Time Headway，VTH)策略。CTH 策略考虑了本车速度对安全车间距的影响，同时计算较为简单，是目前被广泛采用的一种安全间距策略。

在汽车ACC系统实现中，大多采用分层控制结构设计，如图10.1.3所示，其中，上层控制器输入期望速度和前车信息，通过实时测量本车和前车实际行驶信息，在线计算本车的期望加速度，并将该期望加速度作为下层车辆控制器的目标轨迹，计算后得到对应的制动压力或节气门开度，并将计算结果作用于本车，实现车辆的自动巡航控制功能。

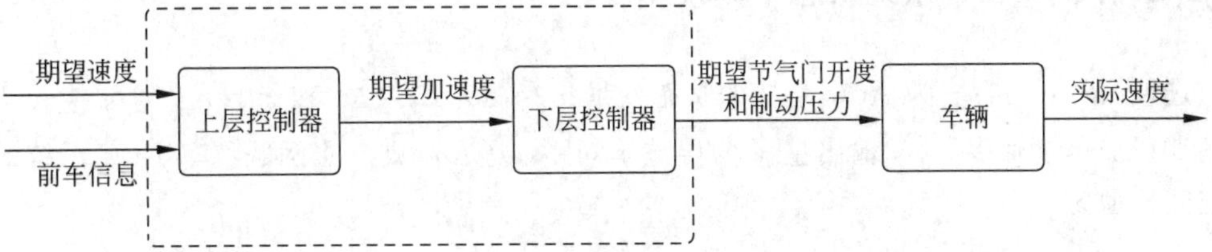

图10.1.3 ACC系统控制分层结构图

10.2 汽车自动巡航纵向动力学模型

考虑由不同结构和参数的汽车组成的网联汽车纵向巡航系统，如图10.2.1所示，其中左边车辆为加装ACC系统的自车，右边车辆为待跟踪的前车。各车通过装载的传感器获取自车的运动状态信息(如速度、与前车间距等)，同时通过无线通信网络接收来自前车的加速度并向后车发送自车的加速度信息。

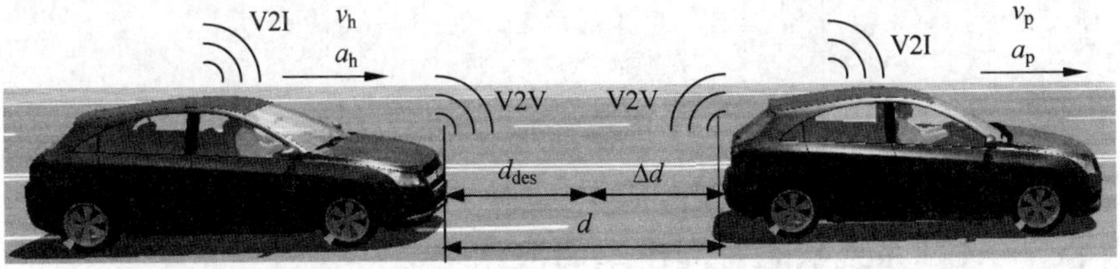

图10.2.1 网联汽车纵向自动巡航示意图

10.2.1 汽车ACC纵向动力学模型

根据图10.2.1所示的网联汽车纵向运动学关系，定义如下变量：

$$\begin{cases}\Delta d = d - d_{des} \\ \Delta v = v_p - v_h\end{cases} \tag{10.2.1}$$

其中，Δd为车间距误差(m)，Δv为前车和自车相对速度(m/s)，d和d_{des}分别为实际车间距(m)和期望车间距(m)，v_p和v_h分别为前车和自车速度(m/s)。安全车间距采用固定车头时距策略，即

$$d_{des} = \tau_h v_f + d_0 \tag{10.2.2}$$

其中，τ_h为车间时距(s)，d_0为自车停止后与前车最小安全车距(m)。

自车实际加速度 $a_{\mathrm{h}}(\mathrm{m/s^2})$和期望加速度 $a_{\mathrm{des}}(\mathrm{m/s^2})$的关系用一阶惯性环节表示

$$a_{\mathrm{h}}=\frac{K}{\tau_{\mathrm{d}}s+1}a_{\mathrm{des}} \tag{10.2.3}$$

其中，K 为系统增益，τ_{d} 为时间常数(s)。

10.2.2 汽车 ACC 系统状态空间模型

选取Δd、Δv 和 a_{h} 为 ACC 系统的状态变量 $x_1=\Delta d$、$x_2=\Delta v$ 和 $x_3=a_{\mathrm{h}}$，输入量 u 为自车的期望加速度命令 a_{des}，输出量 y 为误差车间距误差Δd，则建立网联汽车 ACC 系统的状态空间模型为

$$\begin{cases}\begin{bmatrix}\dot{x}_1\\ \dot{x}_2\\ \dot{x}_3\end{bmatrix}=\begin{bmatrix}0 & 1 & -\tau_{\mathrm{h}}\\ 0 & 0 & -1\\ 0 & 0 & -1/\tau_{\mathrm{d}}\end{bmatrix}\begin{bmatrix}x_1\\ x_2\\ x_3\end{bmatrix}+\begin{bmatrix}0\\ 0\\ 1/\tau_{\mathrm{d}}\end{bmatrix}u\\ y=\begin{bmatrix}1 & 0 & 0\end{bmatrix}\boldsymbol{x}\end{cases} \tag{10.2.4}$$

其中，状态向量 $\boldsymbol{x}=[x_1,x_2,x_3]^{\mathrm{T}}$。

以小型乘用汽车为例，选取 $\tau_{\mathrm{d}}=0.2\mathrm{s}$、$\tau_{\mathrm{h}}=2\mathrm{s}$ 和 $d_0=10\mathrm{m}$，则可得到小型乘用汽车 ACC 系统的一个状态空间模型为

$$\begin{cases}\begin{bmatrix}\dot{x}_1\\ \dot{x}_2\\ \dot{x}_3\end{bmatrix}=\begin{bmatrix}0 & 1 & -2\\ 0 & 0 & -1\\ 0 & 0 & -5\end{bmatrix}\begin{bmatrix}x_1\\ x_2\\ x_3\end{bmatrix}+\begin{bmatrix}0\\ 0\\ 5\end{bmatrix}u\\ y=\begin{bmatrix}1 & 0 & 0\end{bmatrix}\boldsymbol{x}\end{cases} \tag{10.2.5}$$

10.2.3 汽车 ACC 系统状态空间模型离散化

考虑汽车 ACC 系统连续时间状态空间模型(见式(10.2.4))的离散化方程，可得

$$\begin{aligned}\boldsymbol{x}(k+1)&=\boldsymbol{G}(T_{\mathrm{s}})\boldsymbol{x}(k)+\boldsymbol{H}(T_{\mathrm{s}})u(k)\\ y(k)&=\boldsymbol{C}\boldsymbol{x}(k)\end{aligned} \tag{10.2.6}$$

其中，T_{s} 为离散采样周期，状态矩阵 $\boldsymbol{G}(T_{\mathrm{s}})$和输入矩阵 $\boldsymbol{H}(T_{\mathrm{s}})$为

$$\begin{cases}\boldsymbol{G}(T_{\mathrm{s}})=\mathrm{e}^{\boldsymbol{A}T_{\mathrm{s}}}\\ \boldsymbol{H}(T_{\mathrm{s}})=\left(\int_0^{T_{\mathrm{s}}}\mathrm{e}^{\boldsymbol{A}s}\mathrm{d}s\right)\boldsymbol{B}\end{cases} \tag{10.2.7}$$

其中，$\boldsymbol{A}=\begin{bmatrix}0 & 1 & -\tau_{\mathrm{h}}\\ 0 & 0 & -1\\ 0 & 0 & -1/\tau_{\mathrm{d}}\end{bmatrix}$，$\boldsymbol{B}=\begin{bmatrix}0\\ 0\\ 1/\tau_{\mathrm{d}}\end{bmatrix}$，$\boldsymbol{C}=\begin{bmatrix}1 & 0 & 0\end{bmatrix}$及 $\mathrm{e}^{\boldsymbol{A}T_{\mathrm{s}}}=L^{-1}[(s\boldsymbol{I}-\boldsymbol{A})^{-1}]$。

已知小型乘用汽车 ACC 系统的连续时间状态空间模型(见式(10.2.5))，采用

MATLAB 软件提供的函数 c2d 计算离散化状态空间模型中状态矩阵 $\boldsymbol{G}(T_s)$和输入矩阵 $\boldsymbol{H}(T_s)$。选取采样时间 $T_s=0.5$s,在 MATLAB 软件命令窗口输入如下指令:

```
>> A = [0 1 -2;0 0 -1;0 0 -5];          % 系统的状态矩阵
>> B = [0;0;5];                         % 系统的输入矩阵
>> [G,H] = c2d(A,B,0.5)                 % 调用 c2d 函数
```

运行结果如下:

```
G =
    1.0000  0.5000  -0.4304
    0       1.0000  -0.1836
    0       0        0.0821
H =
   -0.6946
   -0.3164
    0.9179
```

因此,所求的 ACC 系统离散化状态空间模型为

$$\begin{cases}\boldsymbol{x}(k+1)=\begin{bmatrix}1 & 0.5 & -0.4304\\0 & 1 & -0.1836\\0 & 0 & -0.0821\end{bmatrix}\boldsymbol{x}(k)+\begin{bmatrix}-0.6946\\-0.3164\\0.9179\end{bmatrix}u(k)\\y(k)=\begin{bmatrix}1 & 0 & 0\end{bmatrix}\boldsymbol{x}(k)\end{cases}\tag{10.2.8}$$

若取采样周期 $T_s=0.1$s,则可得相应的离散化状态空间模型为

$$\begin{cases}\boldsymbol{x}(k+1)=\begin{bmatrix}1 & 0.1 & -0.1616\\0 & 1 & -0.0787\\0 & 0 & 0.6065\end{bmatrix}\boldsymbol{x}(k)+\begin{bmatrix}-0.0434\\-0.0213\\0.3935\end{bmatrix}u(k)\\y(k)=\begin{bmatrix}1 & 0 & 0\end{bmatrix}\boldsymbol{x}(k)\end{cases}\tag{10.2.9}$$

从以上两个离散化状态空间模型可以看出,不同的采样周期所导出的离散化模型是不同的。这也验证了离散化状态空间模型依赖于所选取的采样周期的结论。

10.2.4 状态空间模型转换为传递函数模型

考虑小型乘用汽车 ACC 系统状态空间模型(见式(10.2.5)),在 MATLAB 命令窗口中输入如下指令:

```
>> A = [0 1 -2;0 0 -1;0 0 -5];          % 系统的状态矩阵
>> B = [0;0;5];                         % 系统的输入矩阵
>> C = [1 0 0];                         % 系统的输出矩阵
>> D = 0;                               % 系统的直接转移矩阵
>> [num,den] = ss2tf(A,B,C,D)           % 调用 ss2tf 函数
```

可得

```
num =
        0        0   -10.0000   -5.0000
```

```
den =
        1     5     0     0
```

因此，小型乘用汽车 ACC 系统状态空间模型在初试条件为零时的传递函数为

$$G(s)=\frac{Y(s)}{U(s)}=\frac{-10s-5}{s^3+5s^2} \tag{10.2.10}$$

其中，$Y(s)$和$U(s)$分别为该系统在输出变量$y(t)$和输入变量$u(t)$的拉普拉斯变换。由传递函数式(10.2.10)可知，该系统含有两个纯积分环节，所以该系统开环不稳定。

10.3 汽车自动巡航控制系统分析

下面以汽车自动巡航控制系统的状态空间模型及其离散化状态空间模型为例，先分析自动巡航控制系统的阶跃响应、脉冲响应、初试状态响应等典型输入信号响应，再分析系统的状态能控性和状态能观性。

10.3.1 汽车 ACC 系统的阶跃响应

考虑由式(10.2.5)描述的汽车 ACC 系统的单位阶跃响应，在 MATLAB 软件中编写如下 M 文件：

```
A = [0 1 -2;0 0 -1;0 0 -5];                 % 系统的状态矩阵
B = [0;0;5];                                % 系统的输入矩阵
C = [1 0 0];                                % 系统的输出矩阵
D = 0;                                      % 系统的直接转移矩阵
step(A,B,C,D)                               % 调用 step 函数
xlabel('时间/s')                            % 给横坐标加标注
ylabel('车间距/m')                          % 给纵坐标加标注
```

运行结果如图 10.3.1 所示。由图 10.3.1 可知，汽车 ACC 系统的单位阶跃响应输出并没有收敛到某一值，故该系统是开环不稳定的。

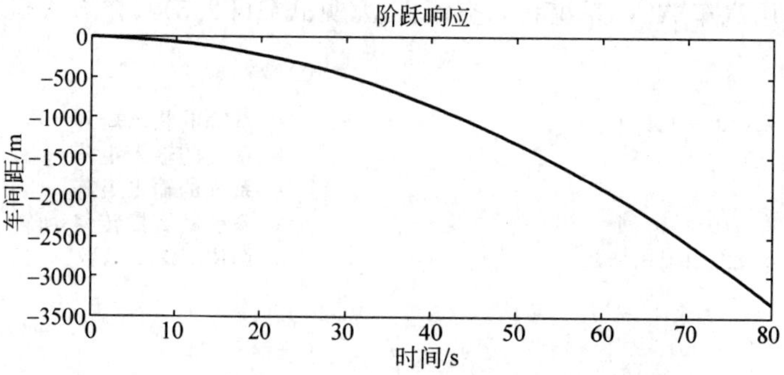

图 10.3.1　连续时间 ACC 系统的单位阶跃响应曲线

进一步分析汽车 ACC 系统的离散化状态空间模型的单位阶跃响应。令采样周期为 0.1s,则该系统对应的离散化状态空间模型为式(10.2.9)。在 MATLAB 软件中编写如下 M 文件：

```
G=[1 0.1 -0.1616;0 1 -0.0787;0 0 0.6065];      % 系统的状态矩阵
H=[-0.0434;-0.0213;0.3935];                    % 系统的输入矩阵
C=[1 0 0];                                     % 系统的输出矩阵
D=0;                                           %系统的直接转移矩阵
dstep(G,H,C,D,1,40)                            % 调用 dstep 函数
xlabel('时间/s')                               % 给横坐标加标注
ylabel('车间距/m')                             % 给纵坐标加标注
```

运行结果如图 10.3.2 所示。由图 10.3.2 可知,离散化汽车 ACC 系统的单位阶跃响应输出并没有收敛到某一值,故该离散化汽车 ACC 系统也是开环不稳定的。

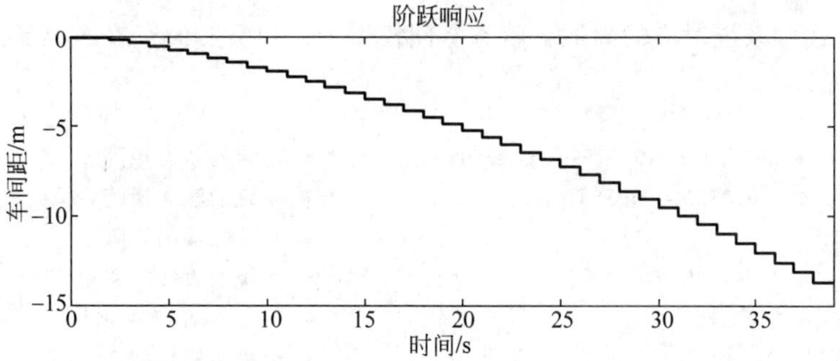

图 10.3.2　离散化汽车 ACC 系统的单位阶跃响应曲线

10.3.2　汽车 ACC 系统的脉冲响应

考虑由式(10.2.5)描述的汽车 ACC 系统的单位脉冲响应,在 MATLAB 软件中编写如下 M 文件：

```
A=[0 1 -2;0 0 -1;0 0 -5];                      % 系统的状态矩阵
B=[0;0;5];                                     % 系统的输入矩阵
C=[1 0 0];                                     % 系统的输出矩阵
D=0;                                           % 系统的直接转移矩阵
impulse(A,B,C,D)                               % 调用 impulse 函数
xlabel('时间/s')                               % 给横坐标加标注
ylabel('车间距/m')                             % 给纵坐标加标注
```

运行结果如图 10.3.3 所示。由图 10.3.3 可知,汽车 ACC 系统的单位脉冲响应输出并没有恢复到原点,故该系统是开环不稳定的。

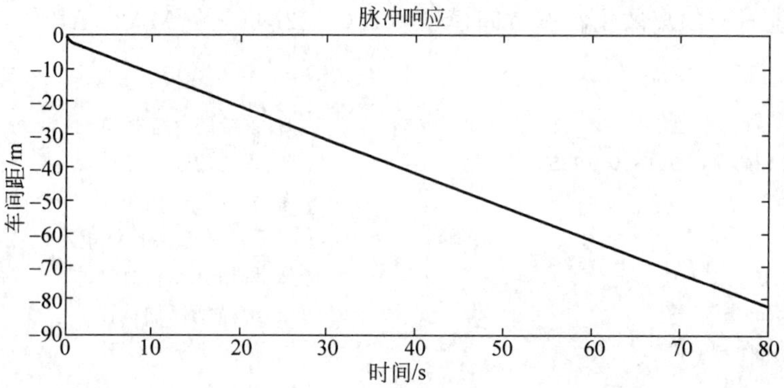

图 10.3.3　汽车 ACC 系统的单位脉冲响应曲线

进一步分析汽车 ACC 系统的离散化状态空间模型的单位脉冲响应。令采样周期为 0.1s，则汽车 ACC 系统对应的离散化状态空间模型为式(10.2.9)。在 MATLAB 软件中编写如下 M 文件：

```
G=[1 0.1 -0.1616;0 1 -0.0787;0 0 0.6065];      % 系统的状态矩阵
H=[-0.0434;-0.0213;0.3935];                    % 系统的输入矩阵
C=[1 0 0];                                     % 系统的输出矩阵
D=0;                                           % 系统的直接转移矩阵
dimpulse(G,H,C,D,1,40)                         % 调用 dimpulse 函数
xlabel('时间/s')                                % 给横坐标加标注
ylabel('车间距/m')                              % 给纵坐标加标注
```

运行结果如图 10.3.4 所示。由图 10.3.4 可知，离散化汽车 ACC 系统的单位脉冲响应输出并没有恢复到原点，故该系统是开环不稳定的。

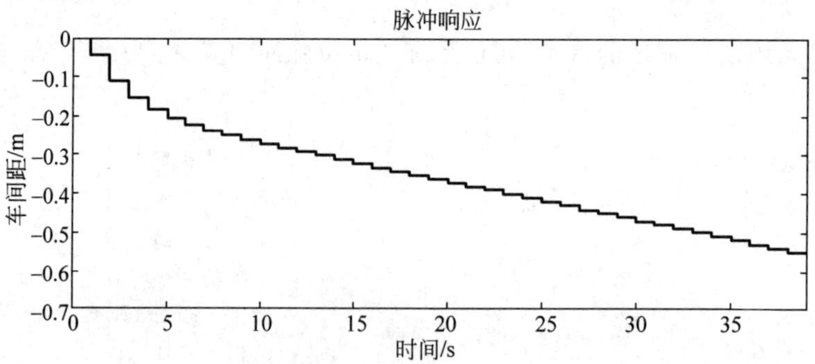

图 10.3.4　离散化汽车 ACC 系统的单位脉冲响应曲线

10.3.3 汽车 ACC 系统的初始状态响应

考虑由式(10.2.5)描述的 ACC 系统的初试状态响应，在 MATLAB 软件中编写如下 M 文件：

```
A=[0 1 -2;0 0 -1;0 0 -5];                    % 系统的状态矩阵
B=[0;0;5];                                   % 系统的输入矩阵
C=[1 0 0];                                   % 系统的输出矩阵
D=0;                                         % 系统的直接转移矩阵
x0=[10;10;0];                                % 系统的初始状态
[y,x,t]=initial(A,B,C,D,x0);                 % 调用 initial 函数
subplot(3,1,1)                               % 创建子图
plot(t,x(:,1))                               % 调用 plot 函数画图
xlabel('时间/s')                             % 给 x 轴加标注
ylabel('x1')                                 % 给 y 轴加标注
subplot(3,1,2)
plot(t,x(:,2))
xlabel('时间/s')
ylabel('x2')
subplot(3,1,3)
plot(t,x(:,1))
xlabel('时间/s')
ylabel('x3')
```

运行结果如图 10.3.5 所示。由图 10.3.5 可知，汽车 ACC 系统的初试状态响应输出并没有稳定到某个稳态，故该系统是开环不稳定的。

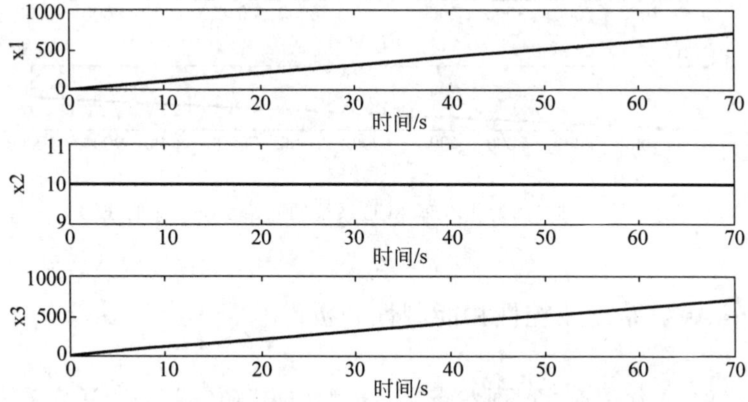

图 10.3.5 汽车 ACC 系统的初始状态响应曲线

进一步分析汽车 ACC 系统的离散化状态空间模型的单位脉冲响应。令采样周期为 0.1s，则汽车 ACC 系统对应的离散化状态空间模型为式(10.2.9)。在 MATLAB 软件中编写如下 M 文件：

```
G=[1 0.1 -0.1616;0 1 -0.0787;0 0 0.6065];      % 系统的状态矩阵
H=[-0.0434;-0.0213;0.3935];                   % 系统的输入矩阵
C=[1 0 0];                                    % 系统的输出矩阵
D=0;                                          % 系统的直接转移矩阵
x0=[10;10;0];                                 % 系统的初始状态
[y,x,t]=dinitial(G,H,C,D,x0);                 % 调用 dinitial 函数
subplot(3,1,1)                                % 创建子图
plot(x(:,1))                                  % 调用 plot 函数画图
xlabel('时间/s')                               % 给 x 轴加标注
ylabel('x1')                                  % 给 y 轴加标注
subplot(3,1,2)
plot(x(:,2))
xlabel('时间/s ')
ylabel('x2')
subplot(3,1,3)
plot(x(:,1))
xlabel('时间/s ')
ylabel('x3')
```

运行结果如图10.3.6所示。由图10.3.6可知，离散化汽车ACC系统的初始状态响应输出并没有稳定到某个稳态，故该系统是开环不稳定的。

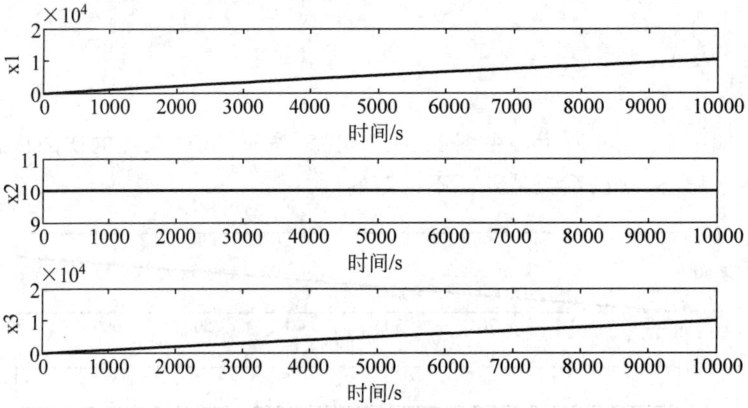

图10.3.6　离散化汽车ACC系统的初始状态响应曲线

10.3.4　汽车ACC系统能控性和能观性分析

考虑汽车ACC系统的连续时间状态空间模型(见式(10.2.5))，计算系统的状态能控性判别矩阵为

$$\boldsymbol{\Gamma}_c[\boldsymbol{A},\boldsymbol{B}]=[\boldsymbol{B}\quad \boldsymbol{AB}\quad \boldsymbol{A}^2\boldsymbol{B}]=\begin{bmatrix}0 & -10 & 45\\ 0 & -5 & 25\\ 5 & -25 & 125\end{bmatrix} \tag{10.3.1}$$

可以看到该能控性判别矩阵是满秩矩阵，所以该连续时间状态空间模型是状态能控的，这意

味着当本车检测到车间距偏离期望的安全车间距时，总可以通过调节本车的加速度和速度使得实际车间距维持在期望的安全间距。

计算汽车ACC系统的连续时间状态空间模型(见式(10.2.5))的状态能观性判别矩阵为

$$\boldsymbol{\Gamma}_{\mathrm{c}}[\boldsymbol{A},\boldsymbol{C}]=\begin{bmatrix}\boldsymbol{C}\\\boldsymbol{CA}\\\boldsymbol{CA}^2\end{bmatrix}=\begin{bmatrix}1&0&0\\0&1&-2\\0&0&9\end{bmatrix}\tag{10.3.2}$$

可以看到该能观性判别矩阵是满秩矩阵，所以该连续状态空间模型是状态能观的，这意味着该汽车ACC系统的所有状态可以通过测量输出估计得到。

同理，考虑汽车ACC系统的离散时间状态空间模型(见式(10.2.9))，计算系统的状态能控性判别矩阵为

$$\boldsymbol{\Gamma}_{\mathrm{c}}[\boldsymbol{G},\boldsymbol{H}]=[\boldsymbol{H}\quad\boldsymbol{GH}\quad\boldsymbol{G}^2\boldsymbol{H}]=\begin{bmatrix}-0.0434&-0.1091&-0.1529\\-0.0213&-0.0523&-0.0711\\0.3935&-0.2387&0.1447\end{bmatrix}\tag{10.3.3}$$

可以看到该能控性判别矩阵是满秩矩阵，所以该离散时间状态空间模型是状态能控的。结合连续时间ACC系统，意味着无论是用连续时间状态空间模型还是离散时间状态空间模型描述汽车ACC系统，只要当本车检测到车间距偏离期望的安全车间距时，总可以通过调节本车的加速度和速度使得实际车间距维持在期望的安全间距。

再计算汽车ACC系统的离散时间状态空间模型(见式(10.2.9))的状态能观性判别矩阵为

$$\boldsymbol{\Gamma}_{\mathrm{c}}[\boldsymbol{G},\boldsymbol{C}]=\begin{bmatrix}\boldsymbol{C}\\\boldsymbol{CG}\\\boldsymbol{CG}^2\end{bmatrix}=\begin{bmatrix}1&0&0\\0&0.1&-0.1616\\1&0.2&-0.2676\end{bmatrix}\tag{10.3.4}$$

可以看到该能观性判别矩阵是满秩矩阵，所以该离散状态空间模型是状态能观的。结合连续时间ACC系统，意味着无论是用连续时间状态空间模型还是离散时间状态空间模型描述汽车ACC系统，汽车ACC系统的所有状态可以通过测量输出估计得到。

10.4 汽车ACC系统的极点配置反馈控制

从汽车ACC系统的传递函数模型(见式(10.2.10))和典型输入信号的响应可知，汽车ACC系统是开环不稳定的。为了得到汽车ACC系统的闭环稳定性，并使系统具有良好的动态性能，本节将采用极点配置方法设计ACC系统的状态反馈控制器，要求闭环ACC系统渐近稳定，同时动态性能满足如下要求：输出超调量$\sigma\leqslant5\%$，峰值时间$t_{\mathrm{s}}\leqslant0.5\mathrm{s}$。

考虑到汽车ACC系统是一个三阶系统，故有3个闭环极点。为此，配置3个期望闭环极点如下：选择左半开复平面上一对主导极点λ_1和λ_2，另一个极点λ_3选择在远离λ_1和λ_2的左半开复平面上，以使得极点λ_3对闭环系统性能的影响很小，从而可以将闭环系统近似成只有一对主导极点的二阶系统。

设汽车ACC系统的一对主导极点为

$$\lambda_{1,2}=-\zeta\omega_{\mathrm{n}}\pm\mathrm{j}\omega_{\mathrm{n}}\sqrt{1-\xi^2}$$

其中，ξ 和 ω_n 分别是二阶系统的阻尼比和无阻尼自然自振频率。由二阶系统的过渡过程性能指标的计算关系

$$\begin{cases}\sigma = \exp(-\xi/\sqrt{1-\xi^2}) \leqslant 5\% \\ t_s = \dfrac{\pi}{\omega_n\sqrt{1-\xi^2}} \leqslant 0.5\end{cases} \tag{10.4.1}$$

计算可得

$$\xi \geqslant 0.707, \quad \omega_n \geqslant 9 \tag{10.4.2}$$

为计算方便，取 $\xi = 0.707$ 和 $\omega_n = 10$，则主导极点为

$$\lambda_{1,2} = -\zeta\omega_n \pm j\omega_n\sqrt{1-\xi^2} = -7.07 \pm j7.07 \tag{10.4.3}$$

而第 3 个极点 λ_3 应选择成使其和原点距离远大于主导极点和原点的距离 $|\lambda_1| = \omega_n$。取 $|\lambda_3| = 10\ |\lambda_1|$，则 $\lambda_3 = -100$。于是期望的特征多项式为

$$\Delta\lambda = (\lambda + 100)(\lambda^2 + 2\xi\omega_n\lambda + \omega_n^2) = \lambda^3 + 114.1\lambda + 1510\lambda + 10000 \tag{10.4.4}$$

汽车 ACC 系统的状态空间模型(见式(10.2.5))等价于能控标准型

$$\begin{cases}\dot{\bar{\boldsymbol{x}}} = \begin{bmatrix}0 & 1 & 0\\ 0 & 0 & 1\\ 0 & 0 & -5\end{bmatrix}\bar{\boldsymbol{x}} + \begin{bmatrix}0\\0\\1\end{bmatrix}u \\ y = \begin{bmatrix}1 & 0 & 0\end{bmatrix}\bar{\boldsymbol{x}}\end{cases} \tag{10.4.5}$$

相应的变换矩阵 $\boldsymbol{T}$ 为

$$\boldsymbol{T} = \begin{bmatrix}-0.2 & 0.4 & 0\\ 0 & -0.2 & 0\\ 0 & 0 & 0.2\end{bmatrix} \tag{10.4.6}$$

因此，要求的状态反馈增益矩阵为

$$\begin{aligned}\boldsymbol{K} &= \begin{bmatrix}b_0 - a_0 & b_1 - a_1 & b_2 - a_2\end{bmatrix}\boldsymbol{T}\\ &= \begin{bmatrix}10000 & 1510 & 109.1\end{bmatrix}\begin{bmatrix}-0.2 & 0.4 & 0\\ 0 & -0.2 & 0\\ 0 & 0 & 0.2\end{bmatrix}\\ &= \begin{bmatrix}-2000 & 3698 & 21.8\end{bmatrix}\end{aligned} \tag{10.4.7}$$

导出的闭环系统为

$$\begin{cases}\dot{\boldsymbol{x}} = \left(\begin{bmatrix}0 & 1 & -2\\ 0 & 0 & -1\\ 0 & 0 & -5\end{bmatrix} - \begin{bmatrix}0\\0\\1\end{bmatrix}\begin{bmatrix}-2000 & 3698 & 21.8\end{bmatrix}\right)\\ \quad = \begin{bmatrix}0 & 1 & -2\\ 0 & 0 & -1\\ 2000 & -3698 & -26.82\end{bmatrix}\boldsymbol{x}\\ y = \begin{bmatrix}1 & 0 & 0\end{bmatrix}\boldsymbol{x}\end{cases} \tag{10.4.8}$$

在 MATLAB 软件中编写如下 M 文件：

```
A = [0 1 - 2;0 0 - 1;2000 - 3698 - 26.8];        % 系统的状态矩阵
B = [0;0;1];                                      % 系统的输入矩阵
C = [1 0 0];                                      % 系统的输出矩阵
D = 0;                                            % 系统的直接转移矩阵
step(A,B,C,D)                                     % 调用 step 函数
xlabel('时间/s')                                  % 给横坐标加标注
ylabel('车间距/m')                                % 给纵坐标加标注
grid                                              % 添加网格线
```

运行结果可得到闭环 ACC 系统的单位阶跃响应曲线，如图 10.4.1 所示。由图 10.4.1 分析可知，汽车 ACC 系统在极点配置状态反馈控制器 $u=-\boldsymbol{Kx}$ 作用下，汽车 ACC 闭环系统是稳定的，同时满足动态性能指标。但汽车 ACC 闭环系统并没有渐近稳定到期望输出量，即存在稳态静差。因此，可以引入汽车 ACC 系统的跟踪控制器设计，以消除汽车 ACC 闭环系统的稳态静差，实现闭环 ACC 系统渐近稳定。

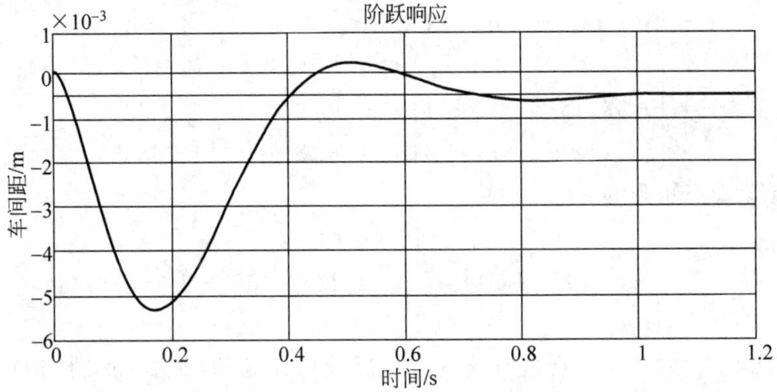

图 10.4.1　基于极点配置的汽车 ACC 闭环系统单位阶跃响应曲线

10.5　基于观测器的 ACC 系统控制器设计

在汽车 ACC 系统建模时，选择相对位移、相对速度和自车加速度作为状态变量，尽管这些信号都可以通过传感器测量得到，但要测量所有的信号一方面会造成 ACC 系统成本的提高；另一方面，大量的传感器引入也会使得 ACC 系统的可靠性降低。因此，有必要设计观测器来实时估计 ACC 系统的状态，在此基础上设计反馈控制器。

考虑由式(10.2.5)描述的连续时间 ACC 系统，设计龙伯格观测器为

$$\dot{\tilde{\boldsymbol{x}}}=(\boldsymbol{A}-\boldsymbol{LC})\tilde{\boldsymbol{x}}+\boldsymbol{B}u+\boldsymbol{L}y \tag{10.5.1}$$

其中误差 $\boldsymbol{e}=\boldsymbol{x}-\tilde{\boldsymbol{x}}$ 的动态变化情况为

$$\dot{\boldsymbol{e}}=\dot{\boldsymbol{x}}-\dot{\tilde{\boldsymbol{x}}}=(\boldsymbol{A}-\boldsymbol{LC})\boldsymbol{e} \tag{10.5.2}$$

其中，$(\boldsymbol{A}-\boldsymbol{LC})$称为观测器状态矩阵。要使该龙伯格观测器能够称为由式(10.2.5)描述的

系统的状态观测器,必须保证观测器状态矩阵的特征值都具有负实部。

假设该系统观测器的极点取为[−3,−9,−6],在 MATLAB 命令窗口中输入如下指令:

```
>> A = [0 1 -2;0 0 -1;0 0 -5];              % 系统的状态矩阵
>> C = [1 0 0];                             % 系统的输出矩阵
>> V = [-3 -9 -6];                          % 状态观测器的极点
>> L = (acker(A',C',V))'                    % 调用 acker 函数求取观测器增益矩阵
```

运行结果可得观测器增益矩阵

```
L =
   13.0000
   32.2222
   -0.8889
```

则对应的状态观测器为

$$\begin{aligned}\dot{\tilde{\boldsymbol{x}}} &= (\boldsymbol{A}-\boldsymbol{LC})\tilde{\boldsymbol{x}}+\boldsymbol{B}u+\boldsymbol{L}y\\ &= \begin{bmatrix}-13 & 1 & -2\\ -32.2222 & 0 & -1\\ 0.8889 & 0 & -5\end{bmatrix}\tilde{\boldsymbol{x}}+\begin{bmatrix}0\\0\\-5\end{bmatrix}u+\begin{bmatrix}13\\32.2222\\-0.8889\end{bmatrix}y\end{aligned}\tag{10.5.3}$$

状态估计的误差动态矩阵为

$$\dot{\boldsymbol{e}} = (\boldsymbol{A}-\boldsymbol{LC})\boldsymbol{e} = \begin{bmatrix}-13 & 1 & -2\\ -32.2222 & 0 & -1\\ 0.8889 & 0 & -5\end{bmatrix}\boldsymbol{e}\tag{10.5.4}$$

则应用观测器(见式(10.5.3))和极点配置状态反馈增益矩阵(见式(10.4.7)),可得基于观测器的输出反馈控制器,其中闭环系统的状态方程为

$$\begin{cases}\dot{\boldsymbol{x}} = \boldsymbol{Ax}+\boldsymbol{B}u = \boldsymbol{Ax}-\boldsymbol{BK}\tilde{\boldsymbol{x}}\\ \dot{\tilde{\boldsymbol{x}}} = (\boldsymbol{A}-\boldsymbol{LC}-\boldsymbol{BK})\tilde{\boldsymbol{x}}+\boldsymbol{LCx}\end{cases}\tag{10.5.5}$$

将它们写成矩阵向量形式,可得

$$\begin{bmatrix}\dot{\boldsymbol{x}}\\ \dot{\tilde{\boldsymbol{x}}}\end{bmatrix} = \begin{bmatrix}\boldsymbol{A} & -\boldsymbol{BK}\\ \boldsymbol{LC} & \boldsymbol{A}-\boldsymbol{LC}-\boldsymbol{BK}\end{bmatrix}\begin{bmatrix}\boldsymbol{x}\\ \tilde{\boldsymbol{x}}\end{bmatrix}\tag{10.5.6}$$

选取$[\boldsymbol{x}^{\mathrm{T}}\quad \boldsymbol{e}^{\mathrm{T}}]^{\mathrm{T}}$为闭环系统状态向量,由式(10.5.4)可知,则有

$$\begin{bmatrix}\dot{\boldsymbol{x}}\\ \dot{\boldsymbol{e}}\end{bmatrix} = \begin{bmatrix}\boldsymbol{A}-\boldsymbol{BK} & -\boldsymbol{BK}\\ 0 & \boldsymbol{A}-\boldsymbol{LC}\end{bmatrix}\begin{bmatrix}\boldsymbol{x}\\ \boldsymbol{e}\end{bmatrix}\tag{10.5.7}$$

取初始误差向量 $\boldsymbol{e}(0)=[2\quad 1\quad 2]^{\mathrm{T}}$,初始状态向量 $\boldsymbol{x}(0)=[2\quad 1\quad 3]^{\mathrm{T}}$ 在 MATLAB 软件中编写如下 M 文件:

```
%% 输入误差系统的状态空间模型
A = [0 1 -2; 0 0 -1; 0 0 -5];               % 系统的状态矩阵
```

```
B = [0;0;5];                                 % 系统的输入矩阵
C = [1 0 0];                                 % 系统输出矩阵
D = 0;
J = [ - 100  - 7.07 + 7.07 * 1i  - 7.07 - 7.07 * 1i];    % 极点配置期望极点
V = [ - 3  - 9  - 6];                        % 状态观测器极点
L = (acker(AA',C',V))';
K = acker(AA,B,J);
Ac = [AA - B * K B * K;zeros(3,3) AA - L * C];         % 闭环系统状态矩阵
sys = ss(Ac,eye(6),eye(6),eye(6));
t = 0:0.01:1.5;
x = initial(sys,[2;1;3;2;1;2],t);
x1 = [1 0 0 0 0 0] * x';
x2 = [0 1 0 0 0 0] * x';
x3 = [0 0 1 0 0 0] * x';

e1 = [0 0 0 1 0 0] * x';
e2 = [0 0 0 0 1 0] * x';
e3 = [0 0 0 0 0 1] * x';

figure(1)
% 画出状态变量 x1 的曲线
subplot(3,1,1)
plot(t,x1)
grid
xlabel('时间/s')
ylabel('x_1')

%   画出状态变量 x2 的曲线
subplot(3,1,2)
plot(t,x2)
grid
xlabel('时间/s')
ylabel('x_2')
%   画出状态变量 x1 的曲线
subplot(3,1,3)
plot(t,x3)
grid
xlabel('时间/s')
ylabel('x_3')

figure(2)
% 画出误差变量 e1 的曲线
subplot(3,1,1)
plot(t,e1)
grid
xlabel('时间/s')
ylabel('e_1')
```

```
% 画出误差变量 e2 的曲线
subplot(3,1,2)
plot(t,e2)
grid
xlabel('时间/s')
ylabel('e_2')
% 画出误差变量 e3 的曲线
subplot(3,1,3)
plot(t,e3)
grid
xlabel('时间/s')
ylabel('e_3')
```

运行结果如图 10.5.1 和图 10.5.2 所示。由图分析可知，尽管汽车 ACC 系统的真实状态和观测器状态的初值有误差，但随着时间的推移，它们之间的误差将衰减到零。

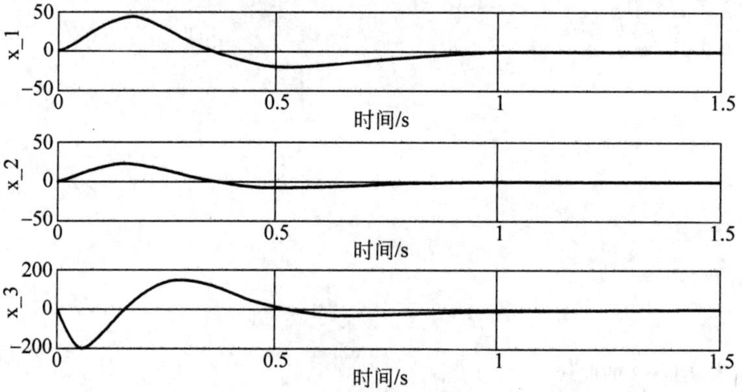

图 10.5.1　闭环系统状态曲线

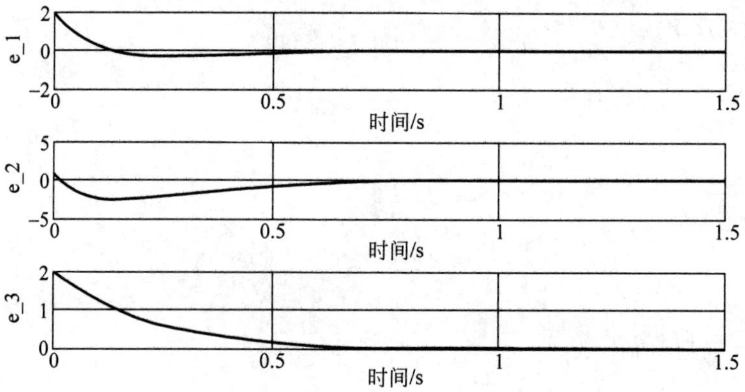

图 10.5.2　状态观测器估计误差曲线

10.6 汽车 ACC 系统线性二次型最优控制

10.6.1 汽车 ACC 系统 LQR 控制器设计

线性二次型最优控制(LQR)是应用最优化理论得到控制能量最小的状态反馈控制器。由于汽车 ACC 系统(见式(10.2.5))是状态完全能控的,则线性二次型最优问题一定有解。

定义汽车 ACC 系统的性能指标为

$$J=\int_0^{\infty}(\boldsymbol{x}^{\mathrm{T}}(t)\boldsymbol{Q}\boldsymbol{x}(t)+Ru^2(t))\mathrm{d}t \tag{10.6.1}$$

其中,正定矩阵 $\boldsymbol{Q}$ 为状态加权矩阵,R 为输入加权系数,取 $\boldsymbol{Q}$ 为 3 阶单位矩阵,R 为 1。为计算汽车 ACC 系统的 LQR 增益矩阵 $\boldsymbol{K}$,在 MATLAB 命令窗口中输入如下指令:

```
>> A = [0 1 -2;0 0 -1;0 0 -5];            % 系统的状态矩阵
>> B = [0;0;5];                            % 系统的输入矩阵
>> Q = [1 0 0;0 1 0;0 0 1];                % 对状态量的加权矩阵
>> R = 1;                                  % 对控制量的加权矩阵
>> [K,P,E] = lqr(A,B,Q,R)                  % 调用 lqr 函数求取最优反馈增益
```

运行文件可得

```
K =
   -1.0000   -0.9259    0.7806
P =
    0.9259   -0.0713   -0.2000
   -0.0713    1.5913   -0.1852
   -0.2000   -0.1852    0.1561
E =
   -6.8828
   -1.5519
   -0.4681
```

因此,汽车 ACC 系统的最优状态反馈控制器为

$$u=-[-1\quad -0.9259\quad 0.7806]\boldsymbol{x} \tag{10.6.2}$$

假设只关注状态量 x_1,则可将控制量 u 设为

$$u=k_1(r-x_1)-(k_2x_2+k_3x_3)=k_1r-(k_1x_1+k_2x_2+k_3x_3) \tag{10.6.3}$$

则最优闭环 ACC 系统的状态方程为

$$\begin{cases}\dot{\boldsymbol{x}}=\boldsymbol{A}\boldsymbol{x}+\boldsymbol{B}u=\boldsymbol{A}\boldsymbol{x}+\boldsymbol{B}(-\boldsymbol{K}\boldsymbol{x}+k_1r)\\ \quad=(\boldsymbol{A}-\boldsymbol{B}\boldsymbol{K})\boldsymbol{x}+\boldsymbol{B}k_1r\\ \quad=\begin{bmatrix}0&1&-2\\0&0&-1\\5&4.6&-8.9\end{bmatrix}\boldsymbol{x}+\begin{bmatrix}0\\0\\-5\end{bmatrix}u\\ y=[1\quad 0\quad 0]\boldsymbol{x}\end{cases} \tag{10.6.4}$$

在 MATLAB 软件中编写如下 M 文件：

```
A = [0 1 -2;0 0 -1;0 0 -5];                 % 系统的状态矩阵
B = [0;0;5];                                % 系统的输入矩阵
C = [1 0 0];                                % 系统的输出矩阵
D = 0;                                      % 系统的直接转移矩阵
K = [ -1   -0.9259  0.7806];                % 最优反馈增益
k1 = K(1);k2 = K(2);k3 = K(3);
AA = A - B * K;                             % 闭环系统的状态矩阵
BB = B * k1;                                % 闭环系统的输入矩阵
CC = C;                                     % 闭环系统的输出矩阵
DD = D;                                     % 闭环系统的直接转移矩阵
step(AA,BB,CC,DD,1)                         % 调用 step 函数求取阶跃响应
xlabel('时间/s')                            % 给横坐标加标注
ylabel('车间距/m')                          % 给纵坐标加标注
grid                                        % 添加网格线
```

运行文件可得该闭环 ACC 系统的阶跃响应曲线如图 10.6.1 所示。从图 10.6.1 中可以看出，该闭环系统的输出响应能很好地跟踪单位阶跃输入，最终稳定到常值 1，实现了 ACC 系统的稳定且无稳态误差。

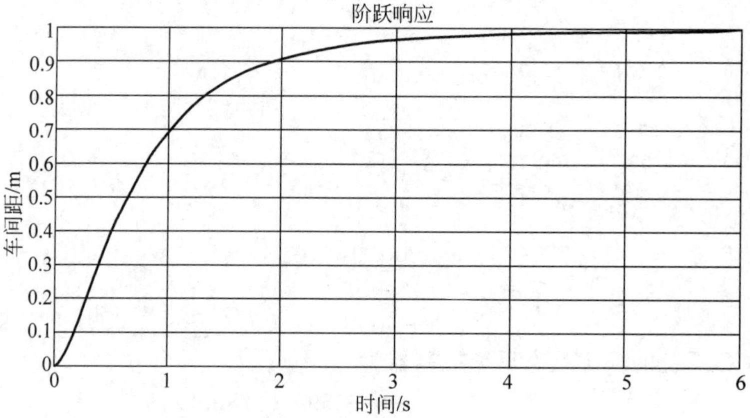

图 10.6.1　基于 LQR 的闭环 ACC 系统单位阶跃响应曲线

10.6.2　CarSim/Simulink 联合仿真

CarSim 是由美国 MSC 公司开发的车辆动力学仿真软件，它的动力学模型基础来源于密歇根大学交通运输研究所多年理论和实践经验的积累。CarSim 可以方便灵活的定义试验环境和试验过程，准确预测和仿真整车的操作稳定性、动力性、平顺性等，适用于轿车、轻型货车等车型的建模仿真，可实现与 Simulink 的相互调用。

本节通过在 CarSim 中搭建整车模型和仿真工况，在 Simulink 中搭建控制系统模型，对所设计的 LQR 控制器进行仿真验证。

在 CarSim 软件中，选取前车仿真车型为前轮驱动的 C 级掀背式轿车（Hatchback Car），自车的车型与前车相同，其车辆参数如图 10.6.2 所示。进一步，仿真工况设置为前车以恒定速度 80km/h 行驶，自车初始速度为 50km/h，两车初始位置相距 40m，同时在 Simulink 中搭建控制系统模型如图 10.6.3 所示。

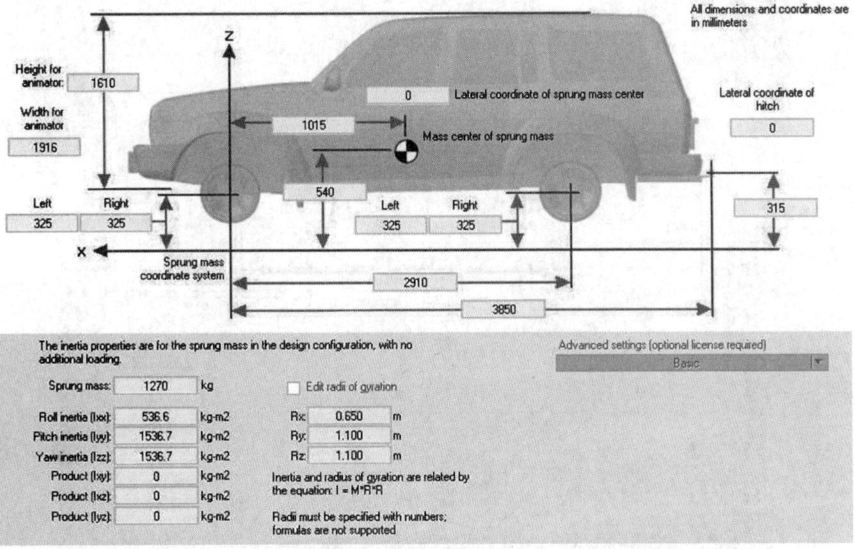

图 10.6.2　车辆参数

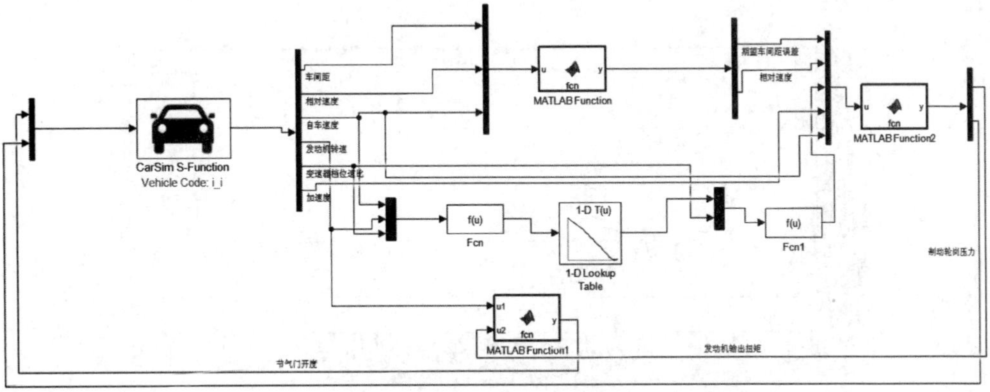

图 10.6.3　汽车 ACC 系统 LQR 控制器 Simulink 仿真图

运行 ACC 系统 LQR 控制器（见式（10.6.2）），得到运行结果如图 10.6.4～图 10.6.6 所示。由图 10.6.4～图 10.6.6 可知，自车根据传感器检测到和前车的相对距离、相对加速度信息以及结合自身加速度信息，经过 LQR 控制器，求解出期望的加速度将其作用于逆纵向动力学模型，转化为节气门开度或制动主缸压力，从而控制自车的速度，使得自车速度很好的跟上前车，并且保持着期望的安全车间距。

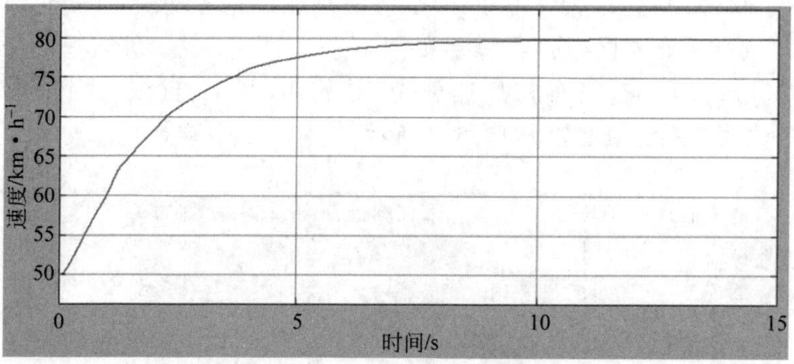

图 10.6.4　自车速度曲线

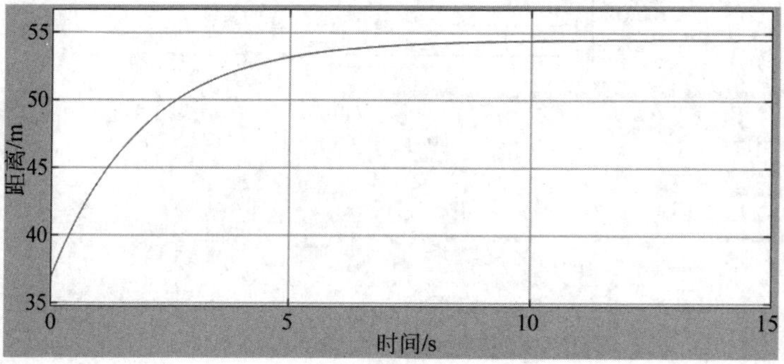

图 10.6.5　车间距曲线

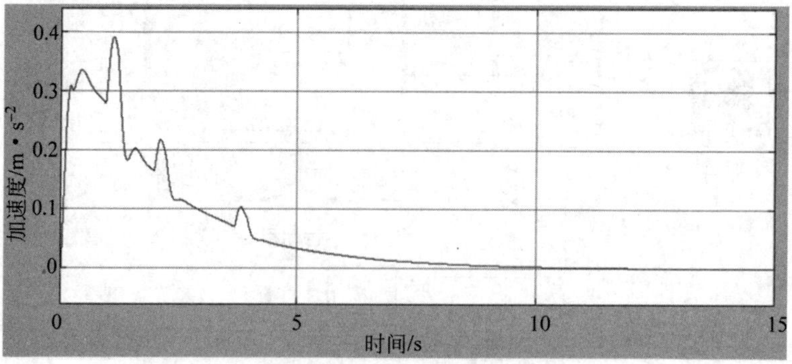

图 10.6.6　自车加速度曲线

参考文献

[1] 俞立.现代控制理论[M].北京：清华大学出版社,2007.

[2] Katsuhiko O.控制理论 MATLAB 教程[M].王峻,译.北京：电子工业出版社,2019.

[3] 薛定宇.控制系统计算机辅助设计——MATLAB 语言与应用[M].3 版.北京：清华大学出版社,2012.

[4] 张聚.基于 MATLAB 的控制系统仿真及应用[M].2 版.北京：电子工业出版社,2018.

[5] Richard C D,Robert H B.现代控制系统[M].谢红卫,孙志强,宫二玲,等译.12 版.北京：电子工业出版社,2019.

[6] Goodwin G C,Stefan F G,Mario E S. Control System Design[M].英文影印版.北京：清华大学出版社,2002.

[7] 俞立.鲁棒控制——线性矩阵不等式[M].北京：清华大学出版社,2002.

[8] 程国杨,金文光.硬盘磁头快速精确定位伺服控制系统的设计[J].中国电机工程学报,2005,26(12)：139-143.

[9] Kondo N,Monta M. Basic study on chrysanthemum cutting sticking robot[C]. Proceedings of the International Symposium on Agricultural Mechanization and Automation,1997,(1)：93-98.

[10] Yang Z J, Tateishi M. Adaptive robust nonlinear control of a magnetic levitation system[J]. Automatica,2001,37(7)：1125-1131.

[11] Bidikli B,Bayrak A. A self-tuning robust full-state feedback control design for the magnetic levitation system[J]. Control Engineering Practice,2018,78：175-185.

[12] Sergio M S,Charles P V,Cristiano S,et al.车辆半主动悬架控制设计[M].危银涛,彭志召,译.北京：清华大学出版社,2019.

[13] 彭彬彬.网联车辆前车状态预测与多目标巡航预测控制研究[D].杭州：浙江工业大学,2020.

[14] 顾煜佳.智能网联车辆协同预测巡航控制系统设计[D].杭州：浙江工业大学,2020.

[15] 李茂月.车辆 CarSim 仿真及应用实例[M].北京：冶金工业出版社,2020.

图 书 资 源 支 持

感谢您一直以来对清华大学出版社图书的支持和爱护。为了配合本书的使用，本书提供配套的资源，有需求的读者请扫描下方的“书圈”微信公众号二维码，在图书专区下载，也可以拨打电话或发送电子邮件咨询。

如果您在使用本书的过程中遇到了什么问题，或者有相关图书出版计划，也请您发邮件告诉我们，以便我们更好地为您服务。